啤酒发酵与酯的形成

杨东升 编著

中国轻工业出版社

图书在版编目（CIP）数据

啤酒发酵与酯的形成/杨东升编著．—北京：中国轻工业出版社，2018.11

ISBN 978－7－5184－1527－4

Ⅰ．①啤…　Ⅱ．①杨…　Ⅲ．①啤酒发酵—研究
Ⅳ．①TS262.5

中国版本图书馆 CIP 数据核字（2017）第 185101 号

责任编辑：江　娟　车向前
策划编辑：江　娟　　责任终审：张乃柬　　封面设计：锋尚设计
版式设计：王超男　　责任校对：吴大鹏　　责任监印：张　可

出版发行：中国轻工业出版社（北京东长安街 6 号，邮编：100740）
印　　刷：北京君升印刷有限公司
经　　销：各地新华书店
版　　次：2018 年 11 月第 1 版第 3 次印刷
开　　本：720×1000　1/16　印张：15.75
字　　数：300 千字
书　　号：ISBN 978-7-5184-1527-4　定价：48.00 元
邮购电话：010－65241695
发行电话：010－85119835　传真：85113293
网　　址：http：//www.chlip.com.cn
Email：club@chlip.com.cn
如发现图书残缺请与我社邮购联系调换
181201K1C103ZBW

前　言

挥发酯类是啤酒中最大的一类风味物质，它们主要形成水果味道。酯类总的含量并不高，但由于其阈值低，对啤酒风味影响很大。啤酒发酵产生的酯种类繁多，目前100余种不同的酯已被鉴定，它们可以被分成两大类：乙酸酯和中链脂肪酸乙酯。单纯研究酯类对啤酒的影响是片面的，啤酒中存在多种高级醇，它们既是酯生成的底物，又是重要的风味物质。高级醇与酯在啤酒中的含量比构成了啤酒品质的关键指标：醇酯比。醇酯比对现代大体积单罐啤酒产品生产具有重要的指导意义，对高浓发酵产品质量的纠正也十分必要。当前，全球对啤酒中乙酸酯的研究较为深入，发现了乙酸酯生成的限制因子——醇乙酰基转移酶，并从基因层面调控乙酸酯的生成，但对中链脂肪酸乙酯的研究仍处在起步阶段。

本书主要的研究内容涉及以酵母代谢为中心的啤酒发酵操作如麦汁生产、发酵、后熟的环节；涉及参数如浸出物浓度、氨基氮、微量元素、氧和 rH 值（氧化还原势）、酯类、高级醇、双乙酰等；参与细胞基本生化活动的重要辅因子——乙酰辅酶 A 在酯生成过程中以底物形式介入的生理作用；醇乙酰基转移酶（AATase）在乙酸酯合成中的关键因子作用及中链脂肪酸乙酯的合成过程；乙酸酯合成及中链脂肪酸乙酯合成的基因调控及酯生成对酵母本身的生理作用；新型啤酒酿造如高浓发酵和大型发酵罐技术应用对酯生成的影响及工业调控；现代啤酒发酵新工艺和大型酿造设备介绍。

本书的编写得到海南省自然科学基金资助，项目批准号：317006。在此衷心表示感谢。本书可供从事啤酒发酵技术领域的技术工作者参考应用。

由于作者水平和经验有限，本书错漏和不足之处恳请读者批评指正。

杨东升
于海南大学

目　　录

第一章　啤酒发酵过程中酵母的代谢作用

在啤酒生产中，涉及的微生物种类不多，其中啤酒酵母是啤酒生产中的主要微生物。过去，手工作坊生产的啤酒由于生产条件所限，不能达到纯种发酵的要求，因此产品质量会受到很大的影响。随着生产技术的发展，工业化啤酒生产已经演变为纯种发酵，生产过程以及产品质量的可控性增强。为了优化发酵条件，使啤酒风味多元化，必须对各种啤酒酵母的代谢作用进行深入细致的研究。首先从酵母自身来说，其个体性能是啤酒生产水平及质量高低的先决条件，采用不同的酿酒酵母就能生产不同风味的啤酒。对其特性的研究，比如酵母活力、产酒精能力的大小、产酯能力高低等，是对其先天代谢能力的具体描述。这些具体参数的研究对酵母优良菌种的筛选具有指导意义，同时对接下来的啤酒发酵也具有十分重要的影响。其次，生产工艺条件对酵母的代谢起到至关重要的作用，进而对啤酒的风味组成造成积极或消极的影响。酵母的最终代谢水平是与发酵条件紧密相关的，各种发酵条件和参数如原料、辅料、浸出物浓度、氮浓度、溶解氧、主酵温度、后熟温度、罐内压力、时间，甚至发酵容器的大小，均对酵母代谢构成影响。因此，研究生产工艺条件对酵母代谢的影响对啤酒的工业化生产具有实际指导意义。

就本书而言，啤酒酯类的生成是一个复杂的代谢过程，不单与酵母自身活力大小有关，更与各种关键代谢产物的变化有关，这些代谢产物的改变往往引起代谢通道的变更，对产物生成水平造成影响。比如，乙酰辅酶 A 是合成酯类脂质等重要化合物的前体物质，参与了酵母中 100 多条合成与代谢途径。在酵母中过量表达乙酰辅酶 A 合成酶基因，可以导致乙酰辅酶 A 显著增长。逐渐增加乙酰辅酶 A 水平导致乙酸合成途径的碳代谢流量加大和乙酸快速积累。同时，乙酰辅酶 A 是 TCA 循环的前体，胞内乙酰辅酶 A 池的大小直接决定了 TCA 循环的碳流通量。在一定的发酵条件下，乙酰辅酶 A 池的大小决定着酵母生长能力的大小，同时决定着产酯能力的大小，由其代谢流向决定酵母的代谢是以生成细胞组分为主，还是以产酯为主。因此，研究酯的生成，要从酿酒酵母最基本的代谢作用开始。

第一节　啤酒发酵简介

啤酒是一种以大麦芽和水为主要原料，加入啤酒花和酵母后发酵而成的富含二氧化碳的低酒精度气体饮料，是世界上消耗最多的发酵饮料之一，全世界每年消费量近 1.4 亿吨。中国每年啤酒的消耗量位居世界第一，达到 4000 多万吨。2016 年我国啤酒年产量达到 4506 万吨，是世界第一大啤酒生产国。但由于生产科研及地域口味习惯等的诸多限制，我国啤酒出口水平不高，只有 19 万吨，出口总量占生产总量不到 1%，是一个啤酒出口小国。在生产工艺方面，多采用低温发酵贮藏技术，酿制啤酒的主要原料如啤酒大麦 69% 要靠进口，其他辅料则依地域不同采用大米、淀粉、蔗糖等。目前，啤酒现代生产工艺逐步由低浓度发酵向高浓度发酵演变。20 世纪 70 年代，美国和加拿大采用高浓投料、高浓发酵、过滤前稀释的工艺，率先推出了高浓酿造啤酒。到现在为止，对高浓酿造技术一直在不断进行深入研究，麦汁浓度可提高至 18 ~ 24°P，稀释率已达 300%。高浓酿造啤酒与传统低浓度酿造啤酒在风味上存在较大差别，尤其在谐调柔和方面。谐调柔和是对啤酒口感的整体评价，也是啤酒各种风味物质相互作用的结果。口感谐调指酒体中酸、甜、苦、涩及酒精固有的辣味等配合得恰到好处，口味柔和、苦味小、酸感低、酿造香味淡、给人浑然一体的愉快感觉。啤酒高浓酿造技术能显著降低生产成本，提高产品淡爽度，满足激烈的市场竞争对降低成本的迫切需求，解决旺季生产能力不足等实际问题。然而，当稀释率达到一定程度时，酒样易产生水味、寡淡口味等不良风味，影响成品酒品质。

啤酒可以按照发酵的方式分为上面发酵和下面发酵，上面发酵的一律称为爱尔啤酒（ale），所用的酵母可称为爱尔酵母；下面发酵的一律称为拉格啤酒（lager），所用的酵母可称为拉格酵母。上面发酵多为高温发酵，酵母多浮于发酵液上层；下面发酵多为低温发酵，酵母多沉于发酵罐底部。其实酵母的浮沉与温度的关系要大些，温度高，进入发酵量旺盛期快，酵母多数上浮；而温度低，酵母代谢活性受到抑制，则酵母多数下沉。而且酵母的浮与沉也与发酵罐压力有关，当敞口发酵或罐压较低时，酵母多数上浮；罐压增加，则酵母多数下沉，所以不能一概而论。我国啤酒行业多采用拉格酵母，主要工艺为低温发酵。低温发酵可以防止或减少细菌的污染，但同时酵母增殖慢，最高酵母细胞浓度低，发酵过程中形成的双乙酰、高级醇等代谢副产物少，同化氨基酸少，pH 下降缓慢，酒花香气和苦味物质损失少，酿制出的啤酒风味醇厚，此外酵母自溶少，使用代数多。不过，低温发酵生产周期较长，设备利用率不高，成本较高。相反，上面发酵生产周期较短，生产效率高，成本较低。从产品风味来说，下面发酵啤酒口味醇和，高级醇等代谢副产物较少，而上面发酵啤酒口味强烈，酵母生长代谢快，形成双乙酰、高级醇等代谢副产物较多，还原双乙酰的速度也快，同化氨基酸数量多，pH 下降快。正是氨基酸的脱氨作用生成高级醇，使啤酒产生各种高级醇风味，并以高级醇为基质生成各种酯。啤酒生产流程图见图 1－1。

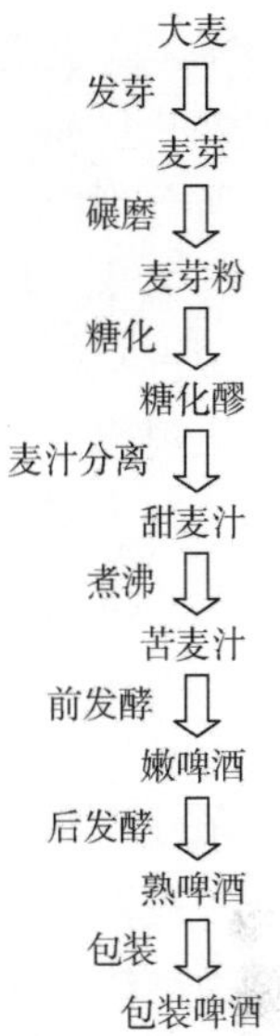

大麦
发芽 ⇩
麦芽
碾磨 ⇩
麦芽粉
糖化 ⇩
糖化醪
麦汁分离 ⇩
甜麦汁
煮沸 ⇩
苦麦汁
前发酵 ⇩
嫩啤酒
后发酵 ⇩
熟啤酒
包装 ⇩
包装啤酒

图 1－1　啤酒生产流程图

一、啤酒发酵的主要原料

（一）大麦芽

有史以来，啤酒都是以大麦（图 1－2）作为主要原料，大麦经发芽，生成全面的酶系统，能有效水解麦芽原料的主要成分，变成可发酵糖、氨基酸等。大麦生长遍布全球各地，非主粮，用来酿制啤酒成本低廉，故啤酒酿造者一直沿袭使用。由于大麦作为粮食的原料并不受欢迎，因此用来生产麦芽酿造啤酒是经济的选择。

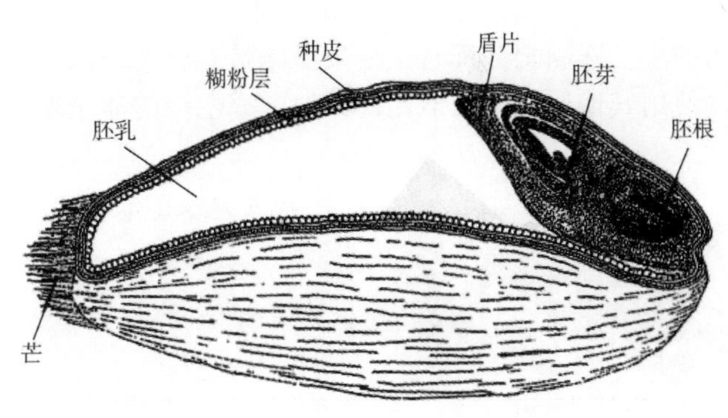

图 1－2　大麦结构

大麦的主要成分为水分、碳水化合物、蛋白质、有机磷酸盐、无机盐、维生素、酶等。水分含量一般为 11%～20%。碳水化合物包括淀粉、纤维素、半纤维素、麦胶物质、糖类。大麦中淀粉占其干重物质质量的 58%～65%，是大麦种子的贮藏养料。小颗粒淀粉约占全部淀粉颗粒的 10% 左右，小颗粒淀粉的含量与大麦的蛋白质含量成正比，蛋白质含量越高，小颗粒淀粉含量则越多。小颗粒淀粉受到蛋白质的包裹保护，使糖化过程中淀粉分解不完全。大麦淀粉在化学结构上分为直链淀粉与支链淀粉两种，直链淀粉占大麦淀粉含量的17%～24%，支链淀粉占大麦淀粉含量的76%～83%。淀粉无味、无臭、白色，具有吸湿性，呈晶体状。

大麦所含蛋白质对啤酒酿造具有重要影响，其发芽、糖化、发酵以及成品酒的泡沫、风味、稳定性等质量指标，都受到蛋白质的影响。酿造用大麦一般蛋白质含量占9%～12%。蛋白质含量高的大麦淀粉含量就低，麦芽的浸出率也低，按一般规律，蛋白质含量升高1%，影响麦芽浸出率约0.6%。蛋白质含量高的大麦，因为蛋白质较难溶解，所以制成麦芽的溶解度也较差，制成的啤酒也较易浑浊。蛋白质含量高的大麦，其蛋白质分解产物容易形成深色物质，如类黑素等，因此适宜生产浓色啤酒，而不宜生产淡色啤酒。蛋白质含量高，其麦胶物质含量也高，在制造麦芽的过程中，如欲蛋白质较低，必须改变制备麦芽的工艺条件，如浸麦、发芽、干燥等均需加强。蛋白质含量高，啤酒的口味一般粗重一些，风味稳定性也比较差。但如果酿造低浓度啤酒，为了保持泡沫性能和适当酒体，应选用蛋白质含量略高的大麦品种。同时，蛋白质含量过低(9%以下)，会影响啤酒的泡沫度和适口性。

19世纪啤酒开始大规模的工业化生产之后，全球大麦开始供不应求，大多数国家的生产厂家开始使用大麦芽的替代品，比如大米、玉米、薯类淀粉、糖浆等，这就造成了啤酒口感、风味的多样化。迄今为止，世界上用法律规定啤酒必须且只能使用麦芽的国家是德国。早在1516年，德国颁布了啤酒《纯净法》，规定啤酒的粮食原料只能使用麦芽。如果使用小麦酿造必须使用上面发酵工艺，所以德国的小麦啤酒全部都是上面发酵酿造。至今，德国市面上销售的啤酒还是不允许使用其他原料，也不允许其他国家生产的非全麦芽啤酒在德国销售。

图1－3　麦芽贮仓

啤酒大麦是生产啤酒的主要原料，大麦在人工控制的条件下发芽和干燥的过程，即为麦芽生产（图1－3）。麦芽生产过程中，浸渍：精选大麦，浸渍水中，吸收发芽所需要的水分；人工发芽：浸渍后的大麦在合适的温度和湿度下进行发芽，形成各种酶系；焙燥：发芽完毕的绿麦芽，利用热空气进行干燥和焙焦。经干燥和焙焦的麦芽，其内部发生了十分复杂的生化反应，不但形成了完整的水解酶系，而且还生成了大麦芽特有的香味，使啤酒风味独特。

浸渍、发芽、干燥和焙焦过程中，由于条件的变化，可以生产浅色麦芽和深色麦芽，即适用于下面发酵的拉格浅色麦芽（pale lager malts）和深色麦芽（mild lager malts），适用于上面发酵的爱尔浅色麦芽（pale ale malts）和深色麦芽（mild ale malts）。因此应根据啤酒的品种和特性来选择麦芽种类。

小麦啤酒是以小麦麦芽为主要原料，使用部分大麦麦芽、辅料（大米等），添加酒花，采用上面发酵工艺酿制成的特殊类型的啤酒，其特点是口味清爽、柔和，酒精含量较高，泡沫性能好，类似于国外的白啤酒或上面发酵啤酒。与我们熟知的普通淡色啤酒不同，小麦啤酒富有浓郁的水果香味，甚至有些小麦啤酒会加入燕麦酿造以得到更为香甜的味道，而在外观上酒体苍白泡沫丰富，也让小麦啤酒又有了白啤酒之称。一般选择蛋白质含量低、色度和黏度较低的小麦制成小麦芽。由于小麦麦芽性质与大麦麦芽不同，因此要选择合适的小麦麦芽进行啤酒生产。

（1）小麦麦芽的溶解度一般低于大麦麦芽，粗细粉浸出物差值偏高，库尔巴哈值偏低，蛋白质的溶解不足，此时要强化蛋白酶的作用，在糖化时应加强对蛋白质的分解。因为小麦蛋白质含量较高，所以其对应的小颗粒淀粉也较多，而且被包裹于蛋白质内，故其溶解度较大麦麦芽低，所以必须强化蛋白酶的使用，延长糖化时间，尤其是蛋白质分解时间。

（2）小麦麦芽没有粗糙的皮壳，其无水浸出率比大麦麦芽高约5%。由于小麦麦芽先天的无壳优势，其糖化过程中损失的浸出物比大麦麦芽少。但是在过滤操作环节缺少麦皮助滤将使麦汁过滤发生困难，同时增加动力支出和损耗。此外，皮壳能为麦汁带来色素，小麦麦芽生产的麦汁颜色由于缺少皮壳色素更显浅淡。小麦麦芽中花色苷的含量较低，洗糟水温可以提高到80℃（洗糟水先进行酸化处理）。

（3）小麦麦芽糖蛋白含量较高，酿制出的啤酒泡沫性能好，泡沫丰富持久、洁白细腻、泡持性一般可达250s以上。蛋白质高同时意味着高级醇含量高，因为酵母生长旺盛，可以同化更多的氨基酸，生成大量高级醇。高级醇有利于提高啤酒的泡持性，使小麦啤酒的泡沫丰富于大麦啤酒。

（4）小麦麦芽由于细胞溶解不足，小麦麦芽中β-葡聚糖等半纤维素的含量高，制成的麦汁黏度高，易造成麦芽汁过滤困难，糖化时应添加适量的β-葡聚糖酶、戊聚糖酶以降低麦汁黏度，加快过滤的进行。淀粉颗粒溶解不足一方面与蛋白质包裹有关，另一方面与其半纤维素含量高有关，增加β-葡聚糖酶、戊聚糖酶可以有效分解包裹淀粉的半纤维素，使糖化效率提高。

（5）小麦麦芽中蛋白质含量较高，会造成麦汁过滤困难和啤酒的非生物稳定性较差。在特种啤酒的生产上，有专门选择小麦麦芽生产浑浊啤酒的工艺，这也是小麦啤酒对啤酒成品种类多元化形成的贡献。如果需要生产澄清啤酒，应尽量选用蛋白质含量较低的小麦品种制备小麦麦芽，同时麦芽汁过滤时尽量采用麦汁压滤机，以强化过滤速度和效果。

（6）传统的小麦啤酒具有明显的酯香味和酸味，而采用下面酵母低温发酵酿制出的小麦啤酒风味变化不大。由于酯、高级醇和特定的酚类结合物含量较高而给小麦啤酒带来典雅的香味，使其风味独特。上面发酵的过程与下面发酵明显不同，小麦啤酒的代表工艺就是上面发酵，自然形成高级醇多，有酯香的风味特征，水果香明显。

（7）小麦啤酒滤酒前添加硅胶可以提高啤酒的澄清度，使啤酒易于过滤。添加硅胶主要是使浑浊物发生沉淀，取上清液过滤可以提高效率，减少过滤损失，减少压力损失。

（二）水

水在啤酒生产中用量最大，也最直接影响到啤酒的品质。酿造用水主要包括糖化用水、发酵罐清洁用水、酵母洗涤用水、高浓发酵的稀释用水等。不同硬度的麦芽糖化用水适于酿制不同色泽类型的啤酒，酿造淡色啤酒对水质的要求较高，宜用硬度较软的或残余碱度较低的水，制出的啤酒，口味淡爽，酒体柔和，香气纯正，色泽较浅；酿制浓色啤酒，可以用中等硬度的水，制出的浓色和黑色啤酒，口味醇厚，香气浓郁，色泽较深，泡沫较好。

酿造用水的处理主要是为了除去水中超标的离子及藻类、微生物等。改变水质的主要处理方法有：煮沸（降低水质硬度）、加酸（使水的残余碱度 RA 降低）、离子交换（除去水中多余的盐分）、电渗析（除去盐和降低总硬度）、反渗透（除去盐及胶体物质）、活性炭吸附（除去有机杂质和细微颗粒杂质）。消毒和灭菌的主要方法有：砂滤棒过滤器除菌、加氯杀菌、臭氧杀菌、紫外线杀菌等。高浓发酵的稀释用水的用水标准较严格：应清澈透明，无色无异味，无微生物和化学污染。在使用前要进行如下处理：调整 pH，去氯，去盐；排除空气，使含氧量在 0.3mg/L 以下；要充 CO_2，使啤酒稀释后不降低 CO_2 含量；要经巴氏杀菌；预冷至接近 0℃，再用以兑制啤酒。

冷凝冷却用水一般达到城市自来水标准即可，后处理主要是防止循环用水的水垢生成。通常采用的水处理方法是加石灰法，苏打石灰法，沸石离子交换法等，也可以采用加酸调节循环水的 pH。水中离子对啤酒发酵的影响见表 1－1。

表 1－1　　水中离子对啤酒发酵的影响

离子	影响
铵	有机物分解污染的指示离子
钙	具有多重影响的重离子；与磷酸盐和蛋白质相互作用降低糖化液 pH 同时促进麦汁清亮；促进草酸盐（容易在麦汁和啤酒中起雾）沉淀；活化糖化液中的淀粉酶和蛋白酶；促进酵母在发酵罐底部的絮凝；防止酒花浸出物在高温下成脂；具有苦味收敛的作用

续表

离子	影响
铜	在高浓度下对酿酒酵母具有毒害作用；以不溶性硫化物方式将 H_2S 从啤酒中除去
铁	毒害酵母；能在啤酒中产生雾状沉淀和颜色变化
镁	与磷酸盐作用降低糖化液 pH，但没有钙离子重要；多种酶的辅助因子，特别是那些在发酵过程中催化丙酮酸分解的酶；包括 ATP 在内的多种酶的组成部分
锰	许多酵母和麦芽酶的辅助因子
钾	能赋予啤酒咸味
钠	与氯化物混合赋予啤酒咸味
锌	在高浓度（>100mg/L）下抑制酵母的生长，但在低浓度下（0.1～0.3mg/L）刺激酵母发酵
重碳酸盐	在高浓度（>100mg/L）下引起糖化液 pH 上升，伴随抽提物生成的减少
氯	在高浓度（>600mg/L）下抑制发酵；在低浓度下对丰富啤酒口感有贡献，但浓度（>400mg/L）时呈现咸味
硝酸	*Obesumbacterium proteus* 形成的亚硝胺的前体
磷酸	与钙或锰作用降低糖化液的 pH；酵母生长的重要营养成分
硫酸	酵母在麦汁中以低浓度氨基酸合成含硫氨基酸的前体；由酵母形成的促进啤酒风味稳定的亚硫酸盐的前体；由酵母形成的硫化物的前体

（三）辅助原料

在麦汁的生产中，由于啤酒生产规模在世界范围内不断扩大，推高了大麦麦芽成本，在麦芽的酶活力和可同化氮含量比较高的情况下，世界各国充分利用自身条件，为了降低生产原料成本，采用各种植物淀粉或糖替代大麦麦芽。澳大利亚用蔗糖作辅料，用量高达 20% 以上。美国用大米作辅料，用量高达 50%。中国南方盛产大米，北方盛产玉米，可作辅料。此外，未发芽的大麦和小麦，以及薯类淀粉均可用来充当辅料。我国辅料用量最高达到 40%～50%，一般为 20%～30%。可见辅料的用量是相当大的，它的作用不可小视。

啤酒生产使用辅料的优点：添加便宜的淀粉质谷类作为麦芽辅助原料，可以减少麦芽用量，降低生产成本；通过合理调整麦芽与辅料的比例，可使麦芽对麦汁质量的影响减小；直接使用糖浆为辅助原料，可以节省糖化设备，提高设备利用率；添加辅助原料，可以降低麦汁中蛋白质含量和易氧化的多酚物质含量，改善啤酒的非生物稳定性；使用小麦等含蛋白质高的谷料原料，有利于改进啤酒泡沫性能；可以丰富啤酒色度，形成多元化啤酒产品的风味；可以通过辅料的使用比例完善产品结构。

常用玉米淀粉在糖化过程中要注意以下几点：

（1）玉米淀粉在生产中易沉淀、结块，故投料过程中一般控制温度在50～55℃，投料速度不可过快，且搅拌的速度需大于16r/min，同时需要添加中温淀粉酶及耐高温淀粉酶，保证糊化和液化的效果，料水比控制在1∶3。淀粉酶的添加要配合Ca^{2+}的添加，以提高其耐高温性。由于传质和传热的需要，搅拌应形成湍流的效果，能使淀粉酶的作用更加均匀，糊化效果更好。

（2）在麦汁过滤过程中，因糟层较薄，原麦汁颜色较暗，回流不清，需过滤25min后麦汁清亮度才好转，应避免过度深耕，防止糟层破坏，影响过滤时间、麦汁清亮度和后期回旋效果。糟层的形成相当重要，它是提高过滤效果的保障，在糟层较深的情况下，麦汁过滤容易清亮；在糟层较浅的情况下，应当充分沉降，回流清澈后才开始正式接收过滤液。糟层一旦形成，不要轻易破坏，以利于过滤通道形成。

（3）淀粉上料人员需加强PPE防尘用具的佩戴，防止吸入粉尘对身体造成伤害。可采用水溶糖化单独进行工艺，使淀粉在进行糊化前在相对封闭空间进行水溶操作，再通过料泵送到糊化锅进行糊化操作，避免淀粉对空间，特别是糖化车间设备的污染。

（4）因淀粉的蛋白质含量低，应特别注意α－氨基酸态氮的控制，需选用α－N含量高的麦芽，还可以适当添加小麦芽，防止后酵期间酵母的营养不良。溶解不良的麦芽所制麦汁和高辅料的麦汁中易缺乏缬氨酸，相应地，所制啤酒中的双乙酰含量则较高。据文献报道，在同一发酵条件下，含游离α－氨基氮130mg/L的麦汁，主发酵期形成的α－乙酰乳酸高峰值（2.1mg/L）是含游离α－氨基氮为220mg/L的麦汁所形成的α－乙酰乳酸高峰值（0.5mg/L）的4倍以上。

图1－4　啤酒花

（四）啤酒花

啤酒花的学名是蛇麻（英文名hop），为大麻科多年生蔓性草本植物，见图1－4。啤酒花在啤酒酿造中最主要的成分是酒花树脂、酒花油和多酚物质。其中酒花树脂中的主要成分是α－酸和β－酸。啤酒花的加工产品多以酒花粉、酒花颗粒、酒花浸膏的形式在工业上广泛应用。

啤酒花是现代啤酒必不可少的原料之一，它能增加啤酒的苦味、香味，还能杀菌，提高啤酒的防腐力。还可以起到澄清麦汁、提高啤酒的非生物稳定性、提高泡沫持久性、赋予啤酒以醇厚酒体的作用。啤酒花于麦汁煮沸时分批加入，总用量约为1～1.4kg/t 啤酒。世界上以美国和德国两个国家的酒花产量最大，约占总产量的50%以上，我国的酒花种植基地主要有新疆、甘肃等地。

（五）酶制剂

添加辅料的啤酒酿造由于来自麦芽本身的酶活力有限，需要添加一定量的酶制剂用以进行辅料的糖化水解。参与糖化过程酶反应的人工添加的制剂称为酶制剂。常用酶制剂是 α - 淀粉酶、木瓜蛋白酶等。

在啤酒工业上，使用酶制剂可达到如下的效果：

提高啤酒的辅料比例。一般使用 α - 淀粉酶，使大米比例提高到 40% ～45%，大米可有效液化和糖化。

提高啤酒的发酵度。主要使用淀粉葡萄糖苷酶、支链淀粉酶，以水解淀粉和糊精 α -1，6 键，提高啤酒发酵度。

弥补麦芽质量的缺陷。使用 β - 葡聚糖酶对过滤有利，能解决麦芽溶解不好、糖化不完全、过滤困难、麦汁组成不理想、浸出物浓度低等问题。

提高啤酒稳定性。木瓜蛋白酶可以用来澄清啤酒，延长啤酒保质期。α - 乙酰乳酸脱羧酶可降低啤酒中双乙酰含量。葡萄糖氧化酶可以防止啤酒氧化老化，保持啤酒风味。

提高氮源同化率。使用中性蛋白酶或木瓜酶，可提高麦汁中 α - 氨基氮含量，降低生产成本。

二、麦芽汁生产

麦芽汁生产包括麦芽及辅料粉碎、糖化制成麦芽汁、过滤分离麦糟和麦芽汁、麦汁煮沸、回旋沉淀、冷却等步骤。麦汁制成即可泵入发酵罐进行主发酵。

（一）麦芽及辅料粉碎

在糖化前，麦芽及其辅助原料必须先进行粉碎，原料粉碎的粗细程度对麦汁的质量好坏、浸出率的大小及原料利用率有着密切的关系。粉碎原料一般由机械粉碎机（多用辊式粉碎机）完成。麦芽粉碎要求保留麦芽皮，要破而不碎。麦皮太碎太细会增加麦皮中有害成分的溶出，还会引起麦汁过滤困难。粉碎过粗则影响麦芽汁的有效组成，降低麦汁浸出率和原料利用率。粉碎时要求控制麦芽及其辅料适宜的粉碎度，有助于较好地处理质量较差的麦芽，降低麦皮的浸出物含量，加快糖化过程的物质溶解，缩短糖化时间，提高收得率，使糖化过程的自动化操作处于最佳状态。

麦芽的粉碎方法，有干法、回潮法和湿法三种。传统方法是干法粉碎。要求麦芽含水量5%～8%，此时麦粒松脆，较容易进行粉碎，这种方法的缺点是麦皮较易破碎，容易影响麦汁过滤，麦皮浸出物增多引起啤酒的口味、色泽不稳定。

麦芽回潮粉碎就是用水蒸气令麦芽轻微地返潮，吸水量在0.8%～2%，使麦皮具有韧性不易破碎，有助于形成疏松的助滤层，便于麦汁过滤，同时能减少麦皮成分的浸出。

图1－5　麦芽粉碎机

麦芽的湿粉碎是用60℃水浸渍麦芽，使麦芽吸水量达20%，用湿式粉碎机粉碎，可以减少粉尘，提高麦汁收得率，控制粉碎粒度，使麦汁色度下降，口味柔和。

干法麦芽粉碎机有多种型式（图1－5），大多是对辊式粉碎机，有二辊、三辊、四辊、五辊及六辊。使用溶解较差的麦芽时，大多选用六辊粉碎机。粉碎机使用时要遵守以下安全规章：粉碎机应空车启动，运行平衡后再准备进行入料粉碎；粉碎时应均衡进料，检查电流是否超负荷，如发现问题，应立即停车，及时找出原因；粉碎设备应定期清洁，除去积灰，清理筛子，去除磁铁上铁块；运转部件应加防护装置，操作人员肢体及衣物不得超越防护装置。

（二）糖化及糖化设备

糖化即通过分段加热保温的方法，利用麦芽本身所含的多种酶系（或外加酶制剂）的作用，使麦芽及其辅料中大分子物质如淀粉、蛋白质等降解。最终使麦芽和辅料中可溶性物质如糖类、糊精、氨基酸、肽类等溶出的过程。溶出液称为麦芽汁（麦汁）。组成麦芽汁中的溶解物称为浸出物。

糖化的目的：通过酶的作用，促使麦芽及其辅料的内含物质有效溶解，制成符合要求的麦芽汁。要求较高的收得率，较短的糖化和固液分离时间，最低的能量消耗。

大米或玉米的糊化。大米或玉米作为麦芽的辅助原料，先粉碎细化，投入糊化锅中，锅内先加水升温至55℃，在α－淀粉酶作用下液化后煮沸。辅料煮沸称为预煮，一般液化后加热到100℃，保温30min。预煮可进一步使淀粉充分糊化，提高浸出率，同时可提供合醪升温所需要的热量，达到阶段升温糖化的目的。良好的糊化醪不稠、稍黏、不发白，上层呈水样清液，碘反应呈紫红色或红棕色为正常。

糊化锅：用来加热煮沸辅料，使淀粉糊化和液化的专用设备。

糖化方法：全麦芽酿造啤酒，可以采用煮出糖化法、浸出糖化法。

全麦芽煮出糖化法：糖化过程中对部分醪液进行煮沸的方法称为煮出法。根据部分醪液煮沸的次数，分为一次、二次、三次煮出法。方法是取部分醪液加热到沸点，然后并入未煮沸的醪液，使全部醪液温度升高到不同酶分解所要求的温度，最后达到糖化终了温度。

全麦芽浸出糖化法：糖化过程中仅以酶的作用进行降解的方法称为浸出法。该方法是将醪液从一定的温度开始，通过缓慢升温，在最适酶作用温度范围保温一定时间，继续升温到糖化结束。此法要选用质量好的麦芽，麦汁色较浅，口感柔和，浸出率偏低。

添加辅料的糖化方法可以采用双醪糖化法。

双醪糖化法（图1－6）：辅料、麦芽分别投料入糊化锅、糖化锅，辅料在糊化锅内糊化、液化并煮沸后并入糖化锅。根据所需温度控制糊化醪与糖化醪比例，到所需要的糖化温度保温一定时间。根据糖化锅兑醪的次数，分为一次、二次、三次糖化法。

双醪二次糖化法流程如下：

糊化：45~50℃（20min）→70℃（20min）→100℃（40min）　　65~68℃→100℃

↓　　↑　　↓

糖化：50℃（30~90min）————→65~68℃（糖化基本完全）→78℃

图1－6　双醪二次糖化法流程

糖化锅（图1－7）：用来糖化水解麦芽淀粉和蛋白质等，同时使辅料糖化的专用设备，是制备麦汁的主要设备之一。

图1－7　糖化锅

（三）麦汁过滤及设备

麦汁过滤分为过滤和洗槽两个操作过程。过滤是麦汁醪液通过过滤介质即麦糟层和过滤支撑物即筛板组成的过滤层，得到澄清液体，称为头道麦汁或过滤麦汁。利用热水洗涤头道麦汁过滤后残留于麦糟中的浸出物，称为洗糟。洗出的麦汁称为二道麦汁。

麦汁过滤槽（图1－8）：糖化后的过滤设备，使麦汁和麦糟分离，制得澄清的麦芽汁。

图1－8　麦汁回旋槽（左）与过滤机（右）

（四）麦汁煮沸及设备

头道麦汁和洗涤麦汁混合后的浓度较低，多余的水分要蒸发掉，达到规定的麦汁浓度。过滤后的麦汁温度在78℃以下，多酚氧化酶和α－淀粉酶等仍有活性，同时原料、设备和管道存在细菌等微生物，需尽快煮沸破坏酶活和灭菌。

煮沸过程中要分次添加啤酒花，使酒花的有效成分树脂、酒花油、多酚等在麦汁煮沸过程中溶出，以提高麦汁的非生物稳定性和赋予麦汁独特的苦味和香味。

煮沸锅（图1－9）：澄清麦汁的煮沸设备，用来浓缩麦汁、灭菌、灭酶并使酒花有效成分充分溶出的设备。

图1－9　麦汁煮沸锅

（五）回旋沉淀、冷却、充氧及设备

在麦汁煮沸过程中，由于蛋白质变性和凝聚与麦汁中多酚物质不断氧化和聚合而析出，形成大量热凝固物。通过回旋沉淀，可以有效去除沉淀物。回旋沉淀槽的设计是为了彻底分离热凝固物及啤酒花渣。将麦汁沿切线进入管道路泵入槽中，麦汁发生旋转产生向心力，使悬浮颗粒集中沉降于麦汁底部中心，抽取上层清液进行冷却。

采用板式冷却器进行麦汁冷却，冷却板的一侧泵送麦汁，另一侧泵送冷却介质，两者在各自一侧通过隔板以湍流形式进行热量交换。冷却后麦汁流经充氧装置进行充氧，以利于酵母的初期繁殖生长。通过充氧设备向麦汁充氧使每升麦汁含氧量达到8～10mg。

（六）麦汁组成

经过糖化、过滤、添加酒花煮沸，冷却后制成的麦芽汁，称为最终麦芽汁，是一种由各种麦芽及辅助原料的溶解物质、酿造用水中可溶性盐类以及溶解的酒花成分组成的成分复杂的溶液。最终麦芽汁的浓度是指麦芽汁中含总可溶性物质的质量百分数，在啤酒工厂中常以麦芽汁的最终浓度来区别产品的种类，例如8°P、10°P、12°P 啤酒。一般浅色啤酒，最终麦芽汁浓度在10%～12%，浓色啤酒在14%～18%。我国生产啤酒的麦芽汁最终浓度见表1－2。

表1－2　　浓度为12%浅色（比尔森式）啤酒麦芽汁的成分

成分	占总浸出物的%
1. 糖类：粗麦芽糖包括麦芽糖、葡萄糖、果糖、糊精	60～70
蔗糖	2～8
戊聚糖	3～4
不发酵糊精	15～16
2. 粗蛋白质	3～6
3. 单宁物质	1～2
4. 苦味物质	1～2
5. 灰分	1.5～2
6. 游离酸（以乳酸汁）	0.5～1．0

麦汁的成分很复杂，不但包括被溶解的物质，而且还有许多不同分散度的胶体物质。麦汁浸出物的化学性质，主要受原料的品种及其麦芽质量酿造用水组成、糖化方法、麦汁浓度、酒花的品种、数量，以及糖化工艺条件等因素的影响。麦汁中糖类物质占麦汁浸出物的90%左右。麦汁中葡萄糖、果糖、蔗糖、

麦芽糖、麦芽三糖和棉籽糖称为可发酵性糖，是啤酒酵母的主要碳素营养物质，也是发酵中可利用的物质。麦汁中 DP_9 – DP_{12} 糊精、麦芽四糖、麦芽五糖至麦芽九糖等均为不可发酵性糖，又称非糖。

利用麦芽所含的各种水解酶（糖化酶、蛋白酶等），在适宜的条件下，将麦芽和辅料中的不溶性高分子物质（淀粉、蛋白质、半纤维素及其中间分解产物等）分解为可溶性的低分子物质，称为糖化，这些低分子物质就是麦汁中的浸出物。

浸出物包括：

（1）糖类　8% ~ 10% 的可发酵性糖以及约 2% 的非发酵性糖（少量低聚糖、低聚糊精等）。

（2）含氮物质　啤酒发酵前，麦芽汁中的含氮物质有：蛋白胨、缩氨酸、氨基酸、盐酸、氨态氮，及少量蛋白质单宁化合物和黑色素。发酵后，含氮物质含量有所变化。

（3）苦味质　由酒花中的 α – 酸经 1、6 碳键断裂，1、5 碳成键形成的异 α – 酸。

（4）有机酸　甲酸、乙酸、丙酸、琥珀酸、乳酸、草酸、苹果酸、柠檬酸等。

（5）其他微量元素。

三、啤酒发酵

（一）酵母的扩大培养

麦芽汁是一种营养非常丰富的培养基，把啤酒酵母接种到新鲜麦芽汁中，就开始繁殖生长，酵母数逐渐增加，并进行酒精发酵。随着营养成分的消耗，酒精量的积聚，酵母繁殖生长逐渐停止，并逐步凝聚沉淀。

啤酒发酵为了适应大生产工艺的需求，就要扩大酵母菌的培养。扩大培养，实际上是不断添加麦芽汁，使酵母通过芽殖方式不断生长，越来越多，最后达到生产所需要的量的过程。扩大倍数小，即接种量大，发酵旺盛，一般不易被杂菌污染，但扩大倍数小，操作次数多，同样是不合适的。应视情况而定，无菌条件好时，扩大倍数可大些，整个扩大培养过程中，扩大倍数应先大后小。在实验室可以 1∶8；生产现场扩大倍数可为 1∶5。扩大培养时麦芽汁追加时间的掌握很重要。在实验室培养阶段，追加麦芽汁的时间可合理地掌握在对数生长期。在对数生长期尤其是后期，悬浮酵母数较多，酵母繁殖旺盛，外观起发很好，发酵不太激烈。追加过早，一般追加时要降温，会使生长缓慢；追加过晚，酒精发酵较强烈，造成少量酵母死亡和沉淀，酵母不强壮。在实际操作中，可通过检查酵母质量形态、出芽率、酵母细胞数、外观起发情况和降糖速率来确定较合适的追加时间。

啤酒酵母最适繁殖生长温度为28℃左右，而生产上发酵温度为8～12℃，因此为适合生产需要，酵母培养要逐步降低温度。在实验室培养，为缩短世代时间，可采用23～25℃温度培养，生产现场如果以9℃为目标，每步降温可平均分配。缓慢逐步降温可以使酵母菌更好地适应温度的变化。

啤酒酵母从实验室到工厂化生产必须经过扩大培养。扩培酵母液所需的数量一般根据生产规模的大小而定。从啤酒酵母的生长期来看，它必须经历适应期、对数期、迟滞期、衰亡期四个阶段。扩大培养的意义不单是将数量扩大，而是要在扩大的同时，使酵母的生长周期变得同步，特别是在接种之时大多数的酵母达到生长对数期。纯种的酵母扩大培养经历从试管到三角瓶再到发酵罐的多级培养，过程复杂，培养条件要求高，易染杂菌，但发酵过程纯种度高，有利于菌种的回收利用，有利于菌种的生长同步，有利于发酵的控制。

啤酒酵母的扩大培养是啤酒厂微生物工作的核心。要保证酵母的纯种发酵，就要确保从原种到发酵罐过程的严格扩大培养操作。从斜面种子到卡氏罐培养为实验室扩大培养阶段。汉生罐及以后的培养为生产现场扩大培养阶段。最终为啤酒生产提供优良、强壮的酵母，以保证发酵生产的正常进行和良好的啤酒质量。酵母的扩大培养流程如下：

斜面试管（原菌）→富氏瓶培养→巴氏瓶培养→卡氏罐培养→汉生罐→酵母增殖罐→主发酵罐

接种：将酵母菌种接入麦汁后，形成（15～20）百万个细胞/mL的酵母浓度，这时的充氧麦汁进入了嫩啤酒时期。此时酵母必须迅速与麦汁中的营养成分接触，以准备开始进入对数生长期。

（二）啤酒发酵工艺

传统的啤酒发酵工艺分为下面发酵和上面发酵两大类型。两者由于所采用的酵母菌种不同，其工艺条件也不相同，酿制出的啤酒风味差别较大。下面发酵啤酒的发酵过程分为主发酵和后发酵两个阶段，主发酵和后发酵温度较低，生产时间比较长；上面发酵啤酒的发酵过程，大都只有主发酵，发酵温度较高，而且没有后发酵，生产时间相对较短。

圆柱锥底罐在露天大罐工艺中使用最为普遍，简称露天锥形发酵罐，可作为发酵、后熟和贮酒罐（简称通用罐）。罐的材料为不锈钢或碳钢加涂料。发酵罐辅件有：底门（或称人孔），操作阀，取样阀，罐顶部有安全阀（排气阀）、罐清洗装置、视镜、气液分流器、液位测量计、罐体照明、防雷接地板、带玻璃视镜的底出料等。

麦汁和酵母制备完成后就进入了发酵阶段。在我们收获主产品的同时还收获了副产品，这是与最终产品的风味图谱和感官特征有直接联系的。从向麦汁中加入酵母时起，啤酒发酵正式开始。*Saccharomyces* 属酵母是兼性厌氧的，它们能依照有氧的或无氧的发酵条件调整其代谢路线。

酵母在发酵过程中，能生成2~3倍于原始数量的生物量。为了生成细胞组织，酵母所需的大部分氨基酸主要来自于发酵基质或者自行合成。除了蛋白质以外，脂质要通过合成来满足生长繁殖的需要。因为它们是形成细胞膜的重要组分，同时是吸收营养的重要部分。但在麦汁中仅含有少量脂质，所以要通过酵母合成，在利用乙酰 CoA 合成这些脂质的过程中，需要分子氧的参与，还需要微量矿物质以稳定合成酶系统。

第二节　啤酒酵母的代谢

一、啤酒发酵工业所使用的酵母

啤酒工业生产中应用的酵母菌都属于酵母属（*Saccharomyces*），目前已知有10种酵母属酵母：*S. bayanus*，*S. castelli*，*S. cerevisisae*，*S. dairensis*，*S. exiguous*，*S. kluyveri*，*S. paradoxus*，*S. pastorianus*，*S. servazii* 与 *S. unisporus*。其中有两类应用于啤酒发酵，即上面发酵（爱尔）酵母和下面发酵（拉格）酵母。自20世纪以来，爱尔酵母已被划分为酿酒酵母（*S. cerevisisae*），而拉格酵母属于以下几种酵母之一：*S. carlsbergensis*、*S. uvarum* 和 *S. cerevisiae*。从啤酒生产者的观点来看，采用爱尔酵母与拉格酵母会对啤酒生产结果产生极大的影响。因此，对这两种酵母的分型到目前为止仍是十分有必要的。因为在现代啤酒工业生产中，许多上面酵母占据大型的圆柱锥底罐的主导地位，同时也在下面发酵过程的罐底被收获，这两种酵母使用的界定变得模糊不清。两类酵母体现的不同之处在于：发酵能力、利用糖的效率、耐温特性、凝聚特性和产挥发分谱。上面发酵生产的啤酒具有更丰富的水果及酯香味，而拉格酵母发酵生产的啤酒更纯净同时具有一定的硫化物味。

上面酵母和下面酵母在形态上区分不大（图1-10），形状和大小不能作为区分两者的条件。在显微镜下观察，只有它们的出芽特性显示两类酵母的不同。拉格酵母在出芽之后分离非常迅速（图1-11），且母体和子体之后又会各自出芽。通常在显微镜下显示的是单个或成对的酵母细胞。上面酵母在各自出芽的时候仍然连接在一起，常在显微镜下看到的是多个酵母细胞连接在一起或呈现簇状、珍珠串等。通常会从分支处分离并重新长成簇状，到发酵后期，簇状的

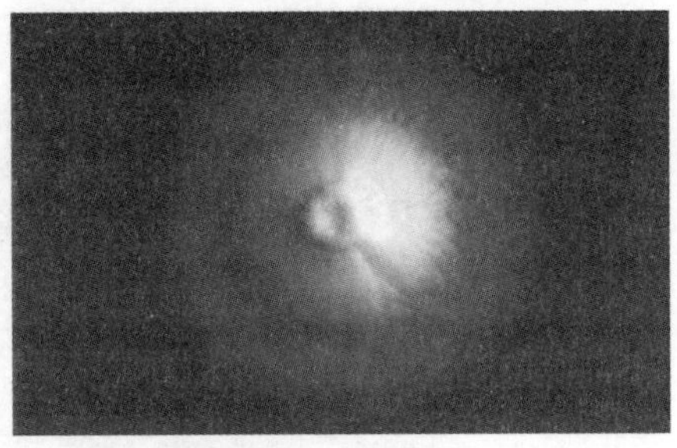

图 1 - 10 爱尔酵母（左）和拉格酵母（右）

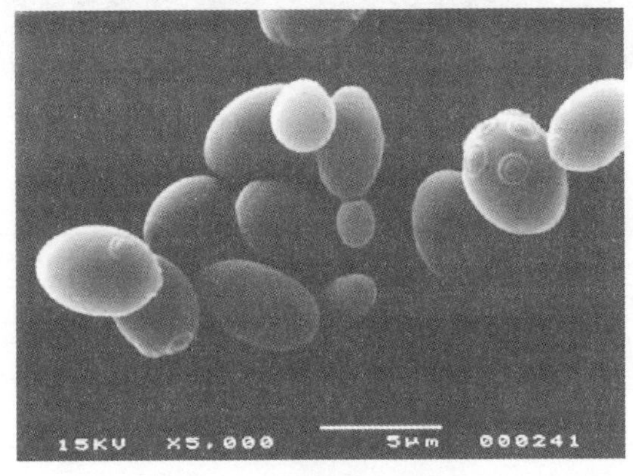

图 1 - 11 酿酒酵母出芽

细胞会纷纷瓦解变为复杂的形态。在生理上，下面酵母可以发酵大部分的糖包括蜜三糖，而上面酵母则不能发酵蜜三糖。

在发酵过程中最重要的区别指征是温度，拉格酵母通常是 7 ~ 15℃，而爱尔酵母的发酵温度为 18 ~ 25℃。高温发酵促进酵母增长，导致其细胞量是拉格酵母的两倍之多，当然其副产物也比低温发酵要高很多。虽然拉格酵母在高温下同样可以生长良好（其最适生长温度为 28℃左右），但其在低温下也可以维持代谢，而且低温的最适特性使其生长代谢更合适，维持一定的最佳区间是啤酒发酵温控的特点之一。这一特性使得拉格酵母在低温发酵的条件下形成适宜的典型风味图谱。因此爱尔酵母与拉格酵母也可以通过对温度的需要进行区别。

酿酒酵母的形状大部分是十分规则的椭圆形（见图 1 - 12）。细胞直径大小约为 5 ~ 10μm，长度 4 ~ 14μm。与其他活体细胞相同，酵母大部分由水组成。大部分非水材料是由六个基本元素碳、氢、氧、氮、磷、硫形成的大分子物质，如糖、蛋白质、核酸等组成，其他由大量的低分子有机酸和无机离子组成。表 1 - 3 显示了酵母细胞的主要化学组成。

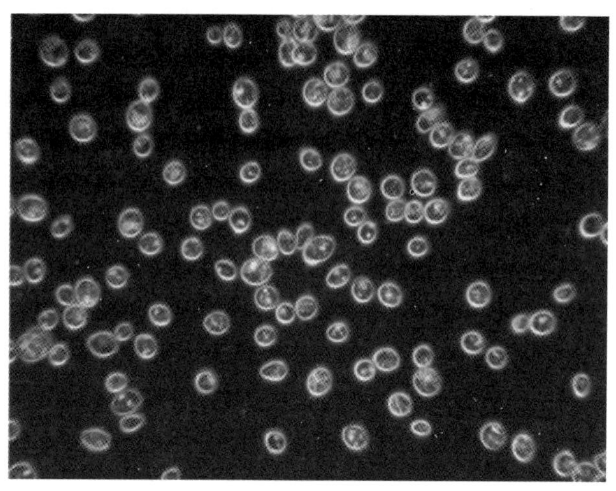

图 1－12　酿酒酵母在普通显微镜下的形态

表 1－3　　酵母的化学组成

组成	含量/%	组成	含量/%
灰分	8～9	碳水化合物	10～30
含氮组分	45～60	肝糖	28～43
总脂肪	1.2～12		

在酵母的细胞组成中，细胞膜是释放代谢产物的重要场所。另外所有营养物质也要通过细胞膜进出细胞。细胞膜的两个主要成分是磷脂和蛋白质，其次是甾醇、类脂等。其功能主要用来摄取周围环境的养分及发酵必需的物质，如糖、无机盐、低分子氮化物等，并将一些代谢产物如乙醇、二氧化碳、有机酸、酯（如乙酸酯和中链脂肪酸乙酯）等排出细胞外。磷脂分子形成的双层结构显示了在不同生理条件下一定的流动性。保持这种流动性对营养物质吸收和物质交换是至关重要的。在不同的条件下，酵母细胞能够通过不同的脂肪酸组成在一定范围内调节膜的流动性以适应环境的变化。比如，低温会使膜的流动性降低，酵母细胞会通过整合不饱和脂肪酸使细胞膜重新获得流动性。低温生长的酵母如拉格酵母具备这种改变其细胞膜流动性的能力。

二、酵母生长及发酵所需的生长素及矿物质元素

（一）生长素

一般生长素包括氨基酸、嘌呤、吡啶、维生素等，与啤酒酵母生长有关的

维生素，主要是B族维生素中的硫胺素（B_1）、核黄素（B_2）、泛酸（B_3）、烟酰胺（B_5）、吡哆素（B_6）、叶酸（B_{11}）及维生素H等。它们是组成各种酶的活性基的成分，没有它们，酶不能活动，生命就停止。

（二）矿物质元素

1. 主要元素

主要元素有磷、硫、镁、钾、钠、钙等（见表1-4）。它们参与细胞结构物质的组成，能量的转移，控制细胞质胶态和细胞的透性等，酵母对它们的需要量比较大。

表1-4　酵母所需主要矿物质元素的作用

名称	作用
磷	磷是组成核酸和磷脂的成分，也参与碳水化合物转化中的磷酸化过程，生成高能磷酸化合物，转移能量。许多重要酶的活性基中都含有磷，酵母对磷的需要量较高，主要从无机磷化物中获得磷，进入细胞后，即迅速同化为含磷有机化合物。磷酸盐对于培养基pH的变化有缓冲作用
硫	存在于细胞的蛋白质中，是含硫氨基酸，如胱氨酸、半胱氨酸和蛋氨酸的组成成分，一些酶的活性基，如辅酶A、生物素辅基、硫锌酸和谷胱甘肽也含有硫
镁	不参与任何细胞结构物质的组成，只是以离子状态激活许多酶的反应
钾	不参与细胞结构物质的组成，它是酶的激活剂，促进碳水化合物的代谢，控制细胞质的胶态和细胞膜的渗透性
钠	在细胞中不参与生理作用，可能与维持渗透压有关
钙	不参与细胞结构物质的组成，而离子状态控制细胞的生理状态，如降低细胞膜的透性，调节酸度

2. 微量元素

微量元素与酶的活动密切有关，它们或是酶的活性基的成分，或是酶的激活剂，其作用如表1-5所示。酵母对于各种微量元素的需要量极微，一般在培养基中含有0.1mg/L或更少就可满足了，过量反而会引起毒害作用，特别是一种微量元素单独存在时更为严重，因此，在各种微量元素之间要有恰当的配比。

酵母对营养物质的需要是综合而全面的，除了主要能源物质糖，还有氨基酸、生长素、矿物质等元素。酵母营养物质的作用及缺乏后的表现见下表（表1-6）。

表 1-5　　酵母所需微量元素的作用

名称	作用
铁	是细胞色素，细胞色素氧化酶和过氧化酶活性基的组成成分
铜	是多酚氧化酶的活性基
锌	是乙醇脱氢酶和乳酸脱氢酶的活性基，许多酶活性靠锌来激活
锰	是多种酶的激活剂
钼	参与硝酸还原酶的结构
钴	含于 B_{12} 辅酶中

表 1-6　　酵母营养物质的作用及其缺乏后的表现

营养物质	作用	缺乏后的表现
可同化性物质（主要氨基酸）	构成细胞蛋白质和核酸，细胞质的主要组成部分，是酵母发育的主要营养	酵母生长发育受到影响，发酵降糖能力和双乙酰还原能力下降
生长素（嘌呤、维生素）	构成酵母细胞酶的活性基的重要成分	细胞内代谢活动受影响，细胞活力降低
矿物元素：磷	酵母从无机磷化物中获得磷较多，进入细胞后迅速合成有机化合物，如组成核酸、磷脂、高能磷酸化合物；磷酸盐对麦汁有缓冲作用	酵母细胞生长繁殖减慢，发酵不旺盛，发酵能力下降
锌	锌是乙醇脱氢酶和乳酸脱氢酶的活性基，也是多种酶的激活剂	发酵降糖慢，发酵度低，双乙酰还原慢

三、酵母的生长代谢

在正常情况下，啤酒酵母的繁殖方式是芽殖。酵母芽殖有从一端连续出芽或从多边出芽，而啤酒酵母是多边芽殖。首先在细胞壁上形成一个小突起，逐渐长大，细胞核分裂为二，一半进入子细胞中，最后边缘上的细胞壁增厚，形成新的隔膜，使子细胞成为一个独立的细胞，逐渐脱离母细胞。芽殖一个新细胞后，在电子显微镜下可以见到细胞壁上留下一个出芽痕。研究表明，一个酵母能形成的芽数是有限制的，啤酒酵母每个细胞平均产生 24 个。酵母群体中最老酵母的出芽痕数小于最大值，主要是营养物质不足（如氨基氮缺乏）和细胞本身衰老所致。一般来说，酵母的生命周期是一周，即 7d。经过一周的芽殖，最初的母本酵母死亡，其分出的个体继续生长，周而复始，直到营养耗尽。

按理论上说，100g 葡萄糖约可得 51g 酒精与 49gCO_2，但实际上，因酒精发酵是多组酶解反应，只有约96%的发酵糖转变为酒精与二氧化碳，其余2.5%转化为发酵副产物（甘油、乳酸与醛类等），另有1.5%则用于生产酵母新细胞。

发酵副产物的形成。在较低温度下（7～8℃）发酵，产物主要是乙醇，但发酵温度较高时，其他发酵副产物高级醇（丙醇、丁醇、戊醇、异戊醇等）及醛类、甘油等含量增高，给啤酒带来一定程度的"生、辣"味、不成熟感觉或其他不良口味。

同时，酒精发酵过程产生的丙酮酸还会转化为α－乙酰乳酸，而合成缬氨酸，作为酵母繁殖所用。而α－乙酰乳酸在温度较高接触空气下极易氧化为双乙酰，赋予啤酒以不愉快的风味，故啤酒内双乙酰含量（包括其前体α－乙酰乳酸）的多少，是啤酒风味是否成熟的标志。通常采用强壮的酵母能使双乙酰与戊二酮还原为2、3－丁二醇与2、3－戊二醇，或利用发酵时产生的大量CO_2气体进行洗涤带走双乙酰、戊二酮及乙醛等，使啤酒口味醇正柔和，达到成熟啤酒的标准。为使啤酒内产生较少的α－乙酰乳酸（包括双乙酰），通常要求麦芽汁的α－氨基氮含量在200mg/L以上，有足够的氨基酸提供酵母繁殖，而不必由丙酮酸经α－乙酰乳酸合成缬氨酸，相应地抑制了α－乙酰乳酸与双乙酰的生成。

四、酵母生长的稳定性评价方法

在啤酒的发酵过程中，酵母的稳定性至关重要。鉴别啤酒酵母菌种是否被野生酵母污染以及是否性状稳定可以采用分子遗传学方法，例如DNA杂交和DNA遗传限制性碎片法，通常称作遗传密码法。这些方法需要放射性同位素和其他特殊试验设备。DNA杂交法使用的设备仪器，在某一水平上，能定量确定酵母菌种特性和遗传的相关性，但杂交法不适合性能上极其相关的菌种之间的鉴别。DNA遗传限制性碎片法（RFLP）对区分和识别相关极强的菌种是灵敏的方法，但存在技术上的困难，要做出准确的判断，操作人员的经验非常关键。

在以往的实验中发现，巨大菌落分析法是一种不需要任何特殊设备，在普通的酿造微生物实验室里便可完成操作的方法。该方法适用于检定酵母菌种是否被野生酵母污染，也是判定菌株变异和其修复能力的方法。培养巨大菌落的方法：取12°P麦汁，加入1%的酵母提取液，pH5.5，煮沸5分钟后，快速冷却至30℃，放置4℃冰箱内过夜，令沉淀物析出。第二天，将上清液移至另一个2L的三角瓶中，加入凝胶，煮沸5min，当培养基冷却至35℃时，倒入培养皿内，每个培养皿约加入250mL培养基，冷却至20℃以下凝为固体。将10mL无菌麦汁培养过夜后，加入啤酒发酵液或固体斜面保藏菌种，用亚甲基蓝做细胞染色试验，用血球计数器测活酵母的细胞数，根据检测结果，将样品最终稀释至每毫升含活酵母数为80个，用微量移液管取25L至前面所制的培养基中，共放置5个点，且每点与培养皿边缘的距离和每个点之间的距离相等，5个点为五角形状。将培养皿放置于15~18℃培养箱内培养3~4周，培养成巨大菌落，并在显微镜下观察其外观形态。营养丰富的培养基有助于巨大菌落的生长，从巨大菌落的外部形态可以鉴别是否污染野生酵母及酵母性能是否稳定。选用2.5cm高度的培养皿是必须的，因为普通1.5cm高度的培养皿太浅了，不利于巨大菌落底部细胞对营养成分的吸收及其生长。如果一个培养皿中多于5个点就可能使它们相互争夺营养物，从而影响巨大菌落外观形态。培养时不必翻转培养皿，如果发现培养皿盖上有水汽，可移开培养皿盖，甩去水滴后再盖好。麦汁加凝胶煮沸时间不宜超过5min，也不要采用高压灭菌方式，延长加热时间或过度加热将会引起凝胶破坏，使胶体变得太软。凝胶培养基有利于区分不同酵母菌种，当巨大菌落开始生长，有些细胞产生自溶，并释放蛋白酶，蛋白酶分解部分凝胶，促进形成巨大菌落，同一菌种用凝胶与琼脂培养基培养生长的巨大菌落特征是有区别的。最佳的培养温度为15~18℃，在此培养温度范围内，巨大菌落特征最为明显，假如培养温度偏低，则巨大菌落群生长速度会过于缓慢，而培养温度超过20℃，则会导致酵母细胞新陈代谢过于旺盛，所需要的营养物质不能完全快速进入巨大菌落内，使酵母细胞产生过多自溶和死亡，不能形成巨大菌落的典型特征。

巨大菌落试验法用于鉴别啤酒酵母菌种和检定野生酵母细胞，是一种相当敏感的方法，但是，通过巨大菌落外观特征来确定啤酒酵母菌种特性是困难的。通常，巨大菌落表面有类似雕刻纹的特征，此类酵母往往是絮状酵母，而表面平滑、规则、无明显特征的巨大菌落，则为粉状酵母。三周的培养时间用于鉴别酵母菌群是较为适当的，四周则是巨大菌落生长所需要的最长时间。记录酵母菌种生长特征最好的方式，就是用高倍照相机拍下巨大菌落形态。拍摄时，用斜射光比折射光更易看出巨大菌落的外观特征。巨大菌落分析法是一种用于鉴别不同酵母菌种的方法，该方法廉价且灵敏，最大的缺点是检测周期偏长。

五、啤酒中的二氧化碳

二氧化碳是啤酒发酵过程中生成的气体物质，与酵母的代谢作用密切相关。由于啤酒发酵工艺的改进，现在大多采用锥底圆柱密封罐取代了原先使用的传统敞口式发酵罐。CO_2在啤酒发酵时对啤酒发酵进程和质量的影响日益突出。首先，大型发酵罐液位高，使CO_2溶解度增加，CO_2对酵母的生长具有抑制作用；第二，采用顶部压力发酵新工艺使CO_2浓度增加，顶部压力来自CO_2自身，是由酵母发酵产生的，封罐即可提升罐压；第三，发酵罐顶部与底部CO_2浓度差使发酵液产生强烈对流，有利于传质和传热；第四，CO_2的挥发带出一部分发酵副产物；第五，CO_2影响酯和高级醇的生成，进而影响啤酒的口味和质量。

CO_2是在糖分解至丙酮酸之后被氧化脱羟而产生的，并且不断逸出，主酵时酒液为CO_2饱和，含量约为0.3%。贮酒阶段在压力下达到过饱和，在0.03MPa气压0℃时，含量为0.4%～0.5%，CO_2溶解度随温度下降而增加，随压力增加而增加。CO_2溶解度随压力温度的变化如表1－7所示。

表1－7 CO_2溶解度随压力的变化表

温度/℃	气压/MPa	CO_2溶解度/%
0.5～1.6	0.01	0.330～0.340
0.5～1.6	0.02	0.360～0.380
0.5～1.6	0.03	0.390～0.410

理想的啤酒中CO_2在下面啤酒中的含量为4.3～5.5g/L，上面啤酒中的含量为6～10g/L。啤酒中的可溶解的CO_2与温度和压力有关。啤酒发酵过程中，罐压和罐温影响啤酒中的二氧化碳含量，罐压和温度的关系可按下式进行经验控制：罐压值（MPa＝温度（℃）/100）。如12℃发酵，罐压一般控制在0.12MPa；16℃发酵控制在0.16MPa；20℃发酵工艺罐压控制在0.2MPa。

啤酒中的二氧化碳溶解度与啤酒的储酒温度成反比，与罐压成正比。露天发酵罐发酵压力为0.12MPa时不同发酵温度与二氧化碳含量，以及温度为12℃时不同发酵罐压和二氧化碳的含量关系如表1－8所示。

表1－8 啤酒发酵过程中发酵温度、压力与酒液中CO_2含量关系

露天发酵罐发酵压力0.12MPa		露天发酵罐温度12℃	
发酵温度/℃	酒液中CO_2含量/%	发酵罐压力/kPa	酒液中CO_2含量/%
5	0.559	77	0.376
6	0.531		
7	0.520	91	0.389
8	0.512		
9	0.496	105	0.376
10	0.487		
11	0.469	119	0.389
12	0.455		
13	0.438	147	0.505
14	0.430		

试验确定，温度每提高1℃，二氧化碳降低0.01%；而压力提高5kPa，二氧化碳含量增加0.015%。大罐酒液中二氧化碳含量与啤酒液柱高度有关，啤酒

液柱下部比上部多，液柱每深 1 米，压力增加 10kPa，二氧化碳含量增加 0.03%。二氧化碳溶解度随啤酒中酒精含量增高而减少，见表 1－9。

表 1－9　0℃，常压条件下二氧化碳含量

名称	酒精含量/%	二氧化碳含量/%
水	—	0.355
啤酒	4.17	0.332
啤酒	5.17	0.328
啤酒	7.13	0.291

CO_2的回收：根据经验数据，啤酒生产过程中每百升麦汁实际可以回收 CO_2 为 2～2.2kg。CO_2回收和使用工艺流程为：

CO_2收集→洗涤→压缩→干燥→净化→液化和贮存→气化→使用

（1）收集 CO_2　发酵 1d 后，检查排出 CO_2的纯度为 99%～99.5% 以上，CO_2的压力为 100～150kPa，经过泡沫捕集器和水洗塔除去泡沫和微量酒精及发酵副产物，不断送入橡皮气囊，使 CO_2回收设备连续均衡运转。

（2）洗涤　CO_2进入水洗塔逆流而上，水则由上喷淋而下。有些还配备高锰酸钾洗涤器，能除去气体中的有机杂质。

（3）压缩　水洗后的 CO_2气体被无油润滑 CO_2压缩机 2 级压缩。第 1 级压缩到 0.3MPa（表压），冷凝到 45℃；第 2 级压缩到 1.5～1.8MPa（表压），冷凝到 45℃。

（4）干燥　经过 2 级压缩后的 CO_2气体（约 1.8MPa），进入 1 台干燥器，器内装有硅胶或分子筛，可以去除 CO_2中的水蒸气，防止结冰。也有把干燥放在净化操作后的工艺。

（5）净化　经过干燥的 CO_2，再经过 1 台活性炭过滤器净化。器内装有活性炭，清除 CO_2气体中的微细杂质和异味。要求 2 台并联，其中 1 台再生备用，内有电热装置，有的用蒸汽再生，要求应在 37h 内再生 1 次。

（6）液化和贮存　CO_2气体被干燥和净化后，通过列管式 CO_2净化器。列管内流动的 CO_2气体冷凝到 －15℃ 以下时，转变成 －27℃、1.5MPa 的液体 CO_2，进入贮罐，列管外流动的冷媒 R22 蒸发后吸入制冷机。

（7）气化　液态 CO_2的贮罐压力为 1.45MPa（1.4～1.5），通过蒸汽加热蒸发装置，使液体 CO_2转变为气体 CO_2，输送到各个用气单位。

回收的 CO_2纯度要大于 99.8%（体积分数），其中水的最高含量为 0.05%，油的最高含量为 5mg/L，硫的最高含量为 0.5mg/L，残余气体的最高含量为 0.2%。

六、啤酒中的酯

啤酒中酯的种类繁多，但总的含量并不高，但由于其阈值低，对啤酒风味影响很大，因此研究酯合成的基因调控对啤酒风味质量的控制极其重要。主要的酯是乙酸乙酯、乙酸异丁酯、乙酸异戊酯、乙酸苯乙酯和 $C_6 \sim C_{10}$ 中链脂肪酸（MCFA）乙酯，其中含量较高的是乙酸乙酯和乙酸异戊酯。酯类在啤酒发酵过程中的形成集中在发酵的前期，即酵母的对数生长期，主要是有氧代谢，伴随细胞的生长而大量生成。大部分的酯类在主发酵期与乙醇同步上升，证明酯的生成与酵母生长相关。酵母生长初期形成高级醇，高级醇作为底物参与酯类的合成。酵母生长与酯的形成决定乙酰辅酶 A 池的流向，酵母生长旺盛使乙酰辅酶 A 流向酯合成的途径减少，酯的生成就会受到抑制。反之，酯大量生成，会影响酵母的正常生长。

醇乙酰基转移酶（AATase）是酯合成过程中最重要的合成酶，该酶的活性决定了酯合成能力的大小，底物如高级醇和乙酰辅酶 A 则是合成顺利进行的先决条件。醇乙酰基转移酶受基因 *ATF*1，*LgATF*1 和 *ATF*2 调控，醇酰基转移酶编码基因 *ATF*1 的转录因不饱和脂肪酸和氧的增加而受到抑制。通过前述的工业发酵条件的改变，可以控制醇乙酰基转移酶的活力大小以及乙酰辅酶 A 池的容量，从而改变酯代谢途径和通量，达到调控的目的。由于啤酒中存在的酯类众多，涉及的底物及合成酶、水解酶特性各异，其调控是复杂的。啤酒中经鉴定大约有 100 种经明确鉴定的酯类，包括赋予啤酒花香和水果风味及气味。其中影响啤酒质量的关键酯类包括乙酸乙酯（水果溶剂味），乙酸异戊酯（香蕉苹果味），乙酸异丁酯（香蕉水果味），已酸乙酯（苹果茴香），2－乙酸苯乙酯（玫瑰蜂蜜苹果）等。酿酒酵母 *S. cerevisiae* 体内酯的合成反应速度证明酯只能通过生物合成途径，否则不可能达到如此高速。酯类合成的基质如各种醇、脂肪酸、CoA（CoASH）和酰基转移酶（即酯合成酶）。由于底物的多样性使各种酶具备各自的特异性与之匹配，增加了酯合成的复杂性。不同类型酯合成的限制性基质也是不一样的，乙酸酯合成的限制性基质是醇乙酰基转移酶，中链脂肪酸乙酯合成的限制性基质是中链脂肪酸（MCFA）。

第二章　啤酒发酵过程中发酵参数及成分变化

麦汁中浸出物经酵母发酵生成乙醇和CO_2，这一代谢途径是放热过程，称为糖酵解。酵母首先水解己糖和蔗糖（起始糖），然后水解麦芽糖（主要发酵糖），最后是麦芽三糖（次要发酵糖）。发酵过程经过代谢支路形成的副产品可以分为六组：高级脂和芳香醇；多元醇；酯；羰基化合物；含硫化合物；有机酸。所有这些组分具有不同的口味和风味阈值。它们的组合形成了啤酒的风味或异味。在主发酵阶段，乙酸、甲酸等挥发酸和丙酮酸、苹果酸、柠檬酸、乳酸通过氨基酸的脱氨基作用生成并使发酵液 pH 下降 1 个单位。啤酒的最终 pH 范围为 4.3 ~4.6。有机酸形成的强度和速度决定于麦汁的缓冲能力、氮的可吸收程度、酵母菌株以及发酵方式。pH 直接影响啤酒的风味和适口程度。

中短链脂肪酸在主发酵的前期生成，包括丁酸、戊酸、己酸、辛酸和癸酸。它们的生成数量由麦汁组成、溶解氧、酵母菌株和发酵条件控制。在背压发酵过程中，这些脂肪酸生成水平有所增加。这些脂肪酸过多会引起酵母味和削弱泡沫持久性。

高级脂肪醇（1－丙醇，2－甲基－1－丙醇，2－甲基－1－丁醇和3－甲基－1－丁醇）和芳香族醇（特别是2－苯基－1－乙醇）代表影响啤酒风味组分的最大分数。它们在啤酒发酵的头 2 ~3d 生成，之后仅有少量的增长。当浓度高于 100mg/L 时，它们会对啤酒口感和风味产生负面的影响。这些高级脂肪酸的水平能通过自由氨基氮浓度、麦汁浓度、接种比率和酵母菌株来控制在一定范围内，但主要是由接种时的温度和发酵温度决定。当接种温度较低时，高级醇的生成量减少；较低的发酵温度和采用二氧化碳背压发酵能够使高级醇生成大幅减少，最多能减少 50%。

酯类因其较低的风味阈值水平，强烈地影响啤酒在令人关注的水果特性方面的感官特性。酯是有机酸和醇经酶催化的产物（主要是乙醇，也有高级醇）。它们的形成与酵母的生长繁殖和脂质代谢非常相关。啤酒中包含有超过 50 种酯，其中有 6 种对啤酒的风味有极大影响：乙酸乙酯、乙酸异戊酯、乙酸异丁酯、乙酸苯乙酯、己酸乙酯、辛酸乙酯。

下面发酵啤酒含有的酯类达 60mg/L，上面发酵啤酒含有的酯类高达 80mg/L。酯类生成的增加与以下条件有关：增加麦汁浓度；限制麦汁充氧；较高的发酵温度。发酵期间压力的增加可以减少酯的生成，这点与高级醇的生成是一样的。高级醇与酯在限定的浓度下对于高品质的风味图谱是必需的。一旦形成，它们将留在啤酒当中，在发酵的下一阶段也不会消失。

啤酒发酵过程中参数变化是研究酵母生物活性，了解风味物质生成机理的重要依据。在发酵过程中，涉及风味物质即发酵副产品变化的参数有酯类、高级醇、双乙酰等；涉及麦汁组成的有糖度、氨基氮、微量元素、氧和 rH 值（氧化还原势）的变化；其他如酵母品种与接种比率等。

第一节 糖的变化

麦汁中的固形物主要是糖，糖被酵母发酵变为酒精和 CO_2，因而麦汁浓度及相对密度下降。糖、氨基酸以及无机盐等的比重大于水，随着发酵的进行，糖分逐渐被低相对密度的 CO_2 和乙醇所取代，所以麦汁相对密度逐渐下降，亦即浸出物浓度逐渐下降。

麦汁营养丰富，为酵母细胞提供了良好的生存环境。酵母在麦汁中吸收营养物质，排泄代谢产物。糖类物质约占麦汁浸出物的 90%，其中葡萄糖、果糖、蔗糖、麦芽糖、麦芽三糖和棉籽糖称为可发酵性糖，是啤酒酵母的主要碳素营养物质，也是发酵中可利用的物质。麦汁中的 $DP_9 \sim DP_{12}$ 糊精、麦芽四糖、麦芽五糖至麦芽九糖等均为不可发酵性糖，又称非糖。在实际生产中糖与非糖的比例一般控制为 7∶3 较合适，其中生产淡色啤酒，可发酵性糖含量略高，发酵度高，口味清爽；若生产浓色啤酒，其非糖比例略高一些，以增加它的醇厚感。

麦汁中可发酵性糖的组成，因工厂使用的原料和工艺方法不同而异，也因辅料不同和辅料添加量不同，致使各种糖的含量略有差别。

表 2－1　全麦芽汁浸出物中可发酵性糖组成

成　分	含量/%	成　分	含量/%
麦芽糖	4～6	果　糖	0.1～0.5
麦芽三糖	1.1～1.8	蔗　糖	0.1～0.5
葡萄糖	0.5～1.0		

酵母在通风后的冷麦汁中消耗可发酵性糖，约有 96% 的可发酵性糖被酵母酵解为乙醇和 CO_2，并进行三羧酸循环（有氧呼吸），糖类被分解成水和二氧化碳，获取大量的生物能，使酵母细胞快速增殖，并释放出热量。

葡萄糖的发酵过程是比较复杂的，它在酵母多种酶的作用下，经过一系列中间变化，先酵解成丙酮酸，称为EMP途径，再在酵母内丙酮酸脱羧酶、乙醇脱氢酶等作用下经乙醛，最后生成乙醇和二氧化碳。

麦汁中的可发酵性糖最主要的是麦芽糖，此外，麦汁中的糖分并不是同时发酵。多糖必须被分解，所以酵母最先作用单糖，然后才能分解多糖。因此将发酵分为：起发酵糖（己糖）；主发酵糖（麦芽糖）；后发酵糖（麦芽三糖）。

葡萄糖和果糖首先渗入细胞内，直接进行发酵。蔗糖需经酵母分泌在细胞表面的蔗糖酶转化为葡萄糖和果糖后，才能进入酵母细胞，进行发酵。啤酒酵母对麦芽糖和麦芽三糖的发酵因酵母不同而异。对下面酵母来说，当麦汁中含有较多的葡萄糖时，会抑制酵母细胞分泌麦芽糖渗透酶。没有这种渗透酶的运载，麦芽糖不能进入细胞内，需待葡萄糖和果糖的浓度发酵降至一定程度后，才能消除这种抑制作用。酵母细胞开始分泌麦芽糖渗透酶，使麦芽糖得以进入细胞内，再经α-葡萄糖苷酶分解为单糖后，才能开始酵解。葡萄糖的这种抑制作用称为“分解代谢抑制（catabolite repression）”或“葡萄糖阻遏效应（glucose repression effect）”。同样地，只有麦芽糖浓度降低至一定程度后，酵母细胞才能分泌麦芽三糖渗透酶，使麦芽三糖进入酵母细胞，进行发酵。在正常麦汁中，这种抑制作用并不突出，但麦汁中如加入多量的葡萄糖或蔗糖，则将严重抑制麦芽糖和麦芽三糖的发酵（克拉勃垂效应，见酵母扩培章）。

有些上面酵母，在有葡萄糖的存在下，仍能保持其发酵麦芽糖和麦芽三糖的能力，因此，上面酵母的发酵速度相对较快。

蔗糖也可被酵母发酵，因为酵母细胞壁上有转化酶（分解酶），因此蔗糖也可以像起发酵糖一样被酵母利用。

发酵过程中糖的转化速度，具体分析受下列因素的影响：

1. 麦汁特性

发酵速度首先取决于麦汁中冷凝固物和热凝固物的分离程度、麦汁通氧量以及麦汁的组成。热凝固物是在较高的温度下凝固析出的凝固物。这种凝固物主要是在麦汁煮沸时，由于蛋白质变性和凝聚，以及麦芽汁中的多酚物质不断氧化和聚合形成。60℃以上，热凝固物不断析出，60℃以下就不再析出。析出量占麦汁量的0.3%～0.7%。冷凝固物是在麦汁冷却过程中（60℃以下）产生的凝聚蛋白质以及多酚物质。冷、热凝固物必须在发酵前除去，凝固物清除不彻底会引起许多问题，例如，会引起大量活性酵母吸附，影响发酵，回收酵母出现口味问题；清酒中出现苦味；过早地出现蛋白质浑浊；增加过滤困难。也有观点认为，适当含量的冷凝固物可以赋予啤酒醇厚的口感。如果冷凝固物分离太彻底，将会导致啤酒口味淡薄，并认为冷凝固物的最佳残余量为60～100mg/L。如果麦芽质量较好，麦汁本身冷凝固物含量就比较低，而在以后的工序中又采取提高非生物稳定性措施（如添加硅胶、皂土等），就不一定要从冷麦汁中彻底去除全部冷凝固物。

麦汁冷却到比发酵温度低2～3℃时，利用文丘里管通入细小的气泡，使麦汁中溶解氧达到8～10mg/L，对酵母增殖、细胞酶活力的增强是非常重要的。

2. 发酵温度

酒精发酵速度随温度上升明显加快，而低温下发酵速度会减慢。在主发酵过程中，对发酵温度的调节和控制是发酵工艺管理上最重要的一环，温度调节得恰当与否可以决定发酵程度的优劣，往往由于温度调节不当，给发酵带来不正常现象，尤其是温度忽高忽低，极易造成酵母早期沉淀，发酵力减弱，发酵终了不降糖，发酵度低，泡形成微弱，或高泡期不显著现象。温度高低直接影响发酵时间的长短。中国啤酒很忌讳酵母味，一般认为20℃以上酵母即能产生自溶。为避免酵母味的出现，保持醇厚性和充足的CO_2以及稳定性，长期的经验积累形成了啤酒低温发酵的工艺特征。

主酵开始后，酵母逐渐繁殖，发酵温度渐渐升高，从起始温度达到发酵高温度都采取自然升温的方法，不加人工控制。当到达发酵最高温度时，开始用冷却管通冷却水控制温度继续上升，在最高温度保持1～2d。开始冷却时温度应缓慢下降，否则会引起酵母沉淀影响发酵。温度的下降一般是根据糖度下降情况而定的。在高泡期糖度每天可下降1.2～1.7℃，高泡期后糖度每天下降0.5～0.9℃。在落泡的末期，大部分酵母已沉淀，冷却速度可以加快到最大限度，使发酵液达到4℃即可下酒。

3. 酵母浓度

酵母细胞和麦汁之间的接触面积对于物质转化非常重要。接触面积随酵母细胞浓度的增加而扩大。酵母量用细胞数个/mL表示。酵母细胞数在生长最旺盛阶段可达（3～6）$\times 10^7$个/mL，在某些工艺过程中甚至高达10^8个/mL。酵母添加量通常按泥状酵母对麦汁体积百分率计算，一般为0.5%，实际用量应根据酵母新鲜度、稀稠度、酵母使用代数、发酵温度、麦汁浓度以及添加方法等做适当调节。若麦汁浓度高，酵母使用代数多，接种温度低，酵母浓度低，则接种量应稍大，反之宜少，总的酵母添加量的多少，取决于发酵开始时间的早晚，一般要求加入酵母后，很快开始发酵，以便抑制其他细菌的繁殖。发酵开始较早时酵母添加量可少一些，加0.5%左右的泥状酵母，如生长迟缓可增至1%。接种量大，只是发酵速度快，抗污染力强，但不会增加发酵度，相反有可能给啤酒带来酵母味，因为至高泡期麦汁中酵母细胞饱和数一般为6×10^7个/mL。此外若接种量大，死细胞数多，回收酵母活力下降，由于死细胞和老细胞的自溶将给啤酒带来一定的酵母味。但是，如果酵母细胞数在生长最旺盛阶段达不到2×10^7个/mL，则表明酵母浓度不足。

4. 机械作用

机械运动如循环、搅拌等，可加强酵母细胞和麦汁的接触，使发酵剧烈进行。机械作用增加麦汁循环，使酵母充分接触糖分、氧分，可以促进其最初的发酵。由于传统一罐法或二罐法生产啤酒均采用静置发酵，主酵设备中并未安装搅拌，因此其循环主要是通过 CO_2 浓度差来实现的。特别是数十米高的大型啤酒发酵罐，由于罐顶和罐底的 CO_2 浓度差极大，使底部 CO_2 向上运动，带动酵母和酒液向上运动，气体释放后下降，形成循环。酵母因此与糖分和氧气得以充分接触，促进降糖的进行。

5. 酵母菌种

发酵速度也是每个酵母菌种的遗传特性，不同酵母菌种的发酵速度也不相同。上面酵母与下面酵母的发酵速度取决于其主酵温度。上面酵母发酵温度高，降糖速度快，是下面酵母的 2 倍以上。同样下面酵母，由于其对糖吸收能力的不同，表现出的发酵速度也是不一样的。所以，从提高生产效率出发，选育性状优异的啤酒酵母是生产的关键。酵母不仅直接通过其发酵速度和发酵副产物的数量对最终成品啤酒造成影响，而且间接地通过 pH 下降的速度和程度，再次释出物质。因此针对所采用的发酵工艺，选择适合的酵母品种是理所当然的。应该说，优良的啤酒酵母菌种应符合下列三方面标准：首先，菌种生理特性要理想，如发酵性能良好、凝聚力适中、还原双乙酰能力强、繁殖速度快、抗逆力强、成品啤酒风味醇和爽口。其次，菌种纯度高，菌种不混有细菌、野生酵母等杂菌。第三，酵母要健壮，不是传代过多的酵母，而是正处于生命旺盛期的酵母，活力很强，才能得以顺利地发酵。

6. 压力

在发酵过程中，压力不断上升，这会使发酵、酵母增殖和发酵副产物的形成逐渐停止。原因是溶解在啤酒中的 CO_2 量及压力在不断增加。加压发酵使发酵液中饱和二氧化碳的浓度增加，酵母 α - 氨基氮的同化作用受到抑制，阻碍了酵母的代谢和生长。在发酵温度较高时，采用加压主发酵可防止酵母过量繁殖，降糖速度明显减慢。同时，啤酒的最终发酵度也被抑制。后发酵期压力对酵母的影响不大，因为此时酵母活力不足，对残糖的消耗能力下降。

糖的变化体现在啤酒发酵中的参数有真发酵度与外观发酵度。真发酵度，是将酒中的乙醇蒸发之后，再用水补充至原来体积和测其浓度，然后计算出真发酵度。此发酵度代表着发酵过程已消失的浸出物百分率。例如真发酵度为 30%，即浸出物消失了 30%。外观发酵度，是在生产现场直接用糖度计算出浓度，然后根据上式计算出的发酵度。因为酒中尚含有 CO_2 和乙醇，而此二者相对密度都小于水和麦汁，故此外观发酵度只能代表失去的原始比重百分率，而且由于 CO_2 和乙醇的影响，比重下降率比真发酵度要大得多。测外观发酵度便于现场指导生产，按生产经验，外观发酵度 $\times 0.819 =$ 真发酵度。发酵度极限，是指最大外观发酵度，即全部可发酵性糖都被发酵完毕所测出的外观发酵度，其法是向麦汁中接入大量新酵母，于 20 ~ 25℃ 充分发酵，多次摇动，直至发酵终了，测其发酵度即为“发酵度极限”，此值实际代表着可发酵性糖的相对值。成品酒的发酵度应尽可能接近麦汁的发酵度极限值，若成品酒的发酵糖太多，将给啤酒的生物稳定性留下隐患。

第二节　酸度（pH）的变化

啤酒中含有各种酸类约 100 种以上。生产原料、糖化方法、发酵条件、酵母菌种均影响着啤酒中的含酸量，其中包括挥发性的（甲酸、乙酸）、低挥发性的（C_3、C_4、C_6、C_7、C_{10}等脂肪酸）和不挥发性的（乳酸、柠檬酸、琥珀酸、苹果酸以及氨基酸、核酸、酚酸等）各种酸类。啤酒中的酸控制着啤酒的 pH 和总酸含量。适宜的 pH 和适量的酸，能赋予啤酒柔和清爽的口感。同时这些酸及其盐类也是酒中的重要缓冲物质，决定着 pH 的变化，有利于各种酶的作用。在这些酸类中，种类繁多的脂肪酸来自麦芽、酒花和酵母代谢所产生的饱和脂肪酸。其中最主要成分是乙酸。乙酸是由乙醛和乙醇氧化而来，是啤酒的正常发酵产物，在正常情况下，乙酸含量较低，只有 50mg/L。一旦在啤酒发酵过程中污染了野生酵母或醋酸菌就会产生大量乙酸，从而破坏啤酒的质量。不同的发酵种类产生的乙酸的量是不同的。下面发酵会产生较多的乙酸。除了乙酸，一些中链脂肪酸以微量的形式存在，它们中的高分子脂肪酸可以用于合成代谢而减少，小分子脂肪酸则越来越多。非挥发性的酸如乳酸、柠檬酸等也能对啤酒风味产生和 pH 的降低起到一定作用。

发酵过程 pH 不断下降，前快后缓，最后稳定在 pH4 左右（表 2－2），正常下面发酵啤酒终点 pH 为 4.2～4.4，少数降至 4 以下，pH 下降主要由于有机酸的形成和 CO_2的产生，有机酸以乳酸和乙酸为主，非谷物原料如糖浆等的比例大，则啤酒的 pH 较低，因为非谷物原料中含缓冲性物质较少。冷麦汁的 pH 为 5.5 左右，随着发酵进程而逐步降低。主要原因是发酵过程中，二氧化碳和有机酸的生成。麦汁发酵以后，pH 降低很快，24h 后，如经二氧化碳饱和，pH 即可降低至 4.4。影响发酵过程 pH 下降速度的因素有水质、麦芽质量、糖化方法、溶解氧、酵母品种、添加量、发酵温度等。这些因素与酵母繁殖速率和发酵速度有关。发酵速度越快，pH 下降越快，反之则越慢。

表 2－2　　发酵期间 pH 的变化

发酵度/%	5.2	11.8	25.0	36.7	52.6	61.1	64.6	68.0
pH	5.00	4.71	4.70	4.53	4.37	4.41	4.32	4.24

控制啤酒总酸，首先要控制麦汁总酸，若麦汁总酸过高就会抑制啤酒正常发酵产酸，使啤酒中的酸太单调，风味不谐调。高温发酵产酸多。在发酵期间

污染杂菌，会导致啤酒酸败。污染菌主要是醋酸菌和野生酵母，在发酵后期和贮酒期间主要污染的是乳酸菌。若挥发酸（以醋酸计）大于0.6g/L，则饮用时酸的刺激感强、酸露头。

第三节　氨基氮的变化

在啤酒发酵过程，麦汁中含氮物质大约下降1/3，主要是由于氨基酸和低分子肽被酵母同化利用所致，此外由于pH下降引起复合蛋白质的沉淀，泡沫以及酵母细胞表面作用也能吸附掉少量含氮物质颗粒。酵母在其生长过程中，除同化氨基酸外，还能代谢分泌一些含氮物，所以，啤酒中氮大约有75%来自麦汁，25%来自酵母分泌。这也是通常氨基氮测量时，其含量曲线往往是下降趋势，而到后期会变成向上趋势的原因。

研究发现，20℃以上时，酵母的蛋白酶就能降解自身的细胞蛋白质，产生所谓“自溶”现象，啤酒出现酵母味，此时氨基氮含量就会上升。质量较好的麦汁含有足够可同化氮供酵母繁殖之需，如果增加低氮原料如糖浆、大米粉等就要注意检测α-氨基氮的含量是否充分，下降是否太快。否则将严重影响麦汁的发酵度，影响啤酒的质量。

啤酒在后期贮存中会形成浑浊，其中原因之一是蛋白质引起浑浊。蛋白质是啤酒浑浊的主要成分，占5%左右，导致浑浊的蛋白称为敏感性蛋白质。啤酒中的敏感性蛋白质约占啤酒中含氮物质的1/3。初期浑浊的蛋白质主要来自麦芽的醇溶蛋白质。啤酒经长期贮存后形成浑浊的蛋白质一部分也来自麦白蛋白和球蛋白，它们会与进一步氧化聚合的多酚物质形成浑浊。所以，适当地增加低氮原料如糖浆、大米粉取代麦芽，并不是一无是处，相反，在同化氮控制得恰当的情况下，对啤酒的质量及非生物稳定性是大有益处的。

酵母增殖必须有合成细胞的含氮物质存在。经麦芽糖化后的麦汁中，含有氨基酸、肽类、蛋白质、嘌呤、嘧啶以及其他各种含氮物质。这些含氮物质可为酵母繁殖提供营养，且对啤酒风味及理化性能起主导作用。健康的酵母，其胞外蛋白酶活力是很微弱的，因此，在啤酒发酵时，麦汁中的蛋白分解作用极弱。它们繁殖所需氮源主要依靠麦汁中的氨基酸和低肽。

麦汁中含有高达1000mg/L的总氮，当然这取决于生产原料和加工过程，通常情况下总氮含量在700～800mg/L。在所有可溶性含氮化合物中20%是蛋白质，22%是多肽，58%是低聚肽，其余是自由氨基酸。在10°P麦汁中，自由氨基酸的浓度范围在150～230mg/L，由于氧是限制性基质，所以一般自由氨基酸浓度为150～200mg/L。麦汁中1/3～1/2的氨基酸来自糖化过程中蛋白酶的作用

(主要是羧肽酶),其余的直接来自麦芽。麦芽羧肽酶最大活性的最适温度是40～60℃,于70℃时失活。因此,控制糖化过程的温度是麦汁中自由氨基酸生成的重要环节。在适当条件下,除了脯氨酸,所有自由氨基酸均能被酵母吸收,脯氨酸的吸收必须在有氧的条件下。另外,约40%的小肽也能被吸收利用。麦汁中的自由氨基酸谱相对恒定(表2－3)。其在麦汁中的总浓度取决于原材料和麦汁的糖化工艺。据报道,大麦的α－氨基氮含量为592～596μg/g。麦汁中的氨基酸含量见表2－3。从表2－3可见,小麦的氨基酸含量是较高的。添加小麦作为辅料要充分考虑其中氨基氮的吸收同化。

表2－3　　麦汁中的氨基酸含量

氨基酸	全麦汁/(mg/100mL)	麦芽+25%大麦/(mg/100mL)	麦芽+25%小麦/(mg/100mL)
丙氨酸	15.1	15.5	16.5
缬氨酸	13.7	14.0	14.7
甘氨酸	7.9	9.1	10.3
异亮氨酸	7.5	9.4	10.7
亮氨酸	18.8	18.3	19.2
脯氨酸	44.5	47.9	47.3
苏氨酸	17.2	11.2	23.9
丝氨酸	7.4	7.5	9.3
半胱氨酸	0	0	0
甲硫氨酸	0	4.7	4.9
羟脯氨酸	0	0	0
苯丙氨酸	16.2	15.8	17.3
天冬氨酸	18.9	23.3	24.8
谷氨酸	24.8	31.0	40.9
酪氨酸	8.9	8.3	8.1
鸟氨酸	0.9	0	0
赖氨酸	10.1	11.3	8.9
色氨酸	0	0	0
组氨酸	0	0	0
精氨酸	15.5	17.6	13.8
胱氨酸	0	0	0
总氨基酸	227.4	244.9	270.6

生长旺盛的酵母需要吸收氮元素，在发酵起始阶段，酵母直接吸收氨基酸，并转化为构成细胞的组分。在发酵阶段主要是氨基酸通过转化而产生新物质，用于合成细胞的蛋白质和其他的含氮副产物。酵母通过氧化脱氨的埃利希（Ehrlich）反应产生高级醇，通过斯提柯兰（Stickland）反应等生化过程实现对麦汁中氮的转化。麦汁中除了含有氨基酸、肽类、蛋白质外，还含有丰富的嘌呤、嘧啶以及其他多种含氮物质。所有含氮物质很重要，既可供酵母繁殖同化之用，又对啤酒的理化性能和风味特点起主导作用。

酵母同化可发酵性糖以麦芽一糖二糖为主，对麦芽三糖以上的糖同化速率较低，有些甚至完全不能吸收。酵母对不同的氨基酸吸收速率也是不一样的，根据酵母对氨基酸的不同同化时间和不同同化速率，氨基酸可划分为 4 大类（表 2 –4）。

表 2 –4　　酵母同化氨基酸速率分类

同化较快	中等同化速率	同化速率较低	极微或不同化
天冬氨酸	缬氨酸	甘氨酸	脯氨酸
天冬酰胺	甲硫氨酸	苯丙氨酸	
谷氨酸	亮氨酸	酪氨酸	
谷氨酰胺	异亮氨酸	色氨酸	
丝氨酸	组氨酸	丙氨酸	
苏氨酸			
赖氨酸			
精氨酸			

啤酒酵母对各种氨基酸和亚氨基酸的同化情况也是不同的，同化较快的氨基酸占比最大。各种氨基酸的特性不同决定了它们可以有效地作为氨基氮源被同化，如天冬氨酸、天冬酰胺、谷氨酸、谷氨酰胺等。而另一些氨基酸则不能作为氨基氮源而被啤酒酵母利用，如脯氨酸等。研究发现，多种氨基酸同时存在于麦汁中有利于氨基酸吸收利用的相互促进。例如，两种氨基酸在麦汁中同时存在，较一种单独氨基酸的同化率可提高 8% 左右，三种氨基酸，同化率可进一步提高 8% 左右，因此，含有多种氨基酸的麦汁，其氨基氮的同化率较只有单一氨基酸的麦汁高得多。

酵母对氨基酸的吸收，主要决定于麦汁中可同化氮的总量，其次是个别氨基酸的浓度。酵母对一些氨基酸的同化速率，与酵母浓度和个别氨基酸的浓度成正比，氨基酸浓度越低，酵母吸收此氨基酸的速率也越慢。一旦发生麦汁贫氮现象，酵母细胞内就会从其他途径合成所需的氨基酸，例如从酮酸途径合成氨基酸。通常，发酵后，啤酒中剩余较多量的同化速率较低氨基酸和不可同化氨基酸如脯氨酸。

根据氨基酸在酵母代谢中的重要性，将麦汁中氨基酸分为三组（表2－5）。

表2－5　　三组氨基酸

第一组	第二组	第三组
天冬氨酸	异亮氨酸	赖氨酸
天冬酰胺	缬氨酸	组氨酸
谷氨酸	苯丙氨酸	精氨酸
谷氨酰胺	甘氨酸	亮氨酸
苏氨酸	丙氨酸	
丝氨酸	酪氨酸	
甲硫氨酸		

对第一组氨基酸来说，酵母对这些氨基酸的合成较容易，在麦汁中也容易得到，因此只属于基础营养物质，但对麦汁和啤酒质量并不起决定作用。对第二组氨基酸来说，酵母发酵后期仅在此类氨基酸不足的情况下才能形成，由酮酸途径转化而来以改变麦汁中这类氨基酸的浓度，由于转化速率受限于酵母的代谢活性，转化的量是以细胞生长需要为主，因此，这类氨基酸对麦汁和啤酒所起的作用是十分重要的。对第三组氨基酸来说，酵母不能通过自身合成此类氨基酸，必须通过胞外直接吸收。一旦缺乏此类氨基酸，将对发酵以及成品啤酒质量产生不利影响，比如使糖代谢产生 α－酮酸的需求量增大，酵母生长缓慢，同时使副产物高级醇含量上升，因此，这类氨基酸在麦汁中的含量是最重要的。

麦汁中如果含有超量的氨基酸，会产生大量高级醇、硫化物等副产物，对啤酒质量产生不利影响。因此，除控制氨基酸的总量外，还应对第二、第三组氨基酸的含量进行控制。在生产中，选用高蛋白含量的原料比较容易出现这种高氨基酸含量的麦汁，啤酒质量会因此出现异常。但如果麦汁中氨基酸含量不足，不但对酵母生长发酵造成影响，最终也会对啤酒质量造成不利影响。比如，高辅料啤酒发酵会令缬氨酸缺乏，双乙酰含量增高，原料中添加过量的糖浆等辅料，会使酵母发酵出现营养不良。

第四节　氧和 rH 值（氧化还原势）的变化

麦汁冷却过程有意地让其吸收部分氧，目的在于为酵母繁殖提供氧气，麦汁中糖含量既定，则酵母的繁殖多少主要取决于氧的供给和可同化氮的含量，氮用来合成菌体蛋白，而氧用于合成甾醇以产生新酵母。麦汁中所含的氧，在发酵过程中，由于酵母的吸收及其他物质被氧化而逐渐减少，同时由于还原物质的产生使氧化还原势（rH 值）逐渐降低，这样不但对酵母发酵有利，而且减少了成品啤酒形成氧化浑浊的可能性。

rH 值是表示溶液中氢压的负对数值，是表示溶液“氧化还原电位”（EH）的一种方式，或者说表示氧化程度的一种符号。rH 值越大氢压越小，其氧化性越高，还原性越低，反之亦然。

rH 值的大小，影响微生物的生物活动，能改变微生物的生理活动，并能改变微生物发酵产物，如酵母发酵糖，其中间产物乙醛，经乙醇脱氢酶作用将乙醛还原生产乙醇。脱氢酶要求 rH 值低时才能催化此反应进行，也就是要求溶液氧化性小，所以酒精发酵是在厌氧条件下进行。

麦汁发酵刚开始时，rH 值较高，因为有足够的氧存在；随着酵母的繁殖，氧很快被吸收利用，并产生某些还原性物质，故而 rH 值下降，初期 rH 值在 20 以上，很快降至 10～11。rH 值（氧化还原势）的变化见图 2－1。

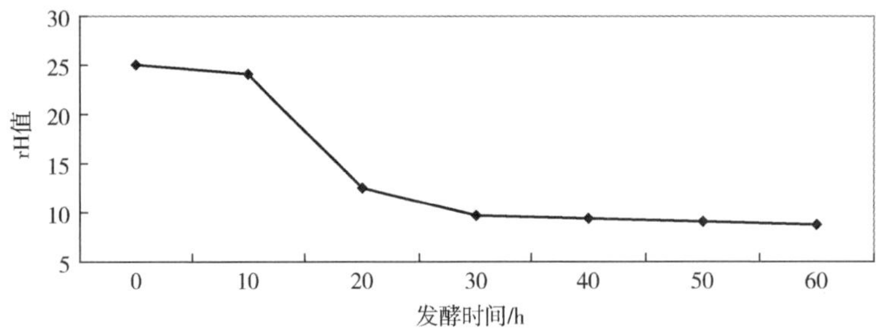

图 2－1　rH 值（氧化还原势）的变化

第五节　风味物质含量的变化

啤酒中具有指示意义的风味物质作为发酵副产物，种类繁多，风味特性各异。除高级醇及酯类外，其他风味物质含量的变化在本节进行初步介绍。

啤酒中风味物质（表 2－6）对于啤酒质量影响很大，它们的含量高低与控制发酵工艺条件有着直接的联系，可根据它们含量的多少去改变工艺条件，进而改善啤酒质量。

表 2－6　　啤酒中具有指示意义的风味物质一览表

副产物的名称	口味阈值/（mg/L）	风味特征
高级醇类：		
2－甲基丙醇－1	12	乙醇味
2－甲基丁醇－1	15	酒精，溶剂味
3－甲基丁醇－1	40	酒精，香蕉味
2－苯乙醇	60	玫瑰香味
酯类：		
乙酸乙酯	26	水果，冰糖味
乙酸异丁酯	0.5	水果，香蕉味
乙酸异戊酯	1	水果，香蕉味
酸乙酯	0.4	木瓜味
酸乙酯	0.12	苹果味
十二烷酸酯	3.5	肥皂味
乳酸乙酯	250	草莓味
有机酸：		
丁酸	1.2	奶酪，腐败的脂肪味
异戊酸	1.5	奶酪，老酒花味
辛酸	12	辛酸，油味
癸酸	10	腐败的脂肪味
月桂酸	6	肥皂味
酒花成分：		
沉香醇	0.06	茴香味，萜烯味
羰基化合物：		
总双乙酰	0.1	类似黄油味
3－羟基丁酮	15	水果味
含硫化合物：		
二甲基硫	0.11	芹菜味

一、双乙酰含量变化

双乙酰是啤酒发酵过程中产生的一种成熟风味物质，是啤酒成熟的标志。但由于它的阈值较低，只有 0.1mg/L，所以，当双乙酰还原不彻底时，很容易使啤酒出现饭馊味。双乙酰是经其前体物 α－乙酰乳酸脱羧而来，其过程是比较缓慢的。双乙酰又经酵母代谢作用被还原为丁二醇，其过程是比较迅速的。由于还原过程较慢，α－乙酰乳酸的积累如果持续增长的话，双乙酰含量减少后还会反弹。

影响啤酒发酵产生及还原双乙酰的因素首先是酵母菌株。不同菌株产生双乙酰的能力及还原能力是不同的；强壮酵母产生及还原双乙酰的能力均较强，老弱酵母还原能力也较弱；杂菌污染发酵，发酵度下降，还原双乙酰的能力很弱。

影响双乙酰产生及还原的第二因素是麦汁组成。α－乙酰乳酸是合成缬氨酸途径的中间产物，所以，增加缬氨酸的供给，就会对α－乙酰乳酸的生成起到反馈抑制的作用，进而减少双乙酰的生成。相反，溶解不良的麦芽所制麦汁和高辅料的麦汁中易缺乏缬氨酸，其所制啤酒中的双乙酰含量则较高。据文献报道，在同一发酵条件下，含游离α－氨基氮130mg/L的麦汁，主发酵期形成的α－乙酰乳酸高峰值（2.1mg/L）是含游离α－氨基氮220mg/L的麦汁所形成的α－乙酰乳酸高峰值（0.5mg/L）的4倍以上。

二、硫化物

硫是酵母生长和酵母代谢过程中不可缺少的微量成分，某些硫的代谢产物含量过高时，常给啤酒风味带来缺陷，因此，需引起人们的重视。啤酒中的硫化物分为非挥发性硫化物和挥发性硫化物，前者占94%，对啤酒风味影响较小，但它们却是啤酒中挥发性硫化物的来源。而后者占6%，对啤酒风味影响较大，某些硫化物的口味阈值又比较低，这些物质在啤酒中的微量变化，都会影响啤酒的质量。挥发性硫化物对啤酒口味产生的不利影响也可能是污染了耐热细菌所致，它们也形成同样的副产物。

存在于啤酒中的挥发性硫化物主要有硫化氢（H_2S）、二甲基硫（$CH_3—S—CH_3$，dimethyl sulfide，简称DMS）、硫醇（R—SH）、二氧化硫（SO_2）以及某些硫代羰基化合物。其中H_2S和DMS对啤酒风味影响最大，其味阈值及含量见表2－7。这些硫化物对啤酒风味往往有双重作用，即微量存在时，是构成啤酒风味某些特点的必要条件，过量则不利。

表2－7　啤酒中挥发性硫化物的阈值及含量范围

硫化物	阈值/（μg/L）	对啤酒风味的影响
H_2S（硫化氢）	10	>10μg/L有生酒味，洋葱味
SO_2（二氧化硫）	10mg/L	>10 mg/L有不愉快风味
CH_3SH（甲基硫）	10	>10μg/L有日光臭
CH_3CH_2SH（乙硫醇）	10	>10μg/L有日光臭
CH_3SCH_3（二甲基硫）	50	>50μg/L腐烂卷心菜味

酵母的生长和繁殖离不开硫元素，如生物合成细胞蛋白质、辅酶A、谷胱甘肽和硫胺素等，所以，一定量的硫化物以含硫氨酸的形式存在是必要的。一般可挥发性硫化物可通过发酵中的CO_2洗涤除掉。

啤酒中的大部分硫化氢来自酵母对半胱氨酸、硫酸盐和亚硫酸盐的同化作用及酵母合成蛋氨酸受抑制时的中间产物。

硫化氢（H_2S）的生成量，受酵母菌株特性、麦汁中含硫氨基酸、发酵温度的左右，在发酵时随CO_2的排出而减少。酵母自溶形成的酵母臭味主要是硫化氢（H_2S）形成的，可采用CO_2洗涤工艺来降低硫化氢（H_2S）的含量。不同酵母菌株H_2S的产率也不一样，下面酵母的硫化氢产率远高于上面酵母。生产上可通过变异的方法选育产H_2S少的菌株。在酵母代谢过程中，硫化氢的产率与酵母代谢活性具有相关性，酵母生长率越高，硫化氢的产率也越高。

二氧化硫（SO_2）在主发酵时含量达20mg/L，在后发酵时含量又降下来。通过减少酿造水中的硫酸根含量和采用CO_2洗涤工艺，可有效降低啤酒中游离SO_2的含量。

硫醇（R－SH）属于严重损害啤酒风味的化合物。硫醇类化合物中，醇的—OH基被—SH基取代，并会导致啤酒的日光臭。通过光的作用，酒花中异葎草酮的底部侧链很容易裂解，并迅速同啤酒中含硫氨基酸的巯基反应生成3－甲基－2－丁烯－1－硫醇，即所说的“日光臭”。所以啤酒应尽量避免光照，包装箱或棕色瓶可起到避光的作用，或者添加二氢、四氢、六氢异构化酒花浸膏，使异葎草酮的底部侧链还原不易裂解。

二甲基硫（DMS）极易挥发，是啤酒风味成分中的主要物质。现已证明，二甲基硫在很低浓度时对啤酒口味有利，高含量时产生不舒适的气味，描述为“蔬菜味”“烤玉米味”“玉米味”“甜麦芽味”。其感官阈值变化很大，一般认为在30μg/L左右较为合适。当其含量超过100μg/L时，啤酒气味特别差，出现硫磺臭味。二甲基硫的形成过程见图2－2。

蒸发

↑（麦汁煮沸）

二甲基硫前体（DMS-P）→ 分解 → 二甲基硫（DMS）

↓氧化

二甲基硫氧化物（DMSO）

↓酵母还原酶

二甲基硫（DMS）

图2－2 二甲基硫形成示意图

减少啤酒中DMS含量的措施：

（1）大麦要选择蛋白质适中的品种，并且在发芽过程中采用低浸麦度和低温发芽的工艺，从而减少 DMS－P 的形成，也就减少了 DMS 的生成。

（2）提高煮沸强度，使麦汁中的 DMS 充分蒸发。

（3）糖化用水调酸为 pH5.2～5.5，以抑制 DMS－P 的水解反应，降低 DMS 的生成。

（4）选择利用硫化物较多的酵母菌种。

（5）控制适宜的发酵条件　溶解氧 8～10mg/L，酵母细胞数（1.0～1.5）×10^7个/L，低温接种和发酵。

（6）啤酒用 CO_2洗涤，约可降低二甲基硫含量 50%。

（7）成品啤酒尽量避免光照，尽量低温保存。

（8）啤酒装瓶后，尽量避免巴氏杀菌温度过高、时间过长的现象。

三、有机酸

啤酒中含有多种酸，约在 100 种以上。多数有机酸都具有酸味，它是啤酒的重要口味成分之一。酸类不构成啤酒香味，它是呈味物质。酸味和其他成分谐调配合，即组成啤酒的酒体。有的有机酸还另具特殊风味，如柠檬酸和乙酸有香味，而苹果酸和琥珀酸则酸中带苦。啤酒中有适量的酸会赋予啤酒爽口的口感；缺乏酸类，使啤酒呆滞、不爽口；过量的酸，使啤酒口感粗糙，不柔和、不谐调，意味着污染产酸菌。啤酒中的主要有机酸及含量见表 2－8。

表 2－8　　12°P 啤酒发酵产生酸的阈值和含量

有机酸	极限值/（mg/L）	含量/（mg/L）
乳酸	40	4～12
柠檬酸	18	25
丙酮酸	25	15
苹果酸	7.0	3.5
琥珀酸	40	14
乙酸	10	6
C_3～C_{12}酸	3～10	2～5

一般情况下，啤酒中的总酸宜控制在 1.7～2.3mL/100mL。啤酒中的酸含量受生产原料、糖化方法、发酵条件、酵母菌种等因素影响，其中包括挥发性的（甲酸、乙酸）、低挥发性的（C_3、C_4、异 C_4、异 C_5、C_6、C_8、C_{10}等脂肪酸）和不挥发性的（乳酸、柠檬酸、琥珀酸、苹果酸以及氨基酸、核酸、酚酸等）各种酸类。

啤酒中的酸主要来自三个方面：（1）原料——麦芽；（2）酒花；（3）酵母新陈代谢。麦汁中含有的脂肪酸，主要来自麦芽，多为长链不饱和脂肪酸。酒花中含有微量的异戊酸、异丁酸、2-甲基丁酸等。多数有机酸来自于酵母的新陈代谢 EMP 途径。

乙酸是啤酒中含量最高的有机酸，它是啤酒正常发酵的产物，由乙醛氧化而来。下面发酵啤酒中的乙酸含量比上面发酵啤酒约高一倍。除乙酸外，啤酒中含量较高的脂肪酸均与啤酒的香味有关。这些脂肪酸在主发酵的前 4 天与相应的高级醇同时形成，它们的前驱物质都是相应的醛类。

采用快速发酵方法（提高发酵温度、增加接种量、加大通风量、搅拌等）生产的啤酒，其脂肪酸的含量较低。下面发酵啤酒的脂肪酸含量较上面发酵啤酒高 1/3。

四、醛类

啤酒中有多种羰基化合物，包括酮类和醛类。酮类对啤酒风味无任何影响，而醛类形成了一组重要的啤酒挥发性物质，对啤酒风味具有特殊的重要性。啤酒中醛类含量范围见表 2-9。

表 2-9 啤酒中醛类含量范围

醛类	阈值/（mg/L）	含量/（mg/L）
乙醛	15	5～15
丙醛	5	0.1～2.5
异丁醛	1	0.1～0.5
异戊醛	0.5	0.05～0.2
正庚醛	0.1	0.05～0.1
正辛醛	0.4	0.05～0.3
糠醛	50	0.2～20

丙酮酸在酶的作用下，脱羧形成乙醛和二氧化碳，大部分乙醛受酵母酶作用还原成乙醇。乙醛是啤酒发酵过程中产生的主要醛类，它是酵母代谢的中间产物，是组成啤酒生青味的主要成分之一。

啤酒中的醛类，它们的含量随着发酵过程快速增长，又随着啤酒的成熟含量逐渐减少。由于啤酒成熟后期，各种醛类含量大都低于阈值，所以醛类对啤酒口味的影响并不大。

醛类是高级醇的前驱物质，对于高级醇含量及其生成具有重要的作用。乙醛是啤酒发酵过程中产生的主要醛类，也是啤酒中含量最高的醛类。它是酵母进行乙醇发酵的中间产物，是由丙酮酸脱羧基而形成的。

乙醛在主发酵前期大量形成，而后很快下降。下面发酵与上面发酵所生成的乙醛含量是完全不同的。下面发酵至发酵度为35% ~60%时，上面发酵至发酵度为10%时，乙醛含量最高。乙醛的阈值为10mg/L，当乙醛含量超过界限值10mg/L时，给人以不愉快的粗糙苦味感觉；含量过高，有一种辛辣的腐烂青草味。成熟啤酒的正常含量一般 < 10mg/L，优质啤酒，乙醛含量一般在1.5 ~ 2.5mg/L范围内。

乙醛与双乙酰及硫化氢并存于未成熟的啤酒中，构成了嫩啤酒固有的生青味。发酵的诸多参数如发酵温度、发酵压力、麦汁pH、酵母接种量都与乙醛的形成量有关。温度越高，乙醛最终生成量越低（见图2-3）；发酵压力越高，乙醛形成量越高，这可能与酵母生长速度有关，酵母生长受到CO_2压力的影响会减慢生长速率；麦汁pH越高，乙醛形成量越高；酵母接种量增加，乙醛形成量越高。所以在发酵后期，应适当调节发酵温度和压力，使乙醛含量达到正常水平。

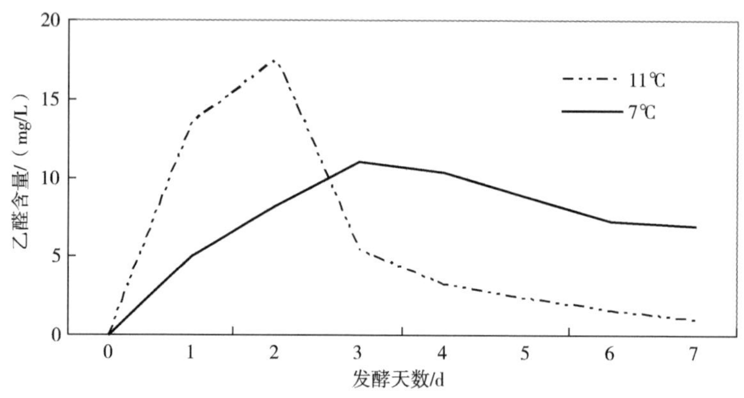

图2-3　不同温度对乙醛浓度的影响

乙醛在发酵后期，伴随CO_2的排放，会迅速减少。采用CO_2洗涤，可以促进乙醛挥发。瓶啤在杀菌时，特别是在瓶颈空气和溶解氧含量高的情况下，乙醛含量会有所增加。麦汁染菌或酵母染菌，都可能增加啤酒中的乙醛含量。

啤酒中所含的其他醛类也是相应高级醇类的正常前驱物质，它们的含量并不多，并且也随着啤酒成熟而逐步减少，对啤酒风味影响不大。

第六节　脂质的变化

麦汁中的脂质可能多数来自麦芽、辅料、啤酒花等物质。在大麦中，脂质的含量高达4%；而在大麦麦芽中脂质的含量也高达3.4%。在啤酒发酵工艺中，通常采用的原辅材料脂含量高达4%左右。例如，小麦粉的脂含量仅为1%，而压片玉米的脂含量却有3.7%。三酰基甘油是大麦和麦芽中最丰富的脂类一族，高达70%的总脂肪酸以这种形式被酯化。在大麦发芽和麦汁生产过程中，还产生了相当可观的种类和浓度的变体脂质组分。特别是，有研究报告指出，在大麦萌芽期间，有30%的脂损失了，是归因于三酰基甘油的代谢。在典型的商业碎麦芽中脂质组成如表2－10所示。

表2－10　　商业碎麦芽中的脂类分析

脂　类	脂肪酸/（mg/g干重）	含量/%
磷脂＋糖脂	6.8	21.5
单酰甘油	0.4	1.3
甘油二酯	0.8	2.5
甘油三酯	19.9	63
自由脂肪酸	2.7	8.5
甾醇酯	1.0	3.2
总　计	31.6	

一、脂质的来源及去向

通过对麦芽及麦汁中的脂类分析，可以了解脂类在麦汁中的分布及去向。脂质作为一种组成生命的重要成分，其代谢方式、途径及产物均是啤酒酵母生物活动必不可少的。而且脂质代谢与挥发酯的生成有一定的关联。不饱和脂肪酸的添加会抑制乙酸酯的生成。

麦芽中的脂很少能释放到最终麦汁中，但是，却可以成为在啤酒发酵期间酵母可利用的营养物质，并在随后的过程中介入一些反应并导致形成一些有害的风味物质。将甜麦汁与废弃麦糟分离的方法对麦汁脂含量的影响具有十分重要的意义。有报道称，通过糖化压榨，大约4%的麦芽脂质被释放到麦汁中，仅有1%残留在回旋槽中，仅有0.3%残留在糖化槽中。更多的脂在铜锅煮沸后损失在固形物的分离中。因此，约有91%的麦汁脂质与回旋槽中固形物一起沉淀而损失了。啤酒花抽提物中的脂质可以补充一部分的脂质。酒花颗粒富含18:3脂肪酸，可能这就是麦汁中这种物质的主要来源。在麦汁生产的不同阶段，其中主要的脂肪酸显示见表2－11。

表 2－11　　麦汁生产过程中脂肪酸成分的组成/%

脂肪酸	16:0	18:0	18:1	18:2	18:3
碎麦芽	20.8	1.0	11.3	57.9	8.9
废弃麦糟	25.2	0.8	10.5	57.5	6.0
甜麦汁	41.4	3.4	5.4	45.3	4.4
酒花颗粒	11.4	1.3	6.5	47.4	33.4
回旋槽沉淀	24.0	1.1	6.9	49.3	18.6
糖浆辅料	45.3	19.5	5.5	24.7	5.0
接种用麦汁	59.8	6.2	3.9	24.9	5.8

前所述及，麦汁中脂质的含量很大程度上取决于其生产工艺。有研究表明，采用传统的糖化压滤工艺或膜过滤工艺其脂的含量都是不一样的，但对于不同的发酵工厂，即便采用相同的工艺，生产出来的麦汁脂含量水平同样相差很大。因此，脂含量有一个大致的范围：采用回旋澄清工艺，脂含量：10～80mg/L；采用膜过滤工艺，脂含量：10～25mg/L；采用传统的糖化压滤工艺，脂含量：70～140mg/L。自由氨基酸是最丰富的脂，但甘油三酯形成了最大的酯化族群，见表 2－12。

表 2－12　　麦汁中的脂含量（12°P）

成分	含量/（mg/L）	成分	含量/（mg/L）
自由脂肪酸（C_4～C_{10}）	0～1	甾醇酯	0.1～0.2
自由脂肪酸（C_{12}～C_{18}）	18～26	自由甾醇	0.2～0.4
甘油三酯	5～8	磷脂＋糖脂	3.0
甘油二酯	0.2～0.5	碳氢化合物＋蜡	0.7
单酰甘油	1.6～1.8	脂肪酸乙酯	1.2～1.3

二、脂类的吸收

脂类由一组不同的分子所组成，它们具有一个共同的特性那就是极少溶于水而易溶于有机溶剂，正像三氯甲烷一样。研究发现，脂类的合成需要氧的参与，而啤酒酿造过程中，酵母能吸收消化培养基中的脂，因此，酵母吸收甾醇和不饱和脂肪酸能减少麦汁充氧的需要。例如，麦汁残渣的脂馏分中，18:2 不饱和脂肪酸是含量最丰富的组分。因此，采用浑浊麦汁发酵比用澄清麦汁发酵啤酒能提供可吸收利用的不饱和脂肪酸使酵母生长得更快。酿酒酵母能在低浓度的条件下吸收脂肪酸使用的是易化扩散系统；而在高浓度的条件下使用的单纯扩散系统。我们假设这些物质分子是通过膜的亲脂性实现扩散的易化。在这一假设基础上，自由脂肪酸作为一种强力清洗剂立即随之进入酵母细胞并与乙酰辅酶 A 发生酯化反应，以减少它们非特异性失活的可能性。研究报告指出，在氧气存在的条件下，甾醇不能被酵母吸收。当然在稳定生长阶段的酵母细胞中，在无氧条件下，就会发生甾醇的吸收作用，这一过程是消极的。此现象被称为有氧甾醇排除。

这与酵母细胞合成血红素的能力有关，以致于细胞能胜任血红素的合成却无能力吸收甾醇。研究者从酵母中分离了 *SUT*1 基因并且证明它表达的产物确实包含在甾醇吸收当中。这些学者认为这就形成了在无氧条件下或者在血红素合成缺乏的条件下酵母吸收甾醇的系统的一部分。这样的话，在啤酒发酵过程中，外生的甾醇仅仅能在酵母生长停止前的无氧阶段被消化。

三、甾醇与脂肪酸生成对氧的需要

在发酵开始的时候供氧不足会导致发酵速度缓慢，发酵不完全，酵母生长数量减少。氧气需要供给酵母合成甾醇和不饱和脂肪酸使用。这些甾醇和不饱和脂肪酸是组成细胞膜的重要组分。因此，*S. cerevisiae* 能生长在极端无氧的条件下仅仅是因为存在外源提供甾醇和不饱和脂肪酸。在无氧条件下，甾醇和不饱和脂肪酸可以通过碳水化合物重新合成。在严格无氧条件下具备生长能力的酵母相对来说是比较少的。

研究发现，*S. cerevisiae* 在这一方面却是个例外。学者们研究了来自 75 个属的种系的酵母的需氧情况。在一个限氧摇床中，采用完全培养基添加麦角固醇和吐温－80（一种不饱和脂肪酸源），所有菌株经测定具备将葡萄糖发酵为酒精的能力。结果是，在无氧条件下，仅仅有 23% 的酵母菌可以生长。

S. cerevisiae 是唯一一个能在低的氧张力快速生长的菌种。这些菌种的差异也许反映了一些线粒体的功能在细胞生长于厌氧过程中的重要性，而 *S. cerevisiae* 并不像其他兼性厌氧菌过分依赖它们。

啤酒发酵时对氧的需求因菌种而异。研究者基于发酵时的最适需氧浓度，最终可以将啤酒发酵完成并获得满意产品为准，将爱尔啤酒酵母分为四组。发酵所需的初始氧浓度分别为：半空气饱和、空气饱和、氧饱和以及超饱和。研究者在观察相似的拉格啤酒酵母需氧情况时发现，不同种系酵母在发酵过程中，在脂合成的需氧比例上的差别相对较小。有一个相关的测定实验：采用空气饱和麦汁，接种贫脂质酵母，结果显示，大约 10% 的溶解氧被用来进行甾醇合成；高达 15% 的溶解氧被用于不饱和脂肪酸的合成。虽然氧在麦汁组分的氧化中消耗了部分比例，但大部分用于氧化反应，脂类的合成仅仅用了一小部分。来自先前发酵的接种的酵母具备厌氧（抑制）功能，突然暴露在充氧麦汁中为新接种酵母提供了一个合成不饱和脂肪酸和进行其他有利的好氧反应的机会，但它同时也提供了致命的压力，比如形成活性氧自由基如超氧阴离子、羟基和过氧化氢。从这个意义上讲，酵母突然暴露在充氧麦汁中既有危害又有机会。

为甾醇生成和脂肪酸合成提供必需条件就能够使酵母在无氧条件下进行酒精发酵和酵母生长。如前所述，在有氧条件下，提供限制浓度的糖，发酵代谢同样能够进行。这不同于脂合成，因此在发酵过程中，没有关于氧的明确规则。但是，长久以来认为，具有呼吸缺陷的酵母其发酵过程是非常不顺利的。此外，其发酵结果，以乙醇形成的速度来判断，在微需氧的条件下有所增加。

前面已经讨论过，酿酒酵母不能在无氧的条件下无期限地生长但却可以忍受厌氧生活。这是因为这些生物体在自然环境中是微量需氧或完全需氧偶尔厌氧的。用另一种方式说，就是酵母细胞必须能够快速适应氧张力的变化影响以确保生存同时比那些同样要面对有氧或者无氧条件的生物体获得选择优势。

酵母细胞具备几种机制避免氧自由基的侵害。金属酶超氧化物歧化酶可以将超氧阴离子自由基转化为过氧化氢，接下来就是用过氧化氢酶异化。酵母体内有两种超氧化物歧化酶，一种是 CuZn - SOD，存在于胞浆中；一种是 Mn - SOD，位于线粒体中。胞浆酶是组成型的，而线粒体酶则是诱导型的。两种过氧化氢酶，一种是过氧化氢酶 T，胞质型；一种是过氧化氢酶 A，与过氧化物酶体有关。据推测，过氧化氢酶在保护酵母避免氧化应激中并不重要，因为过氧化物酶与在饱和脂肪酸中生长有关而受到葡萄糖的抑制。

超氧化物和过氧化氢可能代表其他保护机制减少谷胱甘肽反应，如通过转移铜和铁离子封闭自由基。最终，对于人体来说，角鲨烯能作为自由基的清道夫阻止脂质在皮肤的过氧化反应。因为酵母细胞在氧缺乏时积累角鲨烯，很可能具有相同的阻止过氧化反应机制。自由基的影响是深远的，并与菌株的变性有关，如突变、转化、老化等。在这些影响方面，不管是否有多重保护机制，没有真核细胞是免疫的，酿酒酵母也不例外。结果表明，在从厌氧生活突然转变为有氧生活期间，CuZn - SOD 歧化酶特异活性有一个快速的增长。Mn - SOD 歧化酶特异活性仅在滞后几个小时后也有一个快速增长。在发酵条件转化期间诱导 Mn - SOD 歧化酶之前，菌株活性有一个迅速下降（5% ~7%）的阶段。相似的菌株活性下降的现象同样出现在厌氧培养的酵母暴露在 0.25mmol/L 的超氧化钾浓度下的情况。有氧条件下生长的细胞并不受相同的暴露在 0.25mmol/L 的超氧化钾浓度下的情况的影响。因此，总的来说，CuZn - SOD 歧化酶的作用是负责保护厌氧培养的细胞突然暴露在有氧条件下免于受到氧自由基的伤害。Mn - SOD 歧化酶仅保护有氧培养的细胞。

有学者通过酵母 *S. cerevisiae* 细胞内的氧调控基因表达，发现了三类对氧张力响应灵敏的基因。第一类基因，生长呼吸在有氧条件下需要表达 200 个基因；第二类基因，仅在无氧条件下表达，其作用目前仍未知；第三类基因，即所谓

“缺氧类基因”能对氧张力降低产生应答并需要在低氧浓度下有效使用。分子氧通过信号通道对新陈代谢产生影响的机制仍有待阐明。其他的外界刺激诸如通过添加抑制糖产生的呼吸优先感应为这种影响增加了复杂性。

血红素明显成为氧传感通道的关键中间物。这个分子是细胞色素分子中的辅基同时也是氧绑定酶如过氧化氢酶的辅基。

除此之外，它还在许多包括分子氧的利用等通道中扮演感应器代谢物角色。血红素的合成需要氧的参与，而无氧条件下生长的酵母含有血红素合成的所有必需酶。因此，血红素细胞浓度直接与氧的张力有关。血红素诱导的基因包括那些介入呼吸作用的基因和第二类未知基因，它们保护细胞免受氧自由基侵害。缺氧类基因受血红素的抑制，其表达产物包括介入甾醇、不饱和脂肪酸、血红素本身和部分电子传输链的合成酶。此外，血红素的抑制作用包括在无氧条件下多余的酶活性。

结合前文内容，在酵母的发酵过程中，有证据表明除了脂质合成需要氧以产生相当的酶活性，这个酶还可能受到血红素的诱导并且不受到葡萄糖和其他糖的抑制。这些活性与线粒体的部分功能开发相关联，发生在抑制并且是有氧阶段。厌氧生活的酵母细胞中含有前线粒体，能在暴露于氧环境下去除抑制发育成具备完整功能的细胞器。因为一些重要的合成代谢反应酶存在于线粒体中，可以猜测，缺少氧化磷酸化时必定存在其他机制用于产生这些反应所需的能量，并用于强化前体的运输和在线粒体与胞质间形成产物。

证据显示，在酵母发酵期间，线粒体 ATP 是来自于发生在胞质的基质水平的磷酸化过程。胞质与线粒体之间的腺嘌呤核苷酸通道被 ADP/ATP 转位酶催化。有三个基因编码这个酶，目前已被鉴定。一个是组成型的，另一个是在有氧条件下表达的，第三个是被厌氧条件诱导的。厌氧酶催化正常转位反应的反转，并且实际上从胞质向线粒体输入 ATP。证据显示观察米醇菌酸发酵过程，一个特异的 ATP/ADP 转移酶抑制子，在无氧条件下抑制酵母生长。有关氧在啤酒发酵中的作用研究还发现，ATP/ADP 转移酶对线粒体能源产生十分重要。学者们注意到，当转移酶被抑制，同样使用米醇菌酸，酵母生长减少，麦汁的营养如氮的吸收减少，产生了过多的连二酮（VDK）、乙醛、二氧化硫和二甲基硫化物。

在啤酒发酵过程中，需要一定比例的不饱和脂肪酸，它们来自麦汁。而在高浓度麦汁中，大量添加非麦芽辅料使脂肪酸含量非常少。虽然在现有的啤酒发酵工厂条件下，酵母并不能吸收甾醇，甾醇在麦汁中的数量同样非常少。因此，甾醇和不饱和脂肪酸必须在氧最充足的发酵的最初阶段被合成，对于甾醇来说，氧的数量调控甾醇合成的数量。酵母在无氧发酵阶段的生长稀释了酵母母细胞及其子细胞之间先前形成的甾醇池。细胞分裂直到甾醇耗尽并限制酵母生长，此时需要更多的氧补充用以合成更多的甾醇和不饱和脂肪酸供再接种的酵母生长所用。

四、甾醇和不饱和脂肪酸的合成

啤酒发酵期间甾醇的有氧合成伴随着糖原的异化作用。甾醇形成的数量与糖原的利用呈线性关系。这就说明了，由于在接种酵母中膜组分的缺乏，糖原的调动为甾醇的合成提供了代谢能源。发酵过程中甾醇的合成与糖原消耗关系如图 2－4 所示。

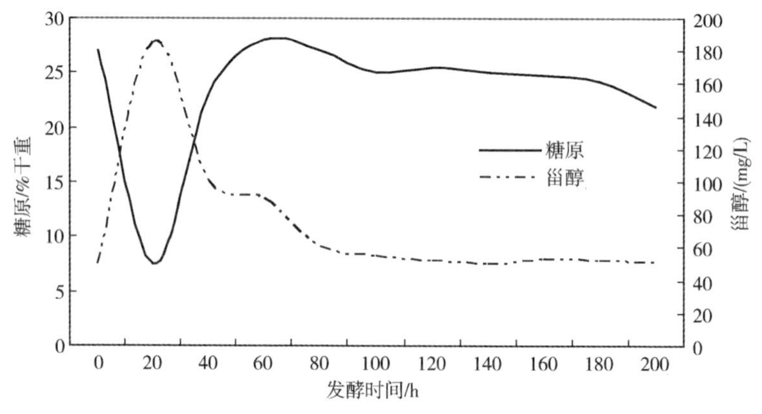

图 2－4　甾醇的合成与糖原消耗关系

发酵期间总甾醇合成的数量由发酵结束收获干酵母的 0.1% 增长到有氧发酵阶段末期的大约 1%。而去阻遏细胞将积累更高的甾醇浓度，通常能达到细胞干重的 5%。酵母中常见的甾醇有几种但麦角甾醇是最引人注目的。有关实验检测了 *S. cerevisiae* 中甾醇合成对酵母生长速度的影响。研究者总结，在较低的生长速度下，总甾醇和麦角甾醇的含量分别是细胞干重的 6.5% 和 2% ~2.5%。

甾醇在酵母细胞内有几个一般公认的作用，结构作用与功能作用。甾醇是构成膜结构重要的脂类，在调节膜的流动性方面起到关键的作用。

与此相关的是，甾醇还可以发挥其他膜效应，如调节膜的渗透性、影响膜绑定酶的活性和影响细胞生长速度。研究者还描述了一个酵母特异甾醇的“荷尔蒙”作用，在低浓度（10nmol/L）下，它们对增进细胞周期是必不可少的。此外，就膜的结构功能来说，甾醇在氨基酸和嘧啶的转运、抵抗抗真菌剂和一些阳离子等方面也需要用来改善其呼吸功能。

对于细胞膜来说，甾醇在维持细胞膜流动性的方面可以说是绝对至关重要的角色。据报道，甾醇在膜中出现可以满足两个作用：引发和凝聚。研究者认为，在细胞膜中提供少量的用于引发的麦角甾醇会使其他甾醇替代麦角甾醇并完成凝聚作用。引发甾醇的关键特征是麦角甾醇 24β－甲基组的出现，这是必不可少的，而且这种脂至少有少量出现在细胞膜中以维持适当的流动性。基于对一株被称为“RD－5”的营养缺陷型 *S. cerevisiae* 酵母的研究，目前这种甾醇被分为四组：引发、关键域、成域、凝聚。麦角甾醇能完全充当这些角色。自由甾醇的最小浓度低于出现细胞增殖现象水平称为成域作用。除非很少数量的麦角甾醇的添加，否则酵母是不可能生长的，这可以归结为对 24β－甲基组的需要。麦角甾醇出现后，凝聚膜的功能就由胆甾烷醇实现。突变菌株能生长在羊毛甾醇（5μg/mL）和麦角甾醇（100ng/mL）下，但不能单独生长在羊毛甾醇下。

添加 100ng/mL 的麦角甾醇不足以独自地完全控制膜的流动性。在细胞膜中，它还需要在非常限制区域内出现，称为“关键域作用”。

酵母细胞积累甾醇直到凝聚的需要得到满足。更进一步的合成继续进行，在这个情况下甾醇被酯化为长链脂肪酸并沉积在细胞内脂质囊泡内。最丰富的甾醇酯池组分是酵母甾醇。在有氧分批培养中，甾醇酯在酵母生长的稳定期积累。当分批培养的酵母被接种到新鲜培养基时，甾醇酯迅速被水解同时释放出甾醇参与细胞生长中膜的合成。从这个意义上说，甾醇酯可以被认为是甾醇的一种贮藏方式。酵母细胞必须维持一定低浓度水平的自由甾醇，这对细胞生长是至关重要的。提供充足的可供利用的甾醇，将维持一个高水平的可进一步扩张的甾醇池。不管这个池中的自由甾醇增加了多少，它总是伴随着甾醇酯化速度的提高。酯化程度的提高可能与酰基辅酶 A 和麦角甾醇酰基转移酶的活性有关。在发酵期间，啤酒酵母菌株积累甾醇酯的重要性还是未知的。显著的酯化甾醇积累是与解除有氧生长抑制有关的。

这个甾醇池负责调节的总甾醇浓度由于对细胞生长抑制和解除抑制而产生的五倍的差异。从这点可以预言啤酒酵母中的酯化反应相对来说没有那么重要。但是，研究了啤酒酵母菌株对高浓度与低浓度氧的不同的潜在需求的生物化学之后，我们发现甾醇的酯化反应与其有一定关联性。比较甾醇谱后发现，高氧需求的菌株含有相对高浓度的酵母甾醇。这种甾醇不是介入细胞膜合成的，而是经过酯化的。因此，这表明，高浓度氧需求的菌株将消耗更多的氧以生成与低浓度氧需求菌株相同数量的合成膜的自由甾醇。此外，当已接种的酵母刻意在非生长条件下暴露在氧环境中，一些限制性甾醇的合成将会出现。这一现象已经被用在促进发酵持续进行的过程设计上。

通过这一设计观察到在新接种酵母的充氧过程中总的胞内甾醇含量由总细胞干重的 0.2% 到 1% 增加了大约五倍。换句话说，新过程设计使总甾醇增加量可以与传统的充氧麦汁发酵达到相同的水平。

但是经过分析甾醇谱，发现麦角甾醇与酵母甾醇以大致相同的比例被合成，更有甚者，从占所有甾醇的比例上看，酵母甾醇是以麦角甾醇的减少为代价的。为何甾醇酯的池这样形成并且对后续的发酵有何影响仍然是未知的。

甾醇在培养基中能被酵母吸收，但其调控方法是复杂的。外源甾醇仅能被缺氧培养的细胞积累或者甾醇的营养缺陷型菌株突变菌积累。相反，有氧培养的酵母具有合成甾醇的能力，并不利用外源甾醇。Park 实验室将这一现象命名为“有氧甾醇排除”，认为这一现象与血红素有关。

因此，涉及甾醇生物合成途径的几个酶均是血红素蛋白。这样，血红素缺陷突变株是甾醇的营养缺陷体就不足为奇了。血红素生成充足需要有氧条件、完全解除甾醇生成抑制，与此同时抑制甾醇吸收。这一现象的精密机制仍有待完全的科学解释。无论如何，这将表明在啤酒发酵期间，甾醇吸收仅在有氧的初始阶段发生的说法是不正确的。

作为引发支链类异戊二烯形成的通用途径的一部分，甾醇通过乙酰辅酶 A 从糖酵解中转移碳来合成自身。合成的首先一步就是一个厌氧过程，包括乙酰辅酶 A 向角鲨烯的转化。这一途径的一个中间物是焦磷酸法尼酯。它形成了甾醇合成、血红素和辅酶 Q 合成的分支点，两个分支均是电子转移链的至关重要的组成。

甾醇生物合成途径的结束部分将从角鲨烯开始，分子氧被用来形成 2，3 - 环氧角鲨烯，紧接着通过环化作用形成第一个甾醇：羊毛甾醇。其他甾醇，包括麦角固醇通过复杂的生化途径由羊毛甾醇生成，这一生化反应可因酵母菌株不同而产生精确调控的差异。除了角鲨烯的初始环氧化作用，分子氧还参与了细胞色素 P450 单氧化酶的脱饱和作用。

可以预见的是，酵母体内甾醇的生物合成是非常复杂的。特别值得注意的是细胞内的区域分隔。甾醇生物合成的位置以及最终沉积的位置可能并不相同，因此生物合成的调控以及细胞内的转运必须是一个协调的过程。自由甾醇应该大量存在于细胞质膜，其他少量的自由甾醇被发现存在于其他细胞器附近如线粒体和液泡。甾醇酯无论如何都与细胞内的脂质颗粒有关。在哺乳动物系统中，甾醇合成的位置在内质网。

在酵母体内，甾醇合成明显位于线粒体。很明显，这就需要一个胞内的转运系统，这个转运系统必须将甾醇合成的位点与最终沉积的位点联接起来（可能还要联接脂质颗粒酯化的中间阶段）。

作为一种选择，不同的生物合成途径可使甾醇进入不同细胞组分。研究者希望了解总类异戊二烯在 *S. cerevisiae* 突变株的生物合成途径的调控，他们检测了麦角固醇和棕榈油酸对关键酶 3 - 羟 - 3 - 甲基戊二酰辅酶 A 还原酶（HMG - CoA 还原酶，催化3 - 羟 - 3 - 甲基戊二酰辅酶 A 转化为甲羟戊酸）的影响。*S. cerevisiae* 包含两个 HMG - CoA 还原酶的同工酶，由结构基因 *HMG*1 和 *HMG*2 编码。结论是，在血红素活性细胞中，两种同工酶均指导相同数量的碳进入甾醇合成，尽管两个还原酶活性存在 57 倍的差异。在仅含有 *HMG*1 基因的突变株中，发现棕榈酸是甾醇合成速度限制的正调控子，麦角固醇是甾醇生成的抑制子。在仅含有 *HMG*2 基因的突变株中，甾醇生成受到棕榈酸的抑制而受到麦角固醇的影响较小。还原酶受到血红素的调控而不受麦角固醇和不饱和脂肪酸的影响。可以推测，在这些酵母中存在不同的甾醇生物合成途径。

文献中有大量的证据表明，甾醇的生成合成受到羟基甲基戊二酰 - CoA 还原酶水平的调控。在厌氧条件下生长的酵母，这种酶的活性是非常低的。供氧之后，甾醇合成增加，同时伴随增加的还有 HMG - CoA 还原酶活性。更有甚者，细胞中的自由甾醇在反馈控制系统中调控甾醇生成途径的早期酶。有人总结，麦角固醇负责减少乙酰辅酶 A 硫解酶和羟基甲基戊二酰 - CoA 合成酶的活性。HMG - CoA 还原酶的活性相对来说并不受麦角固醇的影响。有学者研究反馈系统影响甾醇得到的结论是，含有 C_{22}不饱和键和 C_{24}甲基团的分子可以减少甾醇合成 50%。

在酵母发酵期间甾醇合成的调控及其影响因素是值得关注的。如前所述，大约有相对于细胞干重 1% 的甾醇形成于细胞生长过程，这是一个比较少的数量，即使是解除抑制的细胞，也不会超过五倍。看起来这个适度的甾醇合成的要求能得到已经存在的角鲨烯池的满足。因此，早期甾醇合成途径在发酵循环中仍保留足够的活性用于合成角鲨烯。从这个方面来看，后者可以看作是氧自由基的清道夫。然而，溶解氧浓度是啤酒发酵中调节甾醇合成的唯一因素。

不饱和脂肪酸的合成同样需要氧分子。经计算，在酵母体内合成不饱和脂肪酸和甾醇需要氧浓度达到 0.5μmol/L。在酵母细胞内，占主导地位的不饱和脂肪酸是棕榈油酸（16∶1）和油酸（18∶1）。这些单不饱和脂肪酸具有顺势构型。在真核细胞中，从头开始合成不饱和脂肪酸包括饱和脂肪酸的形成和随之而来的需氧脱饱和反应。伴随甾醇的合成，进行乙酰辅酶 A 的代谢。其中三个关键酶是乙酰辅酶 A 羧化酶、脂肪酸合成酶复合体和脱饱和酶。

乙酰辅酶 A 羧化酶将乙酰辅酶 A 转化为丙二酰辅酶 A，这是偶数脂肪酸的中间物前体。这个反应需要 ATP，同时额外的碳原子来自碳酸根。反应包括几个步骤，其中之一是将生物素作为一个 CO_2分子的中间载体。乙酰辅酶 A 羧化酶被认为是饱和脂肪酸合成的限速步骤，而且由柠檬酸和异柠檬酸通过积极的方式变构调节。

脂肪酸合成酶是一个多酶复合体，在乙酰基和丙二酰基被结合生成 C_4 脂肪酸的六个独立步骤期间起到催化作用。丙二酰基所增加的碳原子来自 CO_2形成中的碳原子的释放。这个碳原子与最开始固定于乙酰辅酶 A 羧化酶反应一样，因此，碳酸根离子具有催化作用。在 *E. coli* 中，脂肪酸合成包括一个酰基载体蛋白（ACP），此蛋白与辅酶 A 一样包含相同功能的磷酸泛酰巯基乙胺基团，同时起到一致的作用。

人们认为，酵母的酶复合体也使用同样的酰基载体蛋白。碳链通过脂肪酸合成酶与增加的丙二酰基团之间形成的产物间的连续缩合反应不断延伸。因此，棕榈酸来自脂肪酸合成酶活动的七个循环。奇数脂肪酸通过上述方式合成，但是在这种情况下，初始的激活反应是发生于酰基载体蛋白和丙酰辅酶A。脂肪酸从合成酶复合体释放后，在提供氧可利用的情况下，开始脱饱和作用。

甾醇与不饱和脂肪酸运用现代的膜系统，研究者发现，膜磷脂影响调节膜内甾醇的转移。特别是磷脂的类型是非常重要的。有人发现，限制甾醇和不饱和脂肪酸的合成导致突变株中角鲨烯的积累。添加外源不饱和脂肪酸恢复了角鲨烯的环氧活性并使甾醇的合成得以继续。最有效率的脂肪酸是那些减少中链脂肪酸含量的磷脂，这个影响是复杂的，其中从头开始合成的蛋白质对角鲨烯环氧酶在缺乏不饱和脂肪酸的细胞中恢复活性至关重要。

不饱和脂肪酸具有比参与提供膜流动性更加重要的作用。不饱和脂肪酸的分泌作用影响酯的形成。因此，曾有报道，添加亚油酸导致酯合成的减少是因为醇乙酰基转移酶（参与酯的合成）受到的抑制作用。还有研究者认为，不饱和脂肪酸的影响更复杂，并且都发生在基因层面上。他们总结，在有氧或提供不饱和脂肪酸的情况下，抑制了 *ATF*1 基因（编码醇乙酰基转移酶）的表达。

研究者总结，合成足够水平的不饱和脂肪酸在啤酒发酵过程的各个方面都是至关重要的。主要的影响归功于这些在线粒体中的分子的作用。在采用线粒体的 ATP/ADP 转移酶、米酵菌酸的抑制子对细胞进行处理后，相比未处理的细胞显示较慢的生长。添加不饱和脂肪酸和麦角固醇对恢复正常的生长模式有部分的影响，表明这些代谢产物能以某种方式部分克服从胞浆线粒体提供能源的障碍。需要进行更多的研究以弄清楚不饱和脂类在酵母代谢中的作用。

五、酯作为 UFA 的相似物存在

酿酒酵母细胞膜是释放代谢产物的重要场所，所有营养物质及代谢产物都要通过细胞膜进出细胞。细胞膜的两个主要成分是磷脂和蛋白质。紧接的是甾醇、类脂等。细胞膜的功能主要是用来摄取周围环境的养分及发酵必需的物质，如糖、无机盐、低分子氮化物等，并将一些代谢产物如乙醇、二氧化碳、有机酸、酯等排出细胞外。磷脂分子形成的双层结构显示了在不同生理条件下一定的流动性。酵母细胞膜的脂质双层膜由磷脂和鞘脂组成，其非极性相由脂肪酸构成。*S. cerevisiae* 的脂肪酸主要由饱和脂肪酸棕榈酸（C_{16}）和硬脂酸（C_{18}）和 UFA（不饱和脂肪酸）油酸（C18 : 1）和棕榈油酸（C16 : 1）。膜脂组成的改变能显著地干扰膜的作用并改变膜相关酶和转运体的活性。因此，许多微生物进化出了相应机制用以保持膜脂这种合适的流动性。膜的流动性也可以被定义为膜分子在脂质双层膜之间运动的无序程度。酵母细胞的膜具备较高的不饱和指数，显示其较高的膜流动性，不饱和指数越高，细胞膜的流动性就越好。细胞改变其膜不饱和水平的能力是为适应环境温度改变进行细胞驯化的一个重要的因素。如温度、压力等物理因素对细胞膜不饱和水平的影响是相当大的。而酵母驯化之后，其细胞膜不饱和水平同样会发生一定的变化。

在兼性厌氧发酵中，如葡萄酒和啤酒发酵，当氧气耗尽，UFA 合成停止。Dufour 模型可以解释这一现象。因此，膜的流动性将会降低。研究者认为，某些长链羟基脂肪酸酯能作为 UFA 相似物替代 UFA。当酯化羟基脂肪酸掺入膜中，在这些酯的长链烷基核心上的小侧链能够像 UFA 双键一样以相似的方式干扰膜结构。有几个证据支持这个猜想：①乙酸乙酯合成受 UFA 抑制。*ATF*1 基因的表达直接受限于不饱和脂肪酸（UFAs）和氧。证明 UFA 和氧通过不同的调控抑制 *ATF*1 转录；②UFAs 的抑制或刺激效果与它们的熔点温度有一定的相关性。浓度低于 0.5mmol/L 的油酸抑制 MCFA 乙酯的生成，可以用 Dufour 模型解释，但更高浓度的油酸却会刺激 $C_6 \sim C_{10}$乙酯的生成，特别是对不溶于水的 C_{10}和 C_{12}乙酯具有更强的刺激效果（图 2 – 5）。油酸的抑制效果与它们的不饱和程度、熔点温度有一定的相关性；③Atf1 位于脂质微粒内，后者是有关新陈代谢的重要细胞器，贮藏中性脂类；④*ATF*1 和 D9 脂肪酸去饱和酶编码基因 *OLE*1 是共调控。*ATF*1 转录通过相同机制如同 *OLE*1 基因对 UFA 做出响应一样受到共调控，这一事实表明了不饱和指数与酯合成正相关的理论依据；⑤长链羟基脂肪酸，12 – 羟基硬脂酸盐能在胞内被纯化的 AATase 酯化；⑥在厌氧培养中，没有补充 UFA 的情况下添加 12 – 羟基硬脂酸盐能恢复生长；⑦*ATF*1 因热应激受到抑制；⑧*ATF*1 的表达在营养丰富的培养基中能达到最大，所以其生长并不受碳源或氮源可利用性的限制，却受无法维持充分的膜流动性的限制。可以期待的是，在这些状况下，酵母细胞可以具备一定的转换机制允许它们生长或者至少得到生存。有可能一定膜组分的酯化作用就是这些策略中的一个。

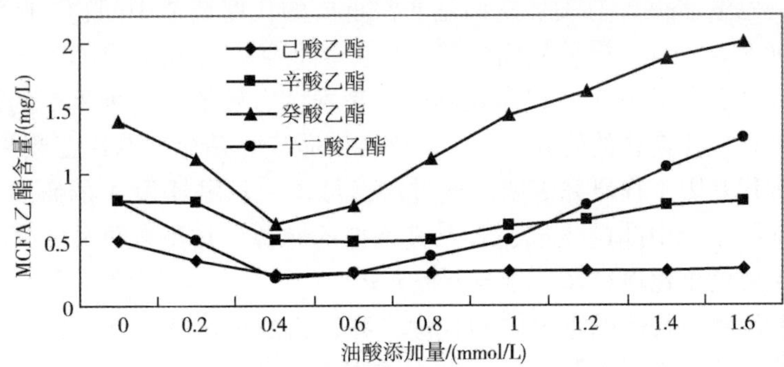

图 2 – 5　麦汁发酵过程中油酸对 MCFA 乙酯生成的影响

第三章　酵母中的乙酰辅酶 A 及啤酒中的高级醇

乙酰辅酶 A（AcCoA）是重要的辅因子，参与细胞基本生化活动。乙酰辅酶 A 是辅酶 A 的乙酰化形式，可以看作是活化了的乙酸。乙酰基与辅酶 A 的半胱氨酸残基的 - SH 基团相连，这是高能硫酯键。它是脂肪酸的 β - 氧化及糖酵解后产生的丙酮酸氧化脱羧的产物，在许多代谢过程中起着关键的作用。乙酰辅酶 A 是能源物质代谢的重要中间代谢产物，在体内能源物质代谢中是一个枢纽性的物质。调节细胞内辅酶 A 及其衍生物乙酰辅酶 A 的含量，对维持细胞内辅酶池的平衡和细胞生长有重要意义。美国科学家 Fritz Lipmann 首先发现辅酶 A 及其在中间代谢过程中的作用，并和他的合作者成功地从猪肺中分离得到了辅酶 A，发现并阐明了两步催化法由辅酶 A 生成乙酰辅酶 A 的催化作用机理。供体酶系与受体酶系的分工合作使辅酶 A 实现乙酰化，在供体酶系统催化下，供体的乙酰基被转移给辅酶 A，生成乙酰辅酶 A，再在受体酶系统催化下，将乙酰辅酶 A 的乙酰基转移到受体上。长期以来，辅酶 A 及其衍生物乙酰辅酶 A 并未被人们所重视。直到现代生物技术发展，发现越来越多的生化途径其实与辅酶 A 及其衍生物乙酰辅酶 A 有关，它们是非常重要的代谢调节中间物。啤酒工业中用到的菌种 *S. cerevisiae* 最早从面包酵母中分离得到，被认为是 GRAS 级安全微生物，研究其乙酰辅酶 A 的代谢及其产物是安全有效的。这种重要的模式微生物常用来进行生化途径的研究，由于其遗传背景安全清晰，基因工程操作成熟，完全符合现代基因工程研究需要。通过对酵母体内乙酰辅酶 A 的研究，除了直接为解决啤酒生产中酯的生成途径及其调控问题提供理论依据外，还可以发现其他更多重要的生化途径及其参与调控方式。

作为能源物质代谢的重要中间代谢产物，乙酰辅酶 A 将糖、脂肪、蛋白质三大营养物质代谢途径汇聚成一条共同的代谢通路——三羧酸循环和氧化磷酸化，经过这条通路彻底氧化生成二氧化碳和水，释放能量用于 ATP 的合成。乙酰辅酶 A 是合成脂肪酸、酮体等能源物质的前体物质，也是合成胆固醇及其衍生物等生理活性物质的前体物质。乙酰辅酶 A 的生化意义在于它是贯穿三大营养物质代谢的关键物质。首先，它是丙酮酸氧化脱羧，脂肪酸的 β - 氧化的产物。同时，它是脂肪酸合成，胆固醇合成和酮体生成的碳来源。三大营养物质的彻底氧化殊途同归，都会生成乙酰辅酶 A 以进入三羧酸循环。

高级醇是碳原子数大于 3 的脂肪族醇类的统称，是区别于乙醇的一类醇。在酒精生产工业中，从精馏塔馏出的高级醇组分俗称杂醇油。高级醇是啤酒发酵的主要副产物，其种类较多，但含量一般较低，包括正丙醇、异丁醇、异戊醇、活性戊醇、苯乙醇等。高级醇的存在形成了啤酒的特殊香气和风味，这是指在其阈值范围之内的情况。正常发酵的啤酒中其含量不可过高。啤酒中高级醇含量过高时将会影响啤酒的风味和口感，饮后会产生“上头”现象而严重影响到啤酒的质量。例如啤酒中总高级醇含量普通啤酒为 100 ~ 150mg/L，优质啤酒为 90 ~ 110mg/L。

高级醇对啤酒质量的影响具有两面性。一方面，高级醇是啤酒形成固有风味的主要成分之一，提供一定的风味层次，例如，某些高级醇本身既是芳香成分又是呈味物质。同时在啤酒的后熟贮存过程中，高级醇又能与啤酒中的有机酸进行缓慢的酯化反应生成多种酯类物质，呈现出更加多层次的风味与口感。另一方面，高级醇含量过高时，就会对啤酒的风味产生负面的影响，如正丙醇含量超过高级醇总含量的 20% 时，会产生不良风味感，后苦味加重；异丁醇和异戊醇含量超量会给啤酒带有杂醇油臭，产生不愉快的苦味而不是啤酒花的纯正苦味，而且使人饮后有头晕目眩感；苯乙醇有玫瑰花香味，含量超过 100mg/L 时，会使啤酒失去典型性，产生异香，严重干扰啤酒品质。过量的高级醇还易引起饮用者头痛、口干等症状，影响人体健康。

高级醇与酯形成的关系。高级醇是酯形成的底物之一，高级醇可以通过缩合的方式与有机酸形成酯，这是一个比较漫长的过程。当然通过有效的生化途径，高级醇以底物的方式介入醇乙酰基转移酶的催化反应，被预先经乙酰辅酶激活的脂肪酸酯化。高级醇总是伴随着酵母细胞的生长而出现，特别是对数生长期，其生成尤其迅速。而酯的形成总是慢于高级醇的出现，形成一种错峰现象，这是在啤酒发酵过程中酯形成的一个特点。而且酯的形成多数是依赖于酰基转移酶或者是酯合成酶的活性，具体反映在酯生成量的高低，其根源在于醇乙酰基转移酶（AATase）基因（*ATF*1，*LgATF*1 和 *ATF*2）的表达高效与否。

第一节　酵母中的乙酰辅酶 A

20 世纪 90 年代，*S. cerevisiae* 乙酰辅酶 A 形成了全球相关研究热点，相关的研究证实了乙酰辅酶 A 在酵母细胞中的分布及作用。*S. cerevisiae* 细胞主要通过丙酮酸代谢支路和丙酮酸脱氢酶途径进行乙酰辅酶代谢。丙酮酸生成乙醛后，经乙醛脱氢酶催化生成乙酸，*S. cerevisiae* 细胞内的乙酰辅酶 A 最终由乙酸经乙酰辅酶 A 合成酶合成。*S. cerevisiae* 细胞在非发酵性碳源培养基上生长时，乙酰辅酶 A 合成酶消耗 ATP 同时催化合成细胞代谢所需的乙酰辅酶 A。乙酰辅酶 A 与 TCA 循环、脂肪酸、氨基酸的代谢之间关系密切，并以库存的形式左右代谢途径的转换与改变，影响碳流的方向，参与相关基因的调控。在有氧的条件下，*S. cerevisiae* 细胞的碳流网络中有很大一部分通过丙酮酸支路流向乙酰辅酶 A，并作为前体参与甾醇、萜类等生命关键物质的合成，最终构成膜类细胞生物材料。而 TCA 循环生成乙酰辅酶 A 也必须要乙酰辅酶 A 作为前体物，乙酰辅酶 A 在这一过程中要进行合理分配，其实也就是决定了酵母代谢的方向。因此由丙酮酸代谢支路产生的乙酰辅酶 A 要比通过三羧酸循环由丙酮酸直接产生乙酰辅酶 A 代谢更有研究意义。

一、酵母中的乙酰辅酶 A 形成及作用

乙酰辅酶 A 是能源物质代谢的重要中间代谢产物，在体内能源物质代谢中是一个枢纽性的物质。糖、脂肪、蛋白质三大营养物质通过乙酰辅酶 A 汇聚成一条共同的代谢通路——三羧酸循环和氧化磷酸化，经过这条通路彻底氧化生成二氧化碳和水，释放能量用于 ATP 的合成。乙酰辅酶 A 是合成脂肪酸、酮体等能源物质的前体物质，也是合成胆固醇及其衍生物等生理活性物质的前体物质。在人体细胞中，葡萄糖经分解代谢生成乙酰辅酶 A，经一系列的有氧或无氧氧化及磷酸化途径生成乙酰辅酶 A 并释放 ATP。

在酵母中，经糖酵解，葡萄糖降解为丙酮酸。糖酵解的反应过程可分两个阶段：①活化吸能阶段，通过消耗 2 分子 ATP 使 1 分子葡萄糖裂解为 2 分子 3 碳糖。②3 碳糖氧化释放能阶段，产生 2 分子丙酮酸、2 分子 NADH 和 4 分子 ATP。糖酵解过程产生 2 分子 ATP。在糖酵解进行过程中，有三种酶催化的反应不可逆，这三个酶称为关键酶，它们使糖酵解由葡萄糖向丙酮酸方向进行。

生物胞内的辅酶 A 池主要有辅酶 A 及其衍生物组成。乙酰辅酶 A 及其衍生物参与了许多重要的生化反应，如，三羧酸循环、脂肪酸合成与分解、酯类合成与分解、氨基酸代谢、甾醇合成和萜类代谢等。

相关研究表明，*S. cerevisiae* 细胞产生乙酰辅酶 A 最主要的代谢途径有两个：①由丙酮酸经过丙酮酸脱羧酶、乙醛脱氢酶、乙酰辅酶 A 合成酶的催化作用形成乙酰辅酶 A，这个代谢途径又称为丙酮酸代谢支路或者酮酸代谢旁路；②由丙酮酸经过丙酮酸脱氢酶复合酶催化作用直接形成乙酰辅酶 A 的代谢途径称为丙酮酸脱氢酶途径。两条途径中，乙酰辅酶 A 合成酶途径（丙酮酸代谢支路）是生物细胞中乙酰辅酶 A 的主要来源，细胞即便是在完全的有氧条件下，仍然有很大一部分的碳代谢流通过乙酰辅酶 A 合成酶途径形成乙酰辅酶 A，并参与到

其他的细胞器的重要化合物的合成反应中去。有证据表明，乙酰辅酶 A 生成自丙酮酸产生的乙醛（包括丙酮酸脱羧酶），形成乙酸的中间产物（包括乙醛脱氢酶），乙酸接着被三磷酸腺苷（ATP；包括酰基辅酶 A 合成酶）活化。乙酰辅酶 A 的合成示意图见图3－1。

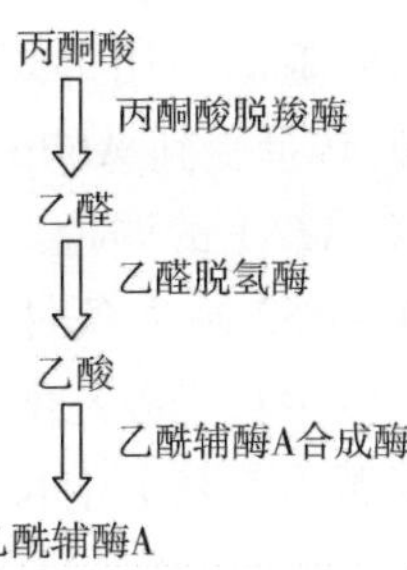

图 3－1　乙酰辅酶 A 的合成

丙酮酸在有氧气条件下经丙酮酸脱氢酶复合体催化氧化脱羧产生 NADH、CO_2和乙酰辅酶 A，乙酰辅酶 A 进入三羧酸循环和氧化磷酸化彻底氧化为 CO_2和 H_2O，释放的能量在此过程中可产生大量 ATP。丙酮酸生成乙酰辅酶 A 的反应是糖有氧氧化过程中重要的不可逆反应。丙酮酸脱氢产生 NADH + H^+，释放的自由能则贮存于乙酰辅酶 A 中。

生物细胞产生的乙酰辅酶 A 主要用于细胞膜脂和细胞器的膜脂的合成，但相关研究并没有发现以乙酰辅酶 A 为起始点进行脂肪酸合成的最直接的酶。所以，丙酮酸脱氢酶复合物途径的发现为探索乙酰辅酶 A 的代谢和中心代谢途径之间的关系提供了其他分支代谢途径，丙酮酸脱氢酶支路复合途径是细胞脂质代谢重要的前体来源。但经过丙酮酸脱氢酶复合物的催化产生的乙酰辅酶 A 比经过丙酮酸代谢支路产生的乙酰辅酶 A 要少很多。因此，主要的研究均集中于对乙酰辅酶 A 合成酶及其结构基因的探索。

二、乙酰辅酶 A 合成酶及其结构基因

S. cerevisiae 乙酰辅酶 A 合成酶途径中编码乙酰辅酶 A 合成酶的结构基因有两个，即 *ACS*1 和 *ACS*2。两个基因均编码具有活性的乙酰辅酶 A 合成，可以将乙酸活化生成乙酰辅酶 A。*ACS*1 表达产物 Acslp 对底物乙酸的 K_m 比 *ACS*2 的表达产物 Acs2p 的 K_m 要小 30 倍，表明 Acslp 对乙酸的亲和力比 Acs2p 对乙酸的亲和力弱了 30 倍，因此 *ACS*1 对乙酰辅酶 A 的合成并非十分重要。然而，*ACS*1 对于非葡萄糖碳源条件下的代谢活动具有非常重要的作用，比如在实际生产条件下，麦芽糖、果糖、半乳糖等非葡萄糖碳源等的存在均更有利于 *ACS*1 的表达。与此形成鲜明对比的是，在高浓度葡萄糖碳源条件下 *ACS*1 的表达却受到明显抑制，所以，在酵母采用高浓发酵的情况下，*ACS*1 所起作用不大，而 *ACS*2 是 *S. cerevisiae* 利用葡萄糖碳源进行正常生长所必需的，可以认为，结构基因 *ACS*1 是对酵母身处正常发酵环境中生成乙酰辅酶 A 机制的必要补充，以维持酵母的正常生长和代谢。

非发酵碳源对 *ACS*1 基因表达的影响。*ACS*1 基因的表达与环境中碳源的种类密切相关，在高浓度葡萄糖、麦芽糖、果糖、半乳糖等可发酵糖的培养条件

下，一旦 *ACS*1 的表达受到强烈抑制，当向培养基中加入非发酵碳源乙醇或者乙酸的时候阻遏作用即可解除。*ACS*1 基因上游的转录调节因子的研究结果表明 *ACS*1 的转录受到 Abflp - Reblp 绑定位点和 *CSRE* 调控元素以及转录调控因子 *CAT*8 和 *ATR*1 的调控。虽然 *ACS*2 基因编码的是无需氧条件下的乙酰辅酶 A 合成酶，在 *ACS*2 缺失条件下，*S. cerevisiae* 细胞无法生长于可发酵性碳源培养基上，但却可以生长于以乙醇或者乙酸为唯一碳源的培养基上，这表明 *ACS*1 是非可发酵性碳源培养基上生长所必需的基因，而 *ACS*2 为 *S. cerevisiae* 在可发酵性碳源培养基上生长所必需的基因。在结构基因 *ACS*2 表达足以使 *S. cerevisiae* 在可发酵性碳源培养基上正常生长的乙酰辅酶 A 的同时，结构基因 *ACS*1 成为对酵母身处正常发酵环境中生成乙酰辅酶 A 机制的另一必要补充，以维持酵母的正常生理活动。*ACS*2 表达产物产生的乙酰辅酶 A 合成酶主要的功能是合成乙酰辅酶 A，当然，乙酰辅酶 A 合成酶还可以调节细胞内乙酰辅酶 A 代谢流，进行脂肪酸的生物合成。

对于 *S. cerevisiae* 细胞中 *ACS*1 和 *ACS*2 与环境中氧含量情况的关系，研究结果表明 *ACS*1 基因编码的是有氧条件下的乙酰辅酶 A 合成酶，在无氧条件下会受到强烈抑制，而 *ACS*2 基因编码的是无需氧条件下的乙酰辅酶 A 合成酶。

第二节　乙酰辅酶 A 对酯合成的影响

乙酰 CoA 是生物合成脂肪酸的基础，也是生物合成酯类的构成物，酯的合成与脂肪酸的合成存在着对酰基 CoA 的竞争机制，因此，有利于脂肪酸的合成，会影响酯的合成。当环境条件有利于酵母的生长繁殖时，例如麦汁中含有足量的可同化氮，并在好气条件下酵母需要合成较多的脂肪酸来合成细胞膜进行繁殖时，酯的合成就会减少。任何影响乙酰 CoA 的生物合成或消耗乙酰 CoA 的反应都会影响酯的生物合成。反过来看，环境条件不利于酵母的生长繁殖时，如在缺少可同化氮或培养基营养成分不均衡的情况下，酵母较快通过糖酵解形成大量乙酰辅酶 A，并以此为底物合成大量酯。这种情况已经过实验证实，在以蔗糖为唯一碳源的环境中，总酯的形成量数倍于相同浓度的全麦汁培养环境。在营养过剩的情况下，同样不利于酵母生长，却可以产生高浓度的酯。如高浓麦汁发酵后渗透压增高、乙醇浓度增加、营养的相对缺乏（不均衡）等导致发酵力、发酵度、酵母活力和凝集性降低；高浓麦汁黏度较大，使可发酵糖与酵母接触少，会影响正常发酵；当麦汁浓度超过 14.8°P 时被发酵后，就产生过量的酯类，以致在稀释到正常浓度时，啤酒的含酯量也过高，从而对啤酒风味产生不利的影响。如果提高接种量、麦汁溶解氧量、α - 氨基氮和不饱和脂肪酸含量，则均能促进啤酒酵母的生长使之消耗更多的乙酰辅酶 A，导致参与酯类合成的乙酰辅酶 A 缺乏，从而达到降低啤酒中酯含量的目的。

一、乙酰辅酶 A 在工业生产中的作用

乙酰辅酶 A 是合成酯类脂质等重要化合物的前体物质，参与了酵母中 100 多条合成与代谢途径。在正常的情况下，当环境条件有利于酵母的生长繁殖时，例如麦汁中含有足量的可同化氮并在好气条件下，酵母需要合成较多的脂肪酸来合成细胞膜进行繁殖，同时一部分乙酰辅酶 A 会以底物形成参与酯的合成，形成合理的乙酰辅酶 A 代谢流的分配。在酵母中过量表达乙酰辅酶 A 合成酶基因，可以导致乙酰辅酶 A 显著增长。逐渐增加乙酰辅酶 A 水平导致乙酸合成途径的碳代谢流量加大，导致乙酸快速积累。同时，乙酰辅酶 A 是 TCA 循环的前体，胞内乙酰辅酶 A 池的大小直接决定了 TCA 循环的碳流通量。甲羟戊酸途径（Mevalonate pathway）是一条以乙酰辅酶 A 为原料合成异戊二烯焦磷酸和二甲烯丙基焦磷酸的生物代谢途径。该途径是酵母合成细胞膜脂的重要前体代谢途径，包括辅酶 Q、甾醇等构成细胞的重要组成物质均以该途径的产物为前体。酵母中含有完整的甲羟戊酸途径。通过增加乙酰辅酶 A 的生成，将碳代谢流定向引入甲羟戊酸途径，可以实现甾醇、萜类等代谢产物的大幅积累，使酵母生长迅速，并对酯合成造成一定的阻滞。

过量表达乙酸辅酶 A 合成酶基因后细胞对乙醇胁迫的抗性变化情况是研究燃料乙醇的基础。可以作为化石燃料替代品并减少化石燃料使用的燃料乙醇，作为再生能量源可直接作为液体燃料使用或者同汽油混合使用，可以减少对不可再生能源石油的依赖，保障国家的能源安全。成熟的发酵醪内乙醇质量浓度一般为 8% ~10%（质量分数）。出现这一原因主要的限制因素是乙醇对细胞的毒害作用和高底物浓度对细胞产生的高渗透胁迫，使得糖质很难大幅度转化成乙醇，产生的乙醇也很难高含量在细胞内积累。因此宿主细胞对高含量乙醇的高抗性，降低乙醇含量后提取蒸馏工艺成本开销，提高燃料乙醇使用的经济性，对生物乙醇的生产至关重要。

乙酰辅酶 A 合成酶基因过量表达对乙醇耐受性的影响能起到积极的作用（图 3 -2）。*ACS*1 和 *ACS*2 的过量表达，使乙酰辅酶 A 合成酶浓度加大，引导乙酰辅酶 A 的快速积累并进入甲羟戊酸途径（Mevalonate pathway）从而通过生物途径生成辅酶 Q、甾醇等构成细胞的重要组成物质改变酵母细胞膜的通透性，提高对乙醇及高糖的耐受性。

二、乙酰辅酶 A 对酯合成的影响

酰基 CoA（包括乙酰辅酶 A）存在于酵母体内，并在体内参与碳源代谢。

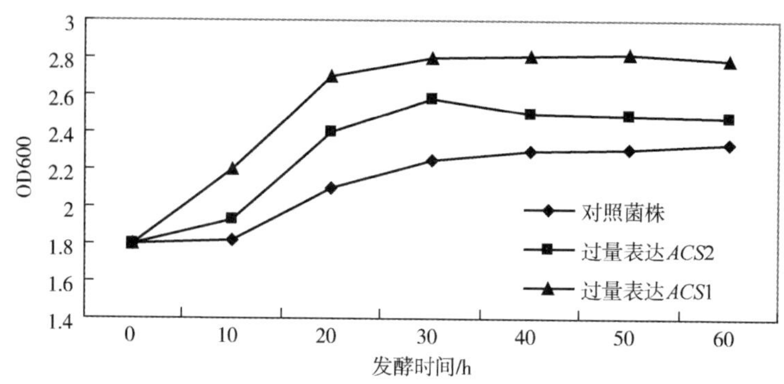

图 3－2　乙酰辅酶 A 合成酶基因过量表达对乙醇耐受性的影响

长链脂肪酸一开始是来自麦汁，可被酵母吸收利用，随着酵母生长，长链脂肪酸可由酵母自身合成，中、低链脂肪酸则一开始就是由酵母合成的。所有的酯类等风味物质是在酵母细胞内形成的，形成的酯一部分通过细胞膜，返回发酵液中，一部分被酵母细胞膜吸附或拦截，滞留于细胞体内。脂肪酸链越长，越不容易穿过细胞膜，因此被酵母吸附的酯随酯的相对分子质量增加而增多。所以，高于己酸乙酯的酯类在啤酒中含量较少，癸酸乙酯以上的酯类几乎均在细胞内。当酵母自溶时，细胞膜破裂，高碳链脂肪酸的酯类才能被释放出来。

酯合成的速度限制因素与酯合成、脂类代谢和细胞生长之间的关系是十分密切的。上述三个生化过程均需要乙酰辅酶 A 作为底物。首先，酯合成需要酰基辅酶 A，它的形成是一个胞内过程并有赖于提供乙酰辅酶 A 作为前体。其次，乙酰辅酶 A 同时与细胞内其他大量的反应有关，包括脂质和氨基酸的合成和三羧酸循环（TCA）。乙酰辅酶 A 的量的分配决定了生化途径的走向和强度，乙酰辅酶 A 也因此成为一个衡量碳流向的蓄水池，其“水位”的高位决定了酯合成的强度、脂质和氨基酸合成量的大小。可以想象，一个充盈的乙酰辅酶 A 池是酯合成、脂类代谢和细胞生长的保障，否则，任何一个生化途径都是微弱的，包括最基本的三羧酸循环（TCA）（图 3－3）。

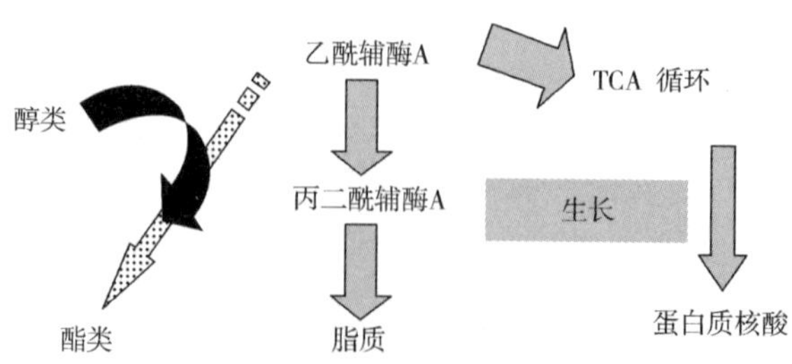

图 3－3　酯类与细胞组分合成的关系图（CoA：辅酶 A；TCA：三羧酸）

基于酵母生长的特殊生理需要，酯的合成对酵母来说是代谢的必需过程，必须充分意识到这个过程需要能量并且意味着酯类扮演变化的角色及其作用。已有文献经常陈述酯的乙酰 CoA 前体物在丙酮酸脱氢酶活动中产生。实际上，如前所述，针对酵母发酵的特殊情况，这个酶在发酵条件下几乎肯定是没有活性的，因此就剩下乙酰 CoA 合成酶了，这个酶必须可靠而且有效。实验证明乙酰 CoA 合成酶由 *ACS*1 和 *ACS*2 结构基因编码，而且对乙酰辅酶 A 的合成可靠而且高效。

醇乙酰基转移酶介入酯合成的根据已经被基因研究证实。*S. cerevisiae* 中编码该酶的基因已经被克隆，酯的形成依赖于该酶的表达也已经被证实。大量工作致力于建立一个解释酯类在发酵中形成的统一机制的模型同时提供可供调控酯浓度的进一步的认知基础。事实上，酯合成的完整机制远未清楚，还有许多研究工作需要进一步开展以解释酯合成过程中的一些特殊现象。长期以来，乙酰辅酶 A 的运用决定并控制酯的合成已成为共识。这是在排除任何反向酯酶作用的情况下得到的结论。在啤酒发酵过程中，发酵条件的变化影响乙酰 CoA 储备，也影响酯的合成程度，尤其是，酵母生长程度和酯合成呈负相关已经被证实。Thurston 等主张酯合成在调控相关乙酰 CoA 及其前体 CoASH 细胞浓度应该具有重要的代谢意义。当然，在发酵的中点，通过脂类的合成停止，酯合成的比速率增加超过两倍于同时间乙酰 CoA 的消耗。这证明了，酯利用乙酰辅酶 A 的合成效率远大于脂类利用乙酰辅酶 A 的合成效率。维持前体物 CoASH 和乙酰 CoA 在细胞中适当比率的重要性通过下面事实进一步得到证明：酯合成诱发的同时，乙酰 CoA 水解酶被诱导，使乙酰辅酶 A 池下降，从而降低酯合成或者脂类合成的效率。虽然酯合成能微调前体 CoASH 和乙酰 CoA 细胞的浓度是一个看似可行的想法，最终测量发酵期间代谢物浓度结果证明其对乙酰辅酶 A 池的影响是微不足道的。相关的研究工作还证实乙酰 CoA 会对脂质合成关闭做出响应而增加在细胞内的浓度。确实，这个代谢物的变化水平是与酯合成比速率同步的。值得注意的是，在酯合成速率与乙酰 CoA 都下降的期间，CoASH 却是增加的。乙酰 CoA 有利于控制酯合成的假说可以通过检测发酵条件的影响进行研究，比如，麦汁组成中，氨基氮的浓度增加导致酯合成的增加。这些现象可以解释为高度异化氨基氮引起可利用乙酰 CoA 的增加。相反，含有低可同化氨基氮的麦汁正如高浓麦汁一样，含有大比例的附属物质，酵母生长受限并导致乙酰 CoA 量的减少。

三、酯形成和游离乙酰辅酶 A 再生

在无氧条件下，细胞不能合成 UFA。因此在无氧条件下，酵母不能积累 UFA，导致饱和脂肪酸积累，并引起乙酰 CoA 羧化酶的抑制最终导致脂肪酸合

成停止。此外，TCA 循环不能（完全）在无氧条件下进行，所以一切常规的乙酰 CoA 消耗的通道大多是不活动的。这将导致乙酰 CoA 和游离辅酶 A 的比率发生显著变化。在此情况下，酯合成变成了一个再生游离 CoA 的有用通道，或者是调整乙酰 CoA 和游离辅酶 A 的比率的有效手段。同时不必释放高（毒）浓度的乙酸和中链脂肪酸。酯合成诱发的同时乙酰 CoA 水解酶被诱导，使乙酰辅酶 A 池下降，从而降低酯合成或者脂类合成的效率。与此同时，游离辅酶 A 被释放。据观察，酯的合成在有氧条件下或者当 UFA 添加到培养基中会受抑制，这与本设想是一致的。

过量表达乙酰辅酶 A 合成酶基因提高了合成酶活性，同时合成酶活性的增加显著提高了酵母细胞在对数生长前其胞内乙酰辅酶 A 含量。过量表达乙酰辅酶 A 合成酶后流入 TCA 循环的代谢流量大大增加，为氨基酸等代谢产物的新生成途径提供了科学依据。除了合成酶，酵母细胞中还存在乙酰辅酶 A 水解酶。乙酰辅酶 A 水解酶主要用于调节细胞内辅酶 A 池，维持细胞质中正常的乙酰辅酶 A 含量以便正常进行甾醇和脂肪酸的代谢。啤酒酵母为了生长，可以将代谢方向转向脂类及甾醇类等细胞组成物质的合成，使酯合成成为次要的旁路途径或者消解通道。这就使乙酰辅酶 A 不会过高水平地长时间存在于酵母细胞内，乙酰辅酶 A 合成酶基因过量表达对其含量的影响很好地解释了这一点。乙酰辅酶 A 水解酶受到葡萄糖的强烈抑制。表明在以葡萄糖为主要碳源的培养基中，酵母可以保持较高水平的乙酰辅酶 A 水平。换言之葡萄糖不仅利于酵母生长，也有利于酯的合成。

在酯的合成过程中，通过乙酰辅酶 A 水解使酯合成效率下降并释放游离辅酶 A，使乙酰 CoA/CoA 的比率发生变化，使游离 CoA 得以再生（图 3－4）。

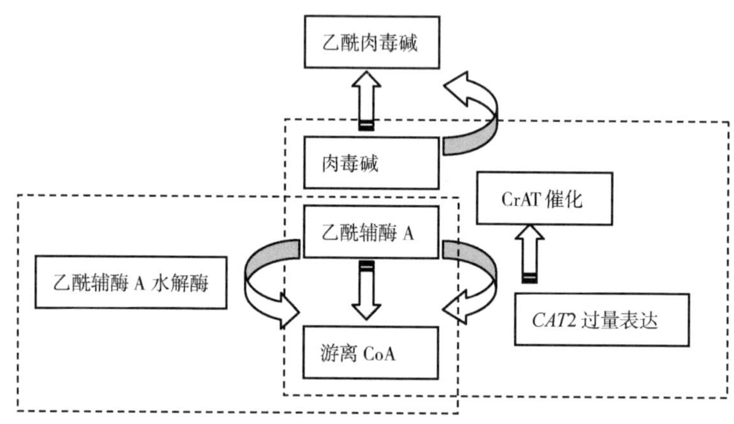

图 3－4　游离 CoA 再生途径

非酵母的酯合成系统与酵母有同样的结果，研究者在 *Escherichia coli* 中开发了一个 CoA/乙酰 CoA 操作系统试图增加酯形成的产量。过量表达泛酸激酶

(panK)，一种在 CoA 生物合成通道中的关键酶，同时添加 CoA 前体物泛酸，导致 CoA 和乙酰 CoA 在细胞内的增长（分别增长 10 倍和 5 倍）。在另一个研究中，一个同时表达酵母 *ATF*2 基因和 *PANK* 基因的 *E. coli* 工程菌生成了 6 倍乙酸异戊酯于只表达 *ATF*2 基因的对照株。这些结果显示增加细胞内 CoA 和乙酰 CoA 浓度引起乙酸异戊酯产量的大幅增加。*PANK* 的过量表达使 CoA 大幅增加，CoA 可以通过乙酰化形成乙酰 CoA，参与酯合成及其他生化途径。从基因调控层面来说，众所周知，酵母中肉（毒）碱乙酰转移酶（CrAT）在一个分区缓冲系统通过维持细胞腔隙合适的乙酰 CoA 和 CoA 水平起作用。Cat2 是一种最重要的蛋白质，在过氧化物酶体和线粒体中被发现，在半乳糖生长细胞中对 CrAT 活性的贡献率 >95%。由于 CrAT 负责调控乙酰 CoA/CoA 的比率，研究者猜想过量表达酵母的 *CAT*2 基因能在发酵期间改变乙酰 CoA 的浓度进而影响酯的生成。CrAT 催化肉（毒）碱与乙酰 CoA 之间的可逆反应，形成乙酰肉（毒）碱和 CoA。过量表达野生型中 *CAT*2 编码的线粒体 CrAT 或者位于细胞质中的修改版本，导致发酵期间乙酸乙酯浓度的降低。按照之前的猜想，这个可以由事实解释，那就是过量生成 Cat2 有利于乙酰肉（毒）碱和 CoA 的形成，因此限制了利于酯生成的前体物的数量。

第三节 乙酰辅酶 A 对酵母生理代谢的影响

S. cerevisiae 细胞中有两种乙酰辅酶 A 合成酶的异构酶 *ACS*1 和 *ACS*2。这两个基因均编码具有活性的乙酰辅酶 A 合成酶，其表达产物 Asc1p 和 Asc2p 具有不同的动力学和免疫学特性，在酵母代谢过程中表现出不同的代谢特性。在一般情况下，*ACS*1 的表达在缺少氧或者高浓度葡萄糖条件下受到抑制，提供非发酵碳源如乙醇阻遏作用即可解除，*ACS*1 主要针对非葡萄糖碳源的代谢；*ACS*2 主要针对葡萄糖为碳源的代谢，通常在胞内为组成型表达，在 *ACS*2 缺失的情况下，酵母细胞无法生长在可发酵性碳源的培养基上，却可生长在以乙醇或者乙酸等非可发酵性碳源的培养基上。*ACS*1 和 *ACS*2 与环境中氧含量的关系密切，*ACS*1 基因编码的是有氧条件下的乙酰辅酶 A 合成酶，而 *ACS*2 编码的是无氧条件下的乙酰辅酶 A 合成酶。

利用现代工具促使乙酰辅酶 A 合成酶基因过量表达会对酵母的生长代谢造成很大的影响。过量表达乙酰辅酶 A 合成酶基因提高了合成酶活性，同时合成酶活性的增加显著提高了酵母细胞在对数生长前其胞内乙酰辅酶 A 含量。过量表达乙酰辅酶 A 合成酶后流入 TCA 循环的代谢流量大大增加，为氨基酸等代谢产物的新生成途径提供了科学依据。过量表达乙酰辅酶 A 合成酶基因对甲羟戊酸途径（Mevalonate pathway）（图 3－5）关键基因影响巨大，使酵母细胞有效地进入甲羟戊酸途径并最终形成有价值的代谢产物的积累。乙酰辅酶 A 水解酶主要用于调节细胞内辅酶 A 池，维持细胞质中正常的乙酰辅酶 A 含量以便正常进行甾醇和脂肪酸的代谢。

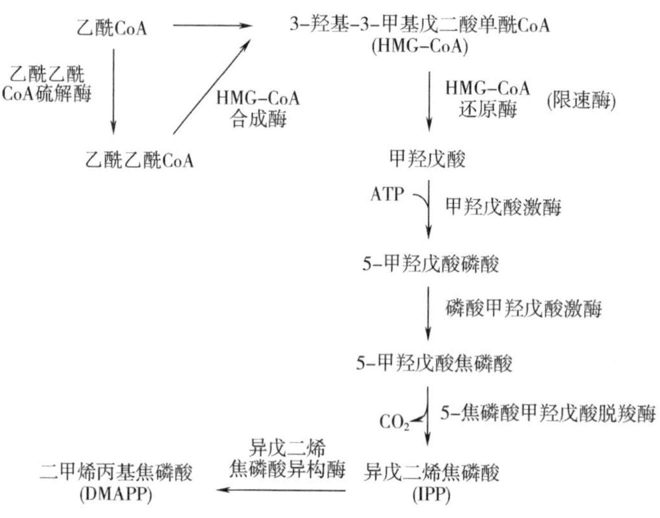

图 3－5　甲羟戊酸途径（Mevalonate pathway）

一、乙酰辅酶 A 对酵母生理代谢的影响

过量表达乙酰辅酶 A 合成酶基因提高了合成酶活性达 1.4～1.6 倍（图 3－6）。合成酶活性的增加显著提高了酵母细胞在对数生长前其胞内乙酰辅酶 A 含量，最高可达 5 倍之多（图 3－7）。酶活性的增加呈峰值变化，当然这与酵母生长趋势是紧密关联的。

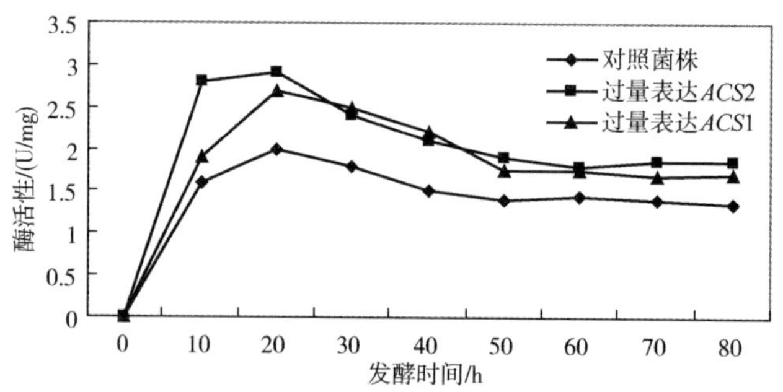

图 3－6　乙酰辅酶 A 合成酶基因过量表达对其活性的影响

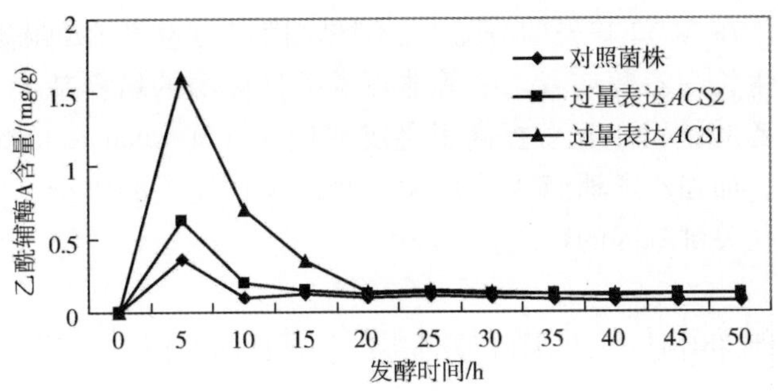

图3－7 乙酰辅酶A合成酶基因过量表达对其含量的影响

乙酰辅酶A合成酶基因表达强度与细胞的对数期生长速度呈现负相关，即乙酰辅酶A合成酶基因表达强度越强，细胞生长速度越慢。同时，乙酰辅酶A含量在达到高点之后衰减较快，这种乙酰辅酶A含量与乙酰辅酶A合成酶活力的变化趋势的不一致性只能用乙酰辅酶A消耗过快来解释。这种消耗并不用于生长细胞，而是用来生成其他代谢产物如乙醇、甘油、甾醇等，当然也有可能受到酯酶的降解，因为乙酰辅酶A增加会诱导酯酶的生成。因此乙酰辅酶A池的增加可以改变细胞代谢的碳流方向。过量表达乙酰辅酶A合成酶后流入TCA循环的代谢流量大大增加，TCA循环作为酵母细胞的中心能量代谢环节，参与了许多基础物质的代谢，比如各类氨基酸等。酪氨酸、赖氨酸和亮氨酸由于与乙酰辅酶A代谢直接相关，分别出现增长。由于乙酰辅酶A的过量供给，TCA循环代谢通量大幅提升使与中间代谢产物直接相关的氨基酸含量提高，如谷氨酸、组氨酸、脯氨酸、苯丙氨酸和酪氨酸等。与丙酮酸代谢相关的氨基酸由于受到乙酰辅酶A合成酶基因过量表达的影响，参与代谢的五种氨基酸中的丝氨酸、丙氨酸和甘氨酸分别出现下降，而苏氨酸基本未发生变化。从细胞内氨基酸代谢数据可以看到，过量表达乙酰辅酶A合成酶基因使TCA碳流进入氨基酸代谢循环，这就为氨基酸生产提供了新的理论依据。

二、过量表达乙酰辅酶A合成酶基因对甲羟戊酸途径（Mevalonate pathway）关键基因的影响

过量表达乙酰辅酶A合成酶基因对甲羟戊酸途径（Mevalonate pathway）关键基因整体上调。*ACS*1和*ACS*2的过量表达均上调了*ERG*13、*HMG*1、*MVD*1、*HMG*2、*ERG*8、*BST*1、*ERG*20的表达水平，*ACS*1过量表达使所有8个基因表达水平上调，其中*ERG*13、*HMG*1、*MVD*1、*HMG*2的表达水平上调幅度均超过2倍。而*ACS*2的过量表达使*ERG*13、*ERG*20、*HMG*1、*MVD*1、*BST*1表达上调超过

2 倍，使 *IDI*1 基因表达下调超过 2 倍。

另外，由于在 *ACS*2 缺失的情况下，酵母细胞无法生长在可发酵性碳源的培养基上，却可生长在乙醇或者乙酸等非可发酵性碳源的培养基上。因此，添加非发酵性碳源乙酸钠可以显著提高甲羟戊酸途径（Mevalonate pathway）关键基因的表达水平，加强乙酰辅酶 A 合成酶途径的碳代谢流的供给，可以进一步提高甲羟戊酸途径关键基因的转录。

三、乙酰辅酶 A 水解酶对酯合成的影响

乙酰辅酶 A 水解酶主要用于调节细胞内辅酶 A 池，维持细胞质中正常的乙酰辅酶 A 含量以便正常进行甾醇和脂肪酸的代谢。乙酰辅酶 A 水解酶的生理特性表现在其在 *S. cerevisiae* 细胞的生长对数期水解活力极低并受到葡萄糖的强烈抑制。Lee 等人研究在进行 *S. cerevisiae* 乙酰辅酶 A 水解酶纯化时发现当细胞处于新鲜的培养基或者细胞生长处于对数期时乙酰辅酶 A 水解酶的活力非常低，这就解释了细胞生长优先于酯合成的法则（图 3－8）。

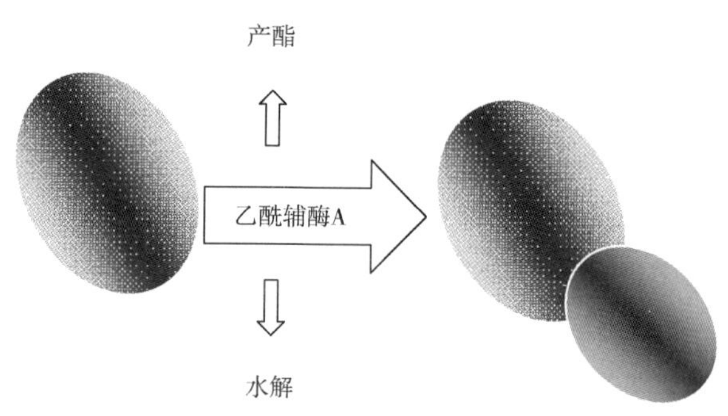

图 3－8　细胞生长优先于酯合成的法则

啤酒酵母为了生长，可以将代谢方向转向脂类及甾醇类等细胞组成物质的合成，使酯合成成为次要的旁路途径或者消解通道。这就使乙酰辅酶 A 不会过高水平地长时间存在于酵母细胞内，图 3－7 乙酰辅酶 A 合成酶基因过量表达对其含量的影响很好地解释了这一点。为了更好地了解乙酰辅酶 A 水解酶的特性和在调节辅酶 A 池中所起的作用，作者克隆了乙酰辅酶 A 水解酶基因，发现乙酰辅酶 A 水解酶受到葡萄糖的强烈抑制。表明在以葡萄糖为主要碳源的培养基中，酵母可以保持较高水平的乙酰辅酶 A。换言之葡萄糖不仅有利于酵母生长，也有利于酯的合成。笔者在实验中也发现，以葡萄糖为主要碳源培养酿酒酵母，可以观察到较高浓度的乙酸乙酯。

第四节 啤酒中高级醇的生成及特点

高级醇是啤酒发酵过程中产生的主要副产物之一，属于芳香物质。主要有正丙醇、正丁醇、异丁醇、正戊醇、异戊醇、活性戊醇、辛醇、苯乙醇、色醇、酪醇等。高级醇含量适中会赋予啤酒芳香的口味和酒体的醇厚，含量过高不仅对人体产生毒害作用，还会使酒体产生不愉快的气味，比如色醇和酪醇会呈现苦味，戊醇过量会有腐败味等。高级醇的毒害作用主要表现在大脑麻痹和细胞膜溶解两方面，如异戊醇含量过高会使人的神经系统充血，出现头痛呕吐等现象，异丁醇过多会伤害人体的眼和鼻，且毒性随分子质量的增加而增大。目前高级醇的检测方法主要有气相色谱法和分光光度法。在所有高级醇如正丙醇、异丁醇、异戊醇中，异戊醇是杂醇油中最重要的挥发性物质，其含量在90～300mg/L，有时能占杂醇油总量的50%以上，目前认为2－苯乙醇（主要由2－苯丙氨酸代谢产生）同属于高级醇类，是发酵饮料重要的呈香物质之一。高级醇的形成主要有降解代谢和合成代谢两条途径。在啤酒发酵中生成高级醇的这两条途径中，糖代谢合成途径是主要的生成途径。目前市售啤酒中，有一部分啤酒饮用后有头痛的症状，并可延续至第二天，这就是异戊醇和活性戊醇含量过高所致。该高级醇在人体内的代谢速度要比乙醇慢，对人体的刺激时间长，所以饮用此类高级醇含量高的啤酒就容易产生头痛、头晕的症状。因此，啤酒生产要重视高级醇含量对啤酒质量的影响，加强检测控制。

从氨基酸代谢路线可知，当麦汁中某一氨基酸的含量超出酵母的需要时，则多余的氨基酸就形成了高级醇。如缬氨酸在转氨酶作用下生成α－酮异戊酸，后者经脱羧酶和醇脱氢酶的催化作用即生成异丁醇。从糖代谢路线可知，生物合成氨基酸的最后阶段形成α－酮酸，α－酮酸经脱羧酶和醇脱氢酶的作用生成相应的高级醇。

随着人们消费水平的提高，人们对啤酒的口感要求越来越高，啤酒向纯净、淡爽型发展，特别是纯生啤酒更加赢得消费者的青睐。高级醇是酵母发酵主要副产物，它和双乙酰对啤酒风味影响很大。在生产中要分析影响高级醇含量的各种因素，采取相应措施，将啤酒中高级醇含量控制在合理的范围内，这对提高啤酒质量，减小对人体的危害及扩大销售市场都有重要意义。近年来，啤酒厂家采用高温酵母在12℃甚至更高的温度下进行发酵，虽然达到了提高降糖速度、缩短发酵周期、加快双乙酰还原的目的，但啤酒中高级醇的含量也相应增加，严重影响了啤酒的风味和口感。

一、啤酒发酵过程中高级醇变化及形成途径

啤酒发酵过程中，伴随乙醇生成，产生大量的副产物，其中之一就是高级醇。高级醇含量约在发酵第4天达到峰值，并维持峰值直至主发酵结束（图3-9）。从图中可见高级醇生成与酵母细胞生长呈正相关，即对数生长期的酵母容易生成高级醇。高级醇一旦形成，并不容易被消除或消耗，它可以维持较高水平的波动。因此从单纯的发酵工艺来控制高级醇含量主要还是控制酵母对数生长期所生成高级醇的量。

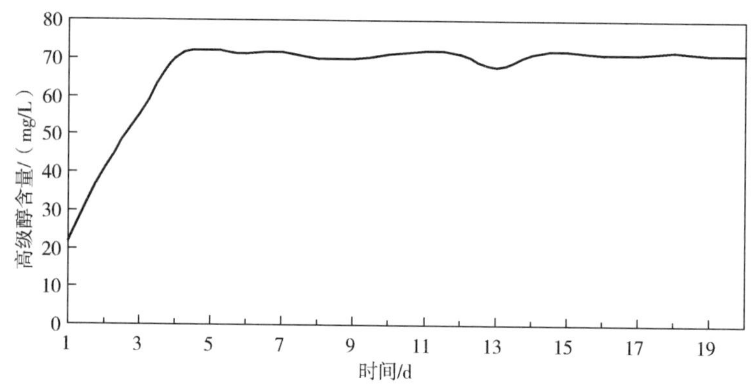

图3-9 啤酒发酵过程中高级醇变化图

一般来说，适量的高级醇能赋予啤酒醇厚的口感；至于如何合理控制高级醇的含量还必须要考虑到当地的消费者爱好和固有的习惯。高级醇中对啤酒风味影响最大的是异戊醇和β-苯乙醇。它们和乙酸乙酯、乙酸异戊酯及乙酸苯乙酯是构成啤酒香味的主要成分。高级醇的生成途径有两条：氨基酸降解代谢途径和糖代谢途径。通过氨基酸降解生成的降解代谢途径，又称埃利希（Ehrlich）代谢途径，α-酮戊二酸是该途径的媒介，在转氨酶的作用下获得外源氨基酸上的氨基，脱氨生产α-酮酸，α-酮酸在脱羧酶的作用下脱羧生产醛，醛在脱氢酶的作用下，生成比原来氨基酸少一个碳的醇类。

转氨反应：

$$R_1—CH(NH_2)COOH + R_2—COCOOH \Rightarrow R_1COCOOH + R_2—CH(NH_2)COOH \quad (式3-1)$$

脱羧反应：

$$R_1—COCOOH \Rightarrow R_1CHO + CO_2 \quad (式3-2)$$

还原反应：

$$R_1CHO + NADH_2 \Rightarrow R_1CH_2OH(高级醇) + NAD \quad (式3-3)$$

糖代谢合成途径：在氨基酸的合成过程中，以糖类为碳源经过一系列反应形成中间体α-酮酸，α-酮酸可与NH_3直接作用生成氨基酸；也可以在酮酸脱羧酶的作用下使α-酮酸脱羧形成醛类，再经还原形成相应的高级醇。

$$氨基酸 \Rightarrow R—COCOOH \Rightarrow R—CH(NH_2)COOH \quad (式3-4)$$

$$氨基酸 \Rightarrow R—COCOOH \Rightarrow RCHO \Rightarrow R—CH_2OH \quad (式3-5)$$

啤酒发酵中生成高级醇的这两条途径中，糖代谢合成途径占75%，而埃利希降解代谢途径只占25%。啤酒中大部分高级醇都是在糖代谢生成氨基酸的过程中生成的，如异戊醇、异丁醇、活性戊醇等都是由合成途径产生；部分高级醇则是来自相应氨基酸的形成，如酪醇来自酪氨酸、色醇来自色氨酸等。由糖类生物合成高级醇，其变化末期与从氨基酸形成高级醇的途径一样，均由相应的α-酮酸脱羧成醛，再还原为醇。多种氨基酸的存在能抑制由糖类生物合成高级醇，当氨基氮含量超过600mg/L，抑制作用即非常明显。不同高级醇来自上述不同代谢途径的比例各不相同，碳链长的高级醇来自埃利希途径的比例较短链者大，生物合成路线中丙酮酸更倾向于转化为低级α-酮酸。

在所有发酵饮料中，均有可能产生高级醇等副产物。如白酒，生成高级醇的组分和含量，与原料、酵母、酒醅或醪的成分以及发酵条件等有关。首先，若原料中可利用蛋白质含量高，则高级醇生成量也较多，这就归因于氨基酸降解代谢途径；其次，发酵温度及pH越高，就越有利于高级醇生成。若酵母的酒精发酵力较弱，则产高级醇较少，尤其是戊醇的生成量少，这主要是基于糖代谢合成途径的改变；酒母用量过大时，会迅速将糖分消耗，而对氨基酸的作用不充分，也可大大降低高级醇的生成；若酒醅中或醪液中含有比氨基酸更易被酵母利用的氮源，则能阻止或延迟酵母对氨基酸的分解，而使高级醇生成量减少；如果增加蔗糖用量则会使酵母受到糖代谢合成途径的诱导，使其通过酮酸线路促进高级醇生成。

二、高级醇的组成

啤酒发酵中形成的高级醇，以异戊醇含量最高，约占高级醇含量的50%以上，其次为活性戊醇、β-苯乙醇、异丁醇、正丙醇、正丁醇等，其他高级醇含量则较少。啤酒中的每种高级醇都有其独特风味和风味阈值，在啤酒中的含量不能超过其阈值，如表3-1所示，要控制总高级醇在合适的范围。对下面发酵啤酒而言，高级醇含量一般为60~90mg/L，上面发酵啤酒高级醇含量一般低于100mg/L（表3-1）。

表 3－1　淡爽型啤酒的主要高级醇

高级醇种类	风味特点	阈值/（mg/L）	普通啤酒范围/（mg/L）	优质啤酒范围/（mg/L）
正丙醇	酒精味，稍苦	25	5～15	5～7
异丁醇	酒精味，香味	75	15～35	7～15
异戊醇	微涩稍苦	75	40～70	30～40
苯乙醇	玫瑰花香	75	25～66	25～30
总高级醇		100	50～150	100

啤酒中的挥发性风味物质主要包括醇类、酯类、酸类以及醛酮类等物质，其中醇类物质、酯类物质及醛类物质是啤酒香气的骨架成分。啤酒中高级醇含量丰富，种类也很多，但是，含量大的物质对整体香气的贡献并不一定大，需要结合对应的阈值才能间接地判断各物质在酒中的重要性。通过对这几类挥发性物质测定分析，借鉴白酒中表征某种物质对风味贡献程度的大小的风味强度（Fu）的有关概念，对啤酒的风味进行评价。风味强度（Fu）由下式表示：

风味强度(Fu) = 高级醇浓度 / 高级醇阈值

如果某高级醇的 Fu 值大于 1.0，表示风味显著；如果其 Fu 值在 0.5～1.0，则表示有风味；如果 Fu 值小于 0.5，则表示风味不显著（表 3－2）。

表 3－2　淡爽型啤酒的主要高级醇的风味强度

高级醇种类	阈值/（mg/L）	高级醇含量/（mg/L）	风味强度/Fu
正丙醇	25	15	0.6
异丁醇	75	35	0.5
异戊醇	75	70	0.9
苯乙醇	75	66	0.9

第五节　影响高级醇生成因素

高级醇是构成啤酒酒体的重要物质，是啤酒酿造过程中不可缺失的副产物。高级醇赋予啤酒醇厚感、泡沫细腻，使啤酒丰满，但含量超过一定限度会破坏啤酒酒体及风味。影响和控制啤酒酿造过程中高级醇含量的因素有啤酒酵母菌种、酵母接种量和增殖、麦汁成分、溶解氧、发酵条件（如发酵温度、发酵方法、发酵度）等。不同菌种对啤酒高级醇生成量的差异较大，是由于不同菌种的代谢酶系活性不同，而造成的高级醇生成量的不同。一般说，麦汁中氨基酸含量越高，酵母增殖密度越大，形成的高级醇越多，但氨基酸含量过高，也会抑制糖类的生物合成代谢，从而影响高级醇的形成。在诸多发酵条件里，温度对啤酒中高级醇生成量的影响显著，发酵温度越高，生成高级醇的量越多。酵母生长繁殖速度随着温度的升高而加快。麦汁充氧是为了满足酵母生成繁殖的需要，而充氧量与接种量、繁殖代数直接相关。当麦汁中氧消耗完后，酵母就从生长繁殖阶段进入到酒精发酵阶段，高级醇的生成量就显著减少。

一、酵母菌种

由于啤酒酵母菌种不同生理特性相差较大，即使在相同发酵条件下，高级醇生成量差异会高达 50% ~100% 。粉末酵母与絮状酵母的高级醇生成量不同，粉末型酵母高级醇生成量在 69 ~ 90mg/L，而絮状酵母高级醇生成量在 49 ~ 122mg/L。在实际生产中发现，传统发酵菌种比近几年引进的新菌种产生的高级醇要低。不同菌种对啤酒高级醇生成量的差异较大（表 3 –3），是由于不同菌种的代谢酶系活性不同，而造成的高级醇生成量的不同。高级醇作为氨基酸代谢的副产物，由细胞中转氨酶、酮酸脱羧酶、还原酶等酶的活性决定，即酶活性越高，所生成的高级醇就越多。因此，传统育种方法选育的缬氨酸、亮氨酸、异亮氨酸等营养缺陷型菌株，其相应氨基酸合成途径中的某些酶缺失，特别是与生成高级醇有关的酶缺失，导致生成某些中间代谢物和氨基酸的量减少，从而降低了氨基酸类高级醇的生成量。

表 3 –3　　不同酵母菌种生成不同浓度的高级醇

高级醇	正丙醇/（mg/L）	异丁醇/（mg/L）	异戊醇/（mg/L）	苯乙醇/（mg/L）	总高级醇/（mg/L）
菌种 1	6. 7	15. 4	45. 1	31. 9	99. 1
菌种 2	8. 8	17. 3	48. 2	39. 8	114. 1
菌种 3	11. 1	36. 6	61. 0	42. 1	150. 8

在高级醇生成途径中糖代谢对高级醇生成量的影响更大。糖代谢生成高级醇的途径极其复杂，而且与酵母的生长繁殖密切相关。如前所述，高级醇主要是在酵母的对数生长期生成的，因此，要选育高级醇生成量低和发酵性能正常的菌种。高级醇是啤酒发酵过程中酵母增殖、合成细胞蛋白质时的代谢产物，选择优良酵母菌株是控制高级醇含量的最有效途径。高发酵度菌种一般形成的高级醇量较多，这是啤酒发酵环节所需要而啤酒品质环节不希望看到的；低发酵度菌种一般形成的高级醇量较低，这是啤酒生产过程不需要的，而在啤酒品

质环节需要的。不同类型的啤酒对高级醇含量的阈值要求是不一样的，不同人群对不同高级醇的容忍度或喜好也是不一样的。因此制造不同类型的啤酒，酵母品种的选择是很重要的。

在啤酒发酵过程中酵母接种量对高级醇生成量的影响看法不同，但多数专家认为接种量的影响较小。高级醇是酵母合成细胞蛋白质的代谢副产物，或者是氨基酸分解的产物，使用较小的酵母添加量，增殖倍数就会较高，使酵母代谢能力增强，高级醇含量相应升高。反之在一定范围内加大接种量可降低酵母增殖数量，从而减少高级醇的生产量。酵母在发酵时的浓度控制在3～4倍，可以减少副产物的增加。接种量除了决定了酵母的繁殖代数影响高级醇生成外，还对啤酒质量产生其他影响。当酵母接种数量过少或繁殖代数过多时有可能使酵母的活力下降，不利于后期对残糖的消耗，使啤酒发酵度降低，这对啤酒的质量不利。

二、麦汁组成

麦汁为酵母菌提供生长和繁殖代谢所需要的碳源和氮源，其组分对啤酒发酵生成高级醇的含量影响很大。麦汁中氨基酸成分和含量与高级醇的生成有关。一般说，麦汁中氨基酸含量越高，养分越充足，酵母增殖密度越大，形成的高级醇越多，但氨基酸含量过高，也会抑制糖类的生物合成代谢，从而影响高级醇的形成。因此保持适量的α－氨基氮可促进酵母繁殖适量，生成适量的高级醇，但麦汁中可利用的氮含量低，酵母就会经糖代谢的酮酸路线去合成必需的氨基酸，用于合成细胞蛋白质，这样会使高级醇含量增加。在工艺条件相同的情况下，麦汁浓度的不同对高级醇的生成量存在较大的差别，随着麦汁中可发酵性糖含量的增加，高级醇含量也会相应升高。因此在啤酒生产用过高浓度的麦汁并不可取，通常不高于16°P，最好可以将麦汁浓度控制在10～12°P。

麦汁中α－氨基氮种类与高级醇的生成存在一定的关系，如甘氨酸、缬氨酸、亮氨酸等对高级醇生成是不一样的，如表3－4所示。

表3－4　α－氨基氮种类与高级醇

麦芽中的氨基酸种类	对照组	甘氨酸组	缬氨酸组	亮氨酸组
α－氨基氮/（mg/L）	200	200	200	200
高级醇含量/（mg/L）	98.5	95.6	107.3	131.7

高级醇的生成量与麦汁的pH有一定关系，较低的pH会有效降低高级醇含量，反之，pH越高越有利于生成高级醇。研究发现，酒花成分的存在可使啤酒中高级醇含量降低，这种影响会受酵母菌种制约，尤其是在上面发酵的酵母影响更为明显，下面发酵酵母影响不大。

三、发酵条件

发酵条件对啤酒生成高级醇的种类和数量有密切的关系，会影响啤酒各类高级醇之间的含量平衡，使啤酒风味发生改变。

在诸多发酵条件里，温度对啤酒中高级醇生成量的影响显著，发酵温度越高，生成高级醇的量越多（表3－5）。由于酵母生长繁殖速度随着温度的升高而加快（温度每升1℃，繁殖速度将增加10%～20%），相应地加速了糖和氨基酸的代谢，使中间产物的生成速度加快，并且浓度升高，其中的α－酮酸会通过分流而生成更多的高级醇。在实际生产中，研究高温发酵（如13～16℃）对缩短发酵周期和降低生产成本有重要意义的同时，存在高级醇生成量增加的问题。目前，可以通过阻断代谢中间产物α－酮酸生成高级醇，以达到控制高级醇的目的。通过综合改良酵母和优化发酵工艺等措施，可降低高级醇含量，提高啤酒产品质量。

表3－5　　发酵温度与高级醇

发酵温度/℃	9	10	12	14
高级醇/（mg/L)	75.6	78.4	88.1	114.4

搅拌：快速发酵或搅拌发酵，会增加酵母细胞增殖倍数和加快酵母的代谢途径，使高级醇含量增高；低温加压有利于降低高级醇的含量。高级醇的形成主要在主发酵期，贮酒时变化不大，但贮酒时间过长则会使高级醇增加。

四、溶解氧

由于酵母属于兼性微生物，在有氧状态和无氧状态下均可以生长，但是在两种不同状态下的酵母其生理代谢活动迥然不同。麦汁充氧是为了满足酵母生成繁殖的需要，而充氧量与接种量、繁殖代数直接相关。当麦汁中氧消耗完后，酵母就从生长繁殖阶段进入酒精发酵阶段，高级醇的生成量就显著减少，这与生产实践中80%的高级醇是在生长繁殖阶段，即发酵的前两天生成相吻合。原因是生长繁殖阶段为有氧呼吸，能够合成组成细胞的大量中间产物，包括高浓度的α－酮酸，从而生成大量高级醇。酵母生长繁殖和发酵与麦汁中的溶解氧含量息息相关。在接种酵母后，向麦汁通气能加快发酵速度，但溶解氧量过高则会造成酵母快速繁殖，使啤酒发酵时高级醇含量增加（表3－6）。

表3－6　　溶解氧与高级醇

麦汁溶解氧/（mg/mL)	7	8	9	10
高级醇含量/（mg/L)	60.1	72.1	79.2	81.5

然而，前面述及的溶解氧与高级醇的关系是在正常发酵情况下。如果缺乏其他营养成分如泛酸或生物素等，都会抑制酵母的生长，使合成的 α - 酮酸过量，从而使高级醇的生成含量增多。总之，啤酒在发酵过程中高级醇的含量受较多因素影响。对啤酒酿造而言，应尽量控制高级醇的含量，防止高级醇生成量过高。

第六节　高浓发酵下的高级醇

20 世纪 70 年代，美国和加拿大采用高浓投料、高浓发酵、过滤前稀释的工艺，率先推出了高浓酿造啤酒。目前，国外仍在进行高浓酿造技术的纵深研究，麦汁浓度可提高至 18 ~ 24°P，稀释率已达 300%。啤酒高浓酿造技术能显著降低生产成本，提高产品淡爽度，满足激烈的市场竞争对降低成本的迫切需求，解决旺季生产能力不足等实际问题。然而，当稀释率达到一定程度时，酒样易产生水味、口味寡淡等不良风味，影响成品酒品质。与传统麦汁（ >12°P）相比，高浓麦汁（ >16°P）发酵产生更多醇类，尤其是异戊醇，因此控制高浓酿造工艺参数，尽量降低副产物含量是保证啤酒品质的重要环节。

高浓酿造啤酒的一个缺陷是风味难以与常浓酿造啤酒相比。原因在于高浓酿造啤酒在稀释至与常浓酿造啤酒乙醇浓度相当时酒体较淡，风味物质含量改变了。麦汁中的碳水化合物经酵母发酵代谢之后，除生成主要产物乙醇和 CO_2 外，还生成其他一系列化合物，其中许多是风味活性物质。酯和高级醇是含量最多的两类风味物质，其生成水平的改变对啤酒风味产生重要影响。啤酒中含量最丰富的酯类和高级醇是乙酸乙酯、乙酸异戊酯、戊醇。酵母菌株、发酵温度、压力、酵母接种量、麦汁凝固物、氧、脂肪酸、氨基酸含量以及某些金属离子等因素能够影响发酵中酯和高级醇的生成。麦汁中碳水化合物组成不同，经酵母代谢后生成的挥发物成分也有差异，发酵麦芽糖比发酵已糖（葡萄糖、果糖）生成的酯和高级醇要低。

一、高浓度啤酒发酵工艺

高浓 20°P 发酵后稀释为 12°P 的成品啤酒，其主要工艺流程如图 3 - 10 所示。

大麦麦芽→粉碎→糖化→12°P 麦汁→冷却（充氧，添加酵母）→主发酵→后贮→过滤→稀释水（充二氧化碳，脱氧冷却）→12°P→包装→12°P 成品啤酒

图 3 - 10　超高浓发酵总工艺流程图

发酵工艺如下所示：

（1）酵母添加量 13%，接种温度 10℃。

（2）为防止高温时高浓发酵过于猛烈而造成泡沫物质过量损失，在满罐第一天应保持 10℃低温，然后自然升温至 14℃进行主酵（±0.2℃）。

（3）当外观浓度降到 8°P 时，开始升压且控制在 0.08MPa。

（4）升压后排除酵母，以后根据实际情况每 2 ~ 3d 排一次直至滤酒。

（5）当双乙酰降到≤0.08mg/L 时，开始以 0.3℃/h 的速度降温至 4℃。

二、影响高浓度啤酒发酵产生高级醇的因素

与常规浓度啤酒发酵方法一样，高浓度发酵高级醇的生成受到啤酒酵母菌种、酵母接种量和增殖、麦汁成分、溶解氧、发酵条件（如发酵温度、发酵方法、发酵度）等的影响。由于诸多发酵条件里，温度对啤酒中高级醇生成量的影响显著，发酵温度越高，生成高级醇的量越多，因此，高浓度发酵多在低温下进行，控制在 10 ~ 14℃进行主发酵。低温发酵同时可以保证控制发酵程度，避免跑酒等损失。由于高浓麦汁的生产具有一定的特殊性，研究影响高浓度发酵产生高级醇的影响可以从原料的综合营养如糖类分析、营养盐等入手。其次，由于高浓度啤酒发酵对酵母的耐受性要求极高，因此也可以作为研究的重点之一。

（一）原料

如果高浓麦汁中氮源含量非常丰富，大量的氨基酸在酶作用下脱氨脱羧，生成比原来碳链少一个碳原子的醛，再还原成高级醇类。同时酵母大量繁殖，这个过程可以生成大量的高级醇。另一方面，如果原料营养不足，酵母需要利用麦汁中的碳源合成自身繁殖所需的营养物质，在这个过程中也会有大量的高级醇生成。

啤酒酿造糖浆要求较多的麦芽糖和较少的葡萄糖，因此大麦糖浆是首选的种类。超高浓麦汁糖浆 DE 值（Dextrose Equivalent，即葡萄糖糖值）越高，生成奇数聚合度低聚糖的机会越多，糖化后生成的麦芽三糖比例越高（表 3 - 7）。

表 3 - 7　　高浓度麦汁的糖类分析

麦汁浓度/°P	果糖/（g/L）	葡萄糖/（g/L）	麦芽三糖/（g/L）	麦芽糖/（g/L）
20	3.1	22.6	117.4	99.5

向麦汁里面添加麦芽糖浆来制备高浓麦汁的这个过程中，麦汁中除碳源外的其他营养物质受到了稀释，导致酵母所需的某些营养物质如氮源、生长素等含量不足，使酵母活性降低，从而给啤酒生产和啤酒的质量带来了一系列的负面问题。尤其是如果α - 氨基氮含量不足，会导致酵母易衰老，发酵不正常，双

乙酰还原不好，高级醇含量上升，最终生产出的啤酒口味淡薄无味，风味稳定性差。另外高浓环境的高渗透压也会使酵母过早凝沉，导致发酵异常。因此当向麦汁中大量添加麦芽糖浆进行高浓酿造时就有必要向酵母中添加酵母营养盐来补充酵母生长所必需的营养物质。20°P 啤酒发酵降糖曲线如图 3－11 所示。

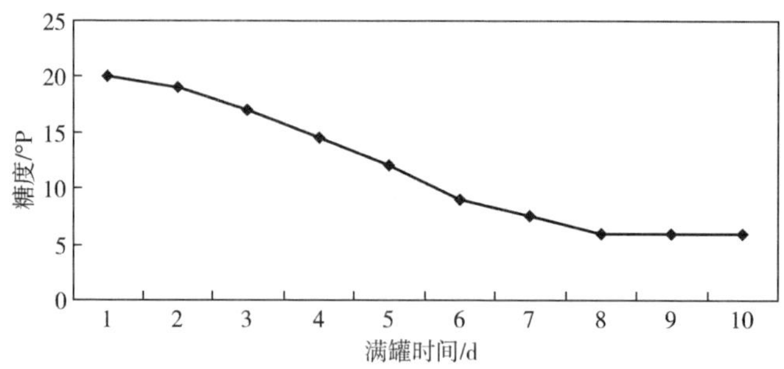

图 3－11　20°P 啤酒发酵降糖曲线

由于高浓度麦汁发酵加氧量也应提高，一般均用纯氧补充，加氧量达到 10mg/L 以上。适当提高主发酵温度可以促使旺盛发酵，必要时在发酵前期或中期还应补充氧。

原麦汁浓度对发酵液醇含量的影响如表 3－8 所示。醇的变化趋势比较单一，无论从单纯某种醇，还是从醇总量来看，其含量均与麦汁浓度成正比关系，但总醇酯比却明显低于常浓麦汁，约为 3.9∶1。这可能与啤酒中醇酯的形成有关，啤酒中醇酯主要在发酵过程中由酵母代谢产生，酯在酶的作用下可以形成醇和酸，由于此反应是一个平衡反应，啤酒中大量的醇和酸都可以反应形成酯。原麦汁浓度的变化直接导致麦汁组分发生改变，酵母细胞大小、活力及其发酵性能也会随之发生相应的变化。高浓麦汁中可发酵性糖类含量较高，酵母菌株的代谢性能直接影响了风味物质的组成和醇酯比的变化。

表 3－8　　不同原麦汁浓度下发酵液中高级醇含量　　单位：mg/L

麦汁浓度/°P	异戊醇	异丁醇	β－苯乙醇	总醇	总酯	醇酯比
8	50.2	8.3	25.0	83.4	15.8	5.2∶1
10	51.3	9.4	25.7	86.4	19.2	4.5∶1
12	57.4	9.9	30.0	97.3	21.0	4.6∶1
15	72.0	20.3	38.0	130.3	33.5	3.9∶1
18	81.5	31.5	40.1	153.1	39.1	3.9∶1
20	100.3	38.5	42.1	180.9	46.3	3.9∶1

（二）酵母菌种

超高浓酿造存在着酒精毒性、高渗透压及营养物质含量低等问题，使得酵母生长受到抑制，进而滞缓或停止发酵。如何提高啤酒酵母在超高浓环境下对高的酒精度和高的渗透压的承受耐力，使其在超高浓环境下正常发酵，这是超高浓发酵首先应解决的关键性问题。高浓酿造过程中，渗透压的增加、酒精含量的提高以及营养平衡的改变，都对啤酒酵母的性能产生较大的影响。主要表现在细胞形态的变化，细胞活性降低，发酵性能的降低，酵母使用代数降低，凝聚性变差，甚至酵母自溶等。研究发现增加高浓麦汁的接种量可以显著降低发酵最初数小时内细胞的死亡率，因此，应该适当增加酵母的接种量。

发酵中酵母细胞数变化，发酵 3d 酵母繁殖达到高峰期，其结果如图 3－12 所示。

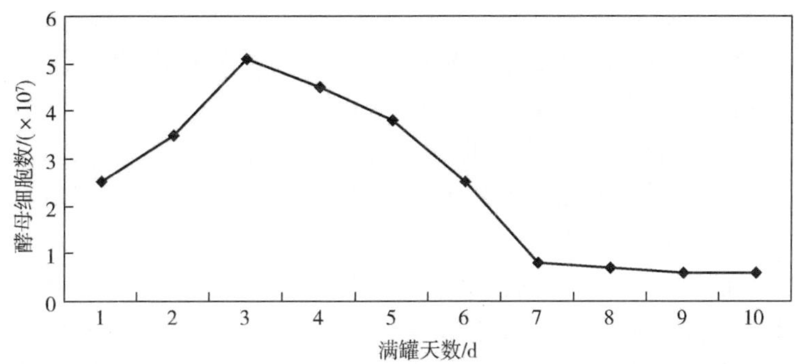

图 3－12　高浓度啤酒发酵酵母细胞变化图

由于高浓度中可发酵性成分在数量上的增多，所以生产中应尽量选用健壮的酵母，酵母接种量应适当提高。14°P 的麦汁可提高到 0.6% ~0.8%，16°P 的可提高到 1% 左右。当然酵母接种量还应根据酵母菌种、酵母的健壮程度以及接种温度等进行考虑，可先进行小型发酵试验加以确定，接种温度也应提高一些，以缩短起始发酵的时间。

某些金属离子对提高酵母在超高浓环境中的抗性有积极作用。如果高浓麦汁中含有较高的 Zn^{2+}，酵母对高浓的耐性会提高；提高 Mg^{2+} 水平也可提高发酵初始速率、促进对麦芽糖的吸收和乙醇的生成，提高酵母的活力；加入适量的不饱和脂肪酸可以提高对酒精的耐性，添加麦角固醇也可以达到这样的目的；海藻糖还可以作为渗透压保护剂以提高酵母对高渗透压的抗性。

三、高浓度发酵啤酒的稀释

高浓度发酵啤酒与普通啤酒在高级醇的含量上差别是巨大的（表 3－9），

20°P 的啤酒成品异戊醇含量高达 71mg/L（异戊醇是啤酒高级醇的主要成分）。由于其组成基本符合常规比例，因此可以以总醇总酯含量标准进行稀释。

表 3－9　高浓成品啤酒与普通啤酒高级醇含量对比

高级醇/（mg/L）	8°P	10°P	12°P	20°P
正丙醇	4.21	4.94	7.94	10.82
异丁醇	5.77	6.75	9.67	13.58
异戊醇	20.92	30.57	48.49	71.07

按照传统德国式啤酒酿造法，麦汁煮沸和冷却后称为“定型麦汁”。成品啤酒的计算中“原麦汁浓度”应和制造时的麦汁浓度一致，麦汁浓度是由原料加水比确定。有人提出了在糖化时加水和在发酵时加水或是在啤酒过滤的前后加水有什么不同？向传统的啤酒酿造法提出了挑战。20 世纪 70 年代美国、加拿大等国啤酒厂推出了“高浓度发酵，后稀释工艺”，即制备高浓度麦汁进行发酵，啤酒成熟后，在过滤前用经处理的含饱和 CO_2 的脱氧无菌水稀释成正常浓度的成品啤酒。在随后的二十多年里，在世界范围内高浓度啤酒发酵已逐渐被引进啤酒厂。今天，高浓酿造技术已为世界各地特别是北美洲啤酒厂家所广泛使用，目前在北美洲，采用高浓酿造方式生产的啤酒已经超过了传统酿造方式。发酵麦汁浓度已经提高到 18～20°P，乃至 30～36°P 的酿造，稀释度从 60% 提高到 300%。如此高的浓度酿造，糖化工艺、酵母选育、发酵技术、稀释水的处理均有特殊的要求，难度较大，但经济效益更显著，不过目前已投入生产规模的还是较多采用稀释度在 30%～60% 的技术。不同浓度啤酒稀释到同一浓度时高级醇的含量见表 3－10。

表 3－10　不同浓度啤酒稀释到同一浓度时高级醇的含量

稀释后/°P	稀释前/°P	异戊醇/（mg/L）	异丁醇/（mg/L）	β－苯乙醇/（mg/L）	总醇/（mg/L）
8	15	40.2	12.4	19.1	71.7
8	18	37.8	14.6	18.7	71.1
8	20	40.8	16.0	18.3	75.1
10	15	49.1	16.2	25.1	89.4
10	18	47.0	18.3	24.2	89.5
10	20	51.2	20.1	22.5	93.8
11	15	54.1	16.3	28.5.	98.9
11	18	52.1	20.1	26.2	98.4
11	20	56.1	22.2	23.8	102.1
12	15	60.1	17.2	26.1	103.4
12	18	56.6	22.1	26.9	105.6
12	20	59.5	23.2	28.3	111.0

在主酵结束进入后酵的同时进行稀释是简单又稳妥的一种方法，与前稀释一样对稀释水的要求无需与过滤前后稀释水那样，要求脱氧水补充CO_2，在后发酵的过程中由于酵母的继续发酵，既可以保证稀释水的混合均匀，又能保证水中氧气可供酵母的残余发酵被消耗，所以稀释水只要保证无菌和冷却到与后酵液同样的温度以及保证稀释水一定的硬度和pH，无需进行其他处理。过滤前稀释可提高后酵贮酒的能力，但稀释水必须进过有效地处理，即真空脱氧、过冷却、CO_2的饱和及酸化，过滤前稀释是将成熟的高浓发酵液与经处理的稀释水混合再静止1~2d进行过滤，这样稀释后不至于影响过滤速度，所以可以不受高浓发酵浓度的限制，只要糖化发酵条件许可，麦汁浓度可以较高。过滤后的高浓发酵液稀释对水处理的要求比较高，稀释水的质量对最终啤酒口味有很大程度的影响。为了保证混合均匀，必须有严格的计量混合器，以便在稀释过程中使稀释水与高浓发酵液混合比例稳定，高浓发酵液浓度不宜太高，因为太高的发酵液浓度会影响过滤的效果。稀释后最好用纯CO_2进行洗涤，并稳定6~8h以上。

几大类风味物质如有机酸、醇、酯和脂肪酸主要是发酵过程中产生的，稀释后其含量较理论值有所增加。高浓发酵液中的醇酯的变化趋势比较单一，其含量与麦汁浓度成正比，但总醇酯比却明显低于常浓麦汁，约为3.9∶1。醇酯是啤酒香味组分的主体物质，从醇酯角度分析高浓稀释啤酒口感谐调性可以从一侧面反映啤酒中总醇口感与总酯口感。

第七节　小麦啤酒中的高级醇

小麦啤酒是指以小麦芽为主要原料制成的发酵啤酒，与大麦芽啤酒不同，小麦啤酒的原麦汁浓度多在11%以上，其特点是酒精含量较高，泡沫性能好。小麦啤酒起源于德国，因其香味浓郁风格独特而得到迅速发展，仅在德国巴伐利亚州的小麦啤酒的企业就有100多家，德国的小麦啤酒约占全国啤酒产量的15%以上，市场份额约占30%。小麦啤酒营养丰富，富含各种矿物质、维生素等营养成分，果香浓郁，颇受广大消费者的欢迎。小麦啤酒很早以前便是“贵族啤酒”的代名词，15世纪时由于小麦的种植权一直掌控在贵族手中，所以在平民中一直没有得到普及，直到法国大革命之后才逐渐在德国巴伐利亚地区传播开来，但随着下面发酵技术的日益成熟，快速酿造啤酒的需求越来越强烈。德国的小麦啤酒小麦比例不低于50%，具有非常平衡的甜味，不像下面发酵黄色啤酒那样苦味占据主导，有着香蕉、苹果、香草的味道，又带有大众啤酒固有的麦芽和啤酒花味道。

小麦啤酒虽风味独特，但其高级醇含量高，饮后容易上头，对健康不利。高级醇作为啤酒中重要的风味物质，大约80%是在主发酵期间形成的，因此其含量主要受酵母菌种、麦汁成分、发酵工艺条件等因素的影响。麦汁是酵母生长繁殖发酵的营养基质，其中的α-氨基氮又是酵母同化的主要氮源。适量的α-氨基氮可促进酵母繁殖，生成适量的高级醇；α-氨基氮含量过高，氨基酸会通过降解途径形成过多的高级醇。因此，有必要控制α-氨基氮含量，以降低小麦啤酒中高级醇的生成量。

一、小麦啤酒发酵过程中各参数的变化

pH的变化。在发酵前期，pH急剧下降，而后期下降速度减缓，最后趋于稳定。这是由于小麦啤酒发酵法的发酵温度高，发酵强烈，产生的有机酸增多，导致pH下降得比大麦啤酒下面发酵法快，最终成品啤酒中pH也偏低。

酵母繁殖速率的变化。啤酒酵母性能的优劣直接影响着啤酒的质量，不同的酵母菌种，其代谢产物的种类和含量也有差异，从而导致形成啤酒的风味也有不同。小麦啤酒酵母繁殖速率比大麦啤酒快，在发酵第2d达到峰值。而且小麦啤酒上面发酵法的酵母繁殖峰值比大麦啤酒下面发酵法的高。上面发酵法温度较高，由于小麦啤酒麦汁接种量稍比大麦汁的多，故繁殖速度快，酵母数量大。

α-氨基氮的变化。α-氨基氮是反映麦芽发芽过程中受蛋白酶分解后形成的氨基酸以及低肽的量，是麦芽质量的评价指标之一。麦汁中α-氨基氮主要供给啤酒发酵时酵母的生长合成所需，当然，也是啤酒风味物质的来源之一。氨基氮的变化不但可以反映麦芽中蛋白质的分解程度，同时也显示了发酵过程中酵母的生长情况是否良好。小麦啤酒发酵过程中α-氨基氮低于大麦啤酒的下面发酵工艺，并且在发酵初期下降速度明显更快。这是因为上面发酵法温度比下面发酵法高，酵母繁殖速度快，对营养物质的需求较大，分解利用氨基氮的速度也快，故α-氨基氮的含量急剧下降。

发酵过程中双乙酰的变化。双乙酰是啤酒的重要风味物质，是反映啤酒成熟度的一项重要理化指标，其含量的高低直接影响着啤酒的成熟度和口味。2d达到最大值，双乙酰含量为2.06mg/L。此后双乙酰含量大量下降，这是由于酵母产生的酶系统还原了双乙酰。发酵10d以后，双乙酰含量下降速度变缓，这是因为进入发酵后期，双乙酰还原速度下降，直到发酵结束降到最低值，达到双乙酰含量为0.13mg/L，在啤酒口味阈值（约2mg/L）之内。

总酸含量的变化。总酸是指啤酒发酵过程中产生的脂肪酸以及其他有机酸的总量。啤酒中的酸包括挥发性及不挥发性的各种酸，酸类物质是啤酒的风味成分之一，啤酒中适度的总酸令其口感柔和清爽，总酸含量偏低时啤酒口感粗

糙，总酸含量偏高时，入口有不愉快的感觉。小麦啤酒发酵法中的总酸含量比下面发酵法的高，并且成品啤酒中的总酸含量也偏高，这与前面分析得到的 pH 的变化趋势是一致的。

乙醇的变化。乙醇是啤酒酵母在发酵过程中的主要代谢产物，是决定啤酒原麦汁浓度的一项重要的参数指标，也是决定啤酒饮用适口与否的品质指标，因此准确测定酒精含量对啤酒的质量有十分重要的意义。小麦啤酒发酵生成的总乙醇含量比大麦啤酒的高，这也是由于温度高决定了酵母的活性高，发酵力强，形成的乙醇也多。

二、不同 α－氨基氮含量对高级醇生成量的影响

麦芽汁中适量的 α－氨基氮能促进酵母细胞的快速增殖和健康生长，又能提高发酵力；而 α－氨基氮含量过低，会加速酵母糖代谢的进行，在糖类合成氨基酸的途径中，合成中间体 α－酮酸，经脱羧还原形成过多的高级醇；α－氨基氮含量过高，分解过多的氨基酸会脱氨生成 α－酮酸，再经脱羧还原形成过多的高级醇。α－氨基氮含量在 190～210mg/L 时，高级醇生成的量最低，为 183.69～187.06mg/L；过高或过低的氨基氮含量都会使高级醇的生成量增加。因此，为保证啤酒中高级醇含量低并使啤酒有较好的风味稳定性，应控制 α－氨基氮含量在 190～210mg/L 范围内。

三、麦芽汁制备工艺的优化

目前，工业制备小麦芽汁的常用工艺经浸渍、蛋白休止和糖化 3 个阶段，5 次程序升温，总耗时达 190min。由此工艺所制得麦芽汁的 α－氨基氮含量高达 252.13mg/L，造成其含量偏高的原因可能为：此麦芽溶解良好，蛋白质分解较完全，而 35min、50℃的浸渍及蛋白休止作用又进一步加强了蛋白酶的溶出及分解作用，所以使得麦芽汁中α－氨基氮含量过高。因此，为了使麦汁中含有适量的 α－氨基氮，在保证还原糖含量和浸出率不变的基础上，应调整麦汁浸渍的温度及蛋白休止时间，对麦芽汁制备工艺进行优化。不同制备工艺下获得的麦芽汁中 α－氨基氮含量均要在 190～210mg/L 范围内；还原糖含量和浸出率分别为 50.33g/L 和 85.39%，适合低高级醇含量小麦啤酒的酿造。

四、发酵工艺的优化

适度控制冷麦汁充氧量。麦汁中的溶解氧含量越高，酵母繁殖量越大，发酵过程中形成的高级醇量越多，反之则少。但溶解氧量太少时，将会导致酵母

繁殖量降低，不利于发酵的顺利进行。

选用优良的啤酒酵母。在同等发酵条件下，某些啤酒酵母会产生比其他酵母高3~5倍的高级醇含量，有的菌株产生高级醇含量达200mg/L，有的则为40mg/L。所以选择优良的酵母菌株是控制啤酒中高级醇含量的有效途径。控制酵母代数，使现有的生产菌株新鲜、健壮、死亡率低，控制酵母使用代数不超过5代，也能减少高级醇的形成。

适当提高酵母接种量。由于高级醇的生成主要是由于酵母代谢过程中的副产物。如果发酵时酵母增殖倍数大，则合成细胞蛋白质的副产物高级醇也会相应较高。因此，应适当提高酵母的接种浓度，控制酵母细胞的增殖数量，以期在一定程度上降低啤酒中高级醇的生成量。

降低接种及发酵温度。小麦啤酒接种温度较高（18℃），会使酵母快速繁殖，啤酒中产生较多的高级醇。降低至16℃接种，酵母增殖速度慢，其最高浓度也低，有利于降低啤酒中高级醇的含量。

适当提高发酵压力。为了降低成本，近代啤酒生产中，接种温度、主酵温度均比传统发酵温度高，一方面有利于缩短发酵周期，另一方面可以改变啤酒的风味。高温必导致高级醇含量增加，加压发酵可以实现高级醇生成的负调控。用密闭容器在二氧化碳背压下发酵，酵母繁殖明显减少，发酵副产物也相应减少。所以加压密闭发酵与高温发酵相结合既可缩短发酵周期，又可抑制大量高级醇生成。

后期贮存条件及时间：高级醇主要在主发酵阶段生成，在贮酒期间其变化不大，且在酒液中已形成的高级醇在贮酒期也不会被分解。实践证明，过高的下酒糖度和下酒温度，以及过长的贮酒时间会使高级醇量有所增加，特别是戊醇量使啤酒产生不应有的后苦味。啤酒在保质期内高级醇含量一般变化很小。但当成品瓶装酒受到日光暴晒时，啤酒会发生老化，异戊醇含量会降低，时间长时苯乙醇含量也会降低，但幅度较小。

第八节　高级醇与酯形成的关系

酯由醇和有机酸缩合而成，对于乙酸酯，乙酸（酰基CoA）是酸残基，乙醇或高级醇充当醇的部分。中链脂肪酸乙酯由中链脂肪酸和乙醇或高级醇构成。如上所述，大部分的高级醇形成于发酵的初期，因为这些组分要用来合成酯，所以高级醇要先于酯被合成，酯合成被推迟了。按照乙酰辅酶A池的碳源流向理论，当酵母菌生长开始下降的时候，酯的形成开始显著增长。酯形成是一个胞内过程并由酶催化（如醇乙酰基转移酶）完成，是反应较快的生化过程。最新的研究结果显示，酯类的形成不太可能来自于游离脂肪酸与乙醇的反应，因为诸如酯化反应速度太慢，无法说明酯类在啤酒发酵过程中过早出现的动力学特性，也无法解释有机酸在酯形成时并未产生足够的底物。相反，酯类可能通过两条途径生成。首先，来自乙醇或高级醇和脂酰基 CoA 酯的反应，是高效的酶催化反应。第二，由酯酶作用于相反方向的反应。由于第二条途径是酯形成的特殊方式甚至可以认为只是一种补充形式，因此，普遍认为第一条途径即乙醇或高级醇和脂酰基 CoA 酯的反应是主要酯生成途径。所以，高级醇是酯形成的重要底物之一，同时高级醇的含量的确影响酯类的产生，但能使高级醇生产增加的因素却不一定使酯的生成增加，却有可能使酯减少。因为影响酯生成的因素还有诸如乙酰辅酶 A、醇乙酰基转移酶等。而且，啤酒发酵过程中存在竞争性抑制，比如不同种类的高级醇同时存在，使各种酯的形成受到竞争性抑制。

一、高级醇是酯形成的底物之一

酯类形成包括的化合物有乙醇或高级醇、脂肪酸、CoA（CoASH）和酰基转移酶（即酯合成酶）。在这个反应中，脂肪酸预先与 CoA 结合而被活化，形成脂肪酰 CoA，然后同醇类反应，使醇类被酯化。合成酯类需要两种基质：醇和脂肪酸。虽然酯能够通过化学缩合反应生成，但这是在啤酒后期贮藏过程中可能发生的反应。在啤酒发酵过程中，酯的形成多数是依赖于酰基转移酶或者是酯合成酶的活性。醇乙酰基转移酶催化酯合成过程中，脂肪酸在反应前需要乙酰辅酶的激活，因此酯合成是一个需能过程。在酯的合成中存在几种酶，最近科学家利用酿酒酵母基因组数据库和相关分子生物学工具鉴定相关基因及酯合成的生理作用。最新的研究进展不单提供了关于细胞层面上的酯合成的见解，而且提供了一些基因调控的一般机制的解释。三个不同的负责乙酸酯合成的醇乙酰基转移酶（AATase）基因（*ATF*1，*LgATF*1 和 *ATF*2）已经从不同酵母中被成功克隆。第四个基因 *EHT*1 为醇已酰基转移酶。

二、高级醇与酯形成的关系

脂肪酰 CoA、高级醇和醇乙酰基转移酶在酯合成中的作用起着协同作用。发酵条件如温度、脂肪酸、氮源、氧等都是通过影响乙酰 CoA 的合成来影响酯类的形成。高级醇的高产突变株和转化菌株也能明显提高酯类的产量，如能过量表达支链氨基酸氨基转移酶的功能基因，可以多产 1.3 倍的异戊醇和 1.5 倍的乙酸异戊酯。高级醇的含量的确影响酯类的产生，如向麦汁中补充 3 - 甲基丙醇可以提高相应的乙酸酯类和乙酸异戊酯的含量。Calderbank 等人报道，当向正常浓度和低发酵力的麦汁中加入 3 - 甲基丁醇（1 ~ 400mg/L，未达饱和时），乙酸异戊酯明显增加。高级醇和酯主要在主发酵阶段生成。在发酵的后期，当高级醇生成达到一个稳定值后，大量的酯仍然在合成。高级醇与酯的形成是一个明显的错峰关系，这就很好地解释了高级醇作为酯合成底物的基本关系。在啤酒发酵过程中，任何刺激酵母生长的条件将会增加高级醇的生成，但是增加酯合成的底物，却不一定能促进酯的形成。即能使高级醇生产增加的因素却不一定使酯的生成增加，比如高的溶氧和不饱和脂肪酸水平可以增加高级醇的含量，却会降低酯类的形成。啤酒发酵过程中存在许多酯，每个不同的活化脂肪酸都可能有自己的特殊酶。在这种情况下，如果几个脂肪酰 CoA 化合物同时存在时，竞争性抑制作用就会发生。如果同时有几种醇存在，它们也以相同的方式竞争，因此，高级醇的种类可以决定合成酯的种类。

三、醇酰基转移酶 AATase 的活力是决定酯类合成的决定性关键因素

高级醇仅以底物形式参与乙酸酯的合成，醇酰基转移酶 AATase 的活力是决定酯类合成的决定性关键因素。实验证实，发酵过程中醇酰基转移酶的活力变化模式与酯类产生的变化模式相似。此类酶的活性会因培养基中的氧或不饱和脂肪酸含量的提高而受到抑制，这就意味着，醇酰基转移酶编码基因 *ATF*1 的转录可以被不饱和脂肪酸和氧的增加抑制。另外。有研究表明，*ATF*1 的活性还受蛋白激酶 Sch9p 和蛋白激酶 A（PKA）的调节。这些激酶调节基因的转录水平是受碳、氮、磷含量变化影响的。Sch9p 主要对与细胞生长、胁迫反应、糖原和海藻糖代谢等相关的基因有影响。Verstrepen 证实，使 ATF 基因过量表达可以使普通麦汁发酵产生的乙酸异戊酯和乙酸乙酯的含量提高 5 倍以上。这佐证了啤酒酿造过程中影响酯类合成的关键因素是醇酰基转移酶的活力的高低，而非底物的浓度。因为醇酰基转移酶的活性主要由 ATF 基因的表达水平决定。可见，最终决定乙酸酯类合成的关键限制因子是 ATF 的转录水平。当然，强调基因表达的关键作用，并不是说反应底物浓度的调节作用可以完全被忽视。虽然，理论上通过加深对影响酯类产生因素的了解，可以实现对成品啤酒中酯类含量的有效调控，但由于影响 AATase 活性（目前存在多种调控表达的机理）和底物浓度（受碳代谢、氮代谢和脂肪酸代谢的影响）的因素太多且相互制约，试图在啤酒厂实现酯类的精准调控仍然比较复杂和困难。

中链脂肪酸（MCFA）乙酯的生成速度依赖于两种基质（酰基辅酶 A 组分和乙醇）和包括合成和水解 MCFA 乙酯的酶的总活性。但是，通过过量表达乙酯合成基因的手段加强酶活性仅仅轻微影响乙酯生成。酶活性明显不是乙酯生成的限制性因素，这与乙酸酯的生成是相反的。

第九节　啤酒中高级醇的检测

啤酒为多组分风味体系，高级醇和酯类是影响啤酒风味的最主要因素。准确检测啤酒中的高级醇和酯类物质对于啤酒生产企业控制产品质量十分关键，而可靠和灵敏的检测技术则是分析啤酒高级醇和酯类物质的前提。啤酒风味成分复杂、种类较多，因此对其各种风味成分的分析较为困难，国内外所采用的分析检测手段也各不相同。目前，检测啤酒中风味物质的方法主要是利用液相和气相色谱技术。检测酒类挥发性风味物质的分析方法有分光光度法、毛细管气相色谱法、毛细管气相色谱—质谱联用法、顶空进样法、气相色谱—嗅觉测量计等方法。目前应用较为广泛的是毛细管气相色谱—质谱联用法，能较好地分析检测大部分香气成分。

由于啤酒黏度较大，含有大量的不挥发性物质，例如蛋白质、糖类等物质，所以在应用气相色谱法分析检测时，一般都要对啤酒样品进行预处理，很少采用直接进样的方式。因此需要通过一些技术手段对啤酒样品进行处理，常采用的预处理方法有顶空法、固相微萃取、蒸馏以及溶剂萃取等方法。再结合气相色谱进行检测，相应地分别称为顶空气相色谱法、固相微萃取气相色谱法、蒸馏气相色谱法和溶剂萃取气相色谱法。其中顶空法又有静态法和动态法之分，而静态顶空气相色谱法是检测小麦啤酒中挥发性风味物质最常用的方法，只需将啤酒样品置于顶空瓶中，用胶塞密封好后开始加热，风味物质挥发进入顶空瓶的顶空部分，待液面上方的气相与液相达到分配平衡后，此顶空的一部分被进样针自动提取进入气相色谱柱，再从其他组分中分离并被氢火焰离子检测器检测，通过测量的样品峰面积对比标准曲线，进行定量分析。

一、样品处理

近年来国内啤酒行业对啤酒风味稳定性越来越重视，因此对啤酒香味成分的分析就显得尤为重要了。随着气相色谱技术的发展与普及，以较低的费用对啤酒中挥发性物质进行检测成为可能。利用气相色谱技术对啤酒中各种挥发性物质进行分离与检测本身并不难，但由于啤酒中含有较多的糖类、不挥发酸、氨基酸等不挥发性化合物，还有大量的水分，直接进样会污染色谱柱，因而必须选择适合的方法将风味物质从啤酒中分离出来。应用气相色谱法对啤酒中挥发性物质进行检测的前处理，主要方法有蒸馏、顶空进样、有机溶剂萃取等。这几种方法各有利弊，各实验室应根据分析要求和各自条件酌情采用。由于二氧化碳对检测结果有影响，取样前需要除去啤酒中的二氧化碳。

1. 蒸馏法

蒸馏法的优点是操作比较简单，便于操作；缺点是某些组分会有损失，特别是沸点较高的组分，损失会更大。但对于沸点较低的醇类、酯类及羰基化合物来说，这种方法基本上可以接受。但在蒸馏过程中避免不了会有水分馏出，而且时间较长，在蒸馏过程中啤酒样品容易爆沸。

2. 顶空进样法

具有挥发性的物质在某种溶液中的挥发能力可以用蒸气压表示。顶空进样是在温度一定的条件下，将有一定量挥发性组分的液体存放于一定体积的密闭容器中，放置足够长的时间后，使气液达到平衡。因此，只要吸取液面上的组分进行分析，就可以测出其在溶液中的浓度。

顶空进样法的误差来源至少有以下几方面：由于挥发性物质的蒸气压与环境温度及溶剂性质有关，除了控制温度，在检测过程中，因为待测组分是溶解在啤酒中的，啤酒就相当于溶剂；而配制标准溶液时所用溶剂不是啤酒，会使同一组分因在两种不同溶剂中的蒸气压不同而产生误差。由于是取液面以上的气相部分，使取样量的重复性降低。再因为啤酒中高级醇的含量本来就很少，挥发到空气中的就更少，如果直接进样，将难以检出样品中含量相对较少的组分，即使检出也很难定量。为了更好地进行分析，顶空进样已由静态顶空进样发展到顶空自动进样以及吹扫—捕集等多种方式。

3. 吹扫—捕集法

吹扫—捕集法能将顶空蒸气中的待测组分有效浓缩，并用于色谱分析。其主要过程是试样的稳定、吹扫、吸附与解吸、进样这四步。首先取一定量的样品于样品瓶中，在一定的温度下保持一定时间，以使待测组分在气液两相间达到平衡；用惰性气体将顶空蒸气吹扫至冷阱中，待测组分在冷阱中被冷却、吸附完毕后，冷阱被快速加热而使待测组分解吸出来，解吸后的样品被送到 GC 进样口进样。这个方法操作简单快速，能较好地反应样品的成分，代表性强，接近人们所嗅到的化学成分本质和样品的真实风味，但设备复杂、昂贵、技术要求高。

4. 溶剂萃取法

用有机溶剂萃取啤酒中的挥发性有机物质用于气相色谱分析是可行的，且这种方法能对样品中的待测组分进行富集。有参考文献用三氯化碳或石油醚作为溶剂对啤酒样品进行多级萃取，以萃取液进行气相色谱分析。三氯化碳的萃取效果不及石油醚。用石油醚萃取液进行气相色谱分析，可定性出甲醇、正丙醇、异丁醇、乙醛、乙酸乙酯、丁酸乙酯等组分，但用这两种溶剂都未能定性出异戊醇。由于高级醇类均溶于正己烷，且又能有效地将醇类与水和其他不挥发性物质分开，正己烷萃取可以有效地将所需物质分离出来，操作方便简单，所以本实验选择溶剂萃取法，用正己烷萃取所需物质。

二、分光光度法

高级醇的检测方法目前主要有分光光度法和气相色谱法，在检测酒类风味物质的研究实验中，有对于分光用许多不同检测器，分光光度法的检测波长不同的报道，可对显色后的高级醇标准溶液和黄酒酒样进行可见光区的全波长扫描，以确定其检测波长。

三、气相色谱法

气相色谱分析法主要应用于气体和沸点低于 400℃的各类混合物的快速分离分析。采用毛细管作为气相色谱分离柱，是由于其为空心柱阻力小，且长度可达百米，载气气流以单途径通过柱子，消除了涡流扩散现象。另外，由于固定液直接涂在管壁上，总柱内壁面积较大涂层薄，气相和液相传质阻力降低，因此，毛细管柱具有分离效率高、分析速度快、色谱峰窄、峰形对称等优点。毛细管具有很高的分离性能，可满足大部分的分析任务。

由于在此研究的是低沸点有机化合物，它们都具有可燃性，因此可以用氢火焰离子化检测器（FID）。氢火焰离子化检测器具有很高的灵敏度，对有机化合物的检测特别有效，其结构简单、稳定性好、响应迅速、线性范围宽，是目前应用较广的气相色谱检测器之一。但是，氢火焰离子化检测器对无机气体、水等含氢少或不含氢的物质灵敏度低或不响应。

毛细管气相色谱法又分内标法和外标法，内标法一般适用于结果准确度要求相当严格的检测，测定过程中要添加内标物，操作比较繁琐。本实验采用峰面积外标法测定高级醇，外标法要求操作条件稳定，最好由同一个人操作进样，这是相对于内标法的不足之处，但对于大批量的样品，外标法会比内标法简便、省时。采用外标法检测，所配制的标准溶液浓度要求与样品接近。

四、气相色谱—气味检测技术

采用气相色谱—气味检测技术（GCO 法）对啤酒中的风味成分进行分析，其优点是利用气相色谱的高分离效能，将啤酒中复杂的风味组分分离成单个的化合物，毛细管柱的出口一分为二，一个接 FID 检测器进行常规的定量，另一个接气味检测器，通过人的嗅觉鉴别单个成分的风味特征。GCO 法与其他分析手段相结合，如气相色谱—质谱联用法，可以鉴别啤酒中具有明显风味特征的成分，如异戊醇、β – 苯乙醇、酯类、老化羰基化合物及杀菌剂味、硅藻土吸附的风味物质、易拉罐内层涂料引起的异味等风味物质。

五、气相色谱—质谱联用法

气相色谱—质谱联用法是有机物定性、定量分析的有效工具。其色谱仪部分与一般的色谱仪基本相同，只是不用色谱检测器，而是改用质谱仪作为色谱的检测器。在色谱仪部分，在适宜的色谱条件下将混合试样分离成单个组分，然后进入质谱仪进行鉴定。

六、固相微萃取技术（Solid Phase Microextraction，SPME）

SPME 是一种应现代仪器的要求而产生的一种新型无溶剂样品前处理技术，不仅能够分析更多的物质，而且几乎克服了以往传统样品预处理技术的所有缺点，集采样、萃取、浓缩、进样于一体，便于携带，真正实现样品的现场采集和富集。SPME 的快速、简便、不用溶剂等优点，非常符合食品和发酵工业中质量控制的分析要求，因此本章研究拟定建立基于 SPME 样品前处理技术的 GC 分析方法（SPME - GC），用于准确定性定量分析啤酒中的高级醇和酯。利用固相微萃取对目的物进行富集时，目的物的萃取效率是需要考虑的主要因素，而影响萃取效率的因素有很多，如涂层的极性、萃取温度、解析时间等。

七、溶剂萃取气相色谱法实例

1. 实验材料

啤酒：灌装青岛 2000（下面发酵），购自超市；干燥空气罐（氮纯度 79%）：海口金厚特种气体有限公司；高纯氮罐：海口金厚特种气体有限公司；气相色谱仪：Agilent Technologies GC - 6890N；毛细管色谱柱：DB - 1701（30mm × 0.32nm × 1μm，Agilent Technologies）。

2. 实验试剂

GR 级正丙醇，GR 级异丁醇，GR 级异戊醇，GR 级活性戊醇，GR 级 β - 苯乙醇，购自阿拉丁试剂公司；GR 级无水乙醇，购自广州化学试剂厂；GR 级正己烷，购自天津市百世化工有限公司。

3. 样品前处理

取啤酒样品 50mL 于 150mL 具塞锥形瓶中，用塞子盖上轻轻摇晃片刻，将塞子打开放气，会有“噗噗”声，继续盖上塞子摇晃，再将塞子打开放气，重复以上步骤，直到将二氧化碳排完，过滤。取 100mL 的萃取柱，加入 5g 无水氯化钠，倒入已除气的啤酒，加 10mL 正己烷，充分摇荡，静置 2h 后，取 5mL 上清液用于进样。啤酒样品处理过程浓缩了 5 倍。

4. 高级醇的定性

在 10mL 容量瓶中，用无水乙醇作溶剂，配制各种单一标准高级醇溶液，分别取 1mg 正丙醇、异丁醇、异戊醇、活性戊醇、β－苯乙醇等于五个不同容量瓶中，用无水乙醇定容至 10mL，配制浓度 100mg/L。将各种单一标准高级醇溶液分别进样，记下保留时间。

5. 高级醇定量

根据参考文献数据预测啤酒中含有：异戊醇 30 ~ 100mg/L，活性戊醇 15 ~ 30mg/L，β－苯乙醇 5 ~ 80mg/L，异丁醇 15 ~ 30mg/L，正丙醇 5 ~ 25mg/L。根据以上数值，计算出啤酒中各高级醇的浓度，按表格中数据配制混合标准高级醇溶液作为高级醇标准储备液，用无水乙醇定容至 100mL。配制浓度见表 3－11。

表 3－11　　高级醇标准储备溶液配制

高级醇	密度/（g/mL）	质量/g	浓度（mg/L）
异戊醇	0.810	0.972	9.720×10^3
活性戊醇	0.816	0.245	2.450×10^3
β－苯乙醇	1.013	0.709	7.090×10^3
异丁醇	0.810	0.241	2.410×10^3
正丙醇	0.804	0.161	1.610×10^3

取配制好的标准高级醇储备液，按以下步骤配制成不同浓度的标准高级醇溶液。

（1）取 1mL 标准储备液于 10mL 容量瓶，并用无水乙醇定容至 10mL，配制成高级醇标准溶液，待用。

（2）从标准高级醇溶液中取 1mL 加入 10mL 容量瓶，用无水乙醇定容，稀释成 10 倍标准高级醇溶液，用于进样，进行定量分析。

（3）从标准高级醇溶液中取 0.25mL 加入 10mL 容量瓶，用无水乙醇定容，配制成稀释 4 倍的高级醇标准溶液，取 1μL 进样。

（4）取标准高级醇溶液 5mL 于 10mL 容量瓶中，用无水乙醇定容，稀释成 2 倍的高级醇标准溶液，取 1μL 进样。

采用峰面积外标法，分别建立标准曲线，利用线性方程及稀释倍数计算定量结果。

6. 色谱分离条件

柱温程序：初始温度 45℃，恒温 1min 后以 6℃/min 升温至 120℃，继续以 10℃/min 升温至 220℃；载气为高纯氮气，载气压力为 0.6MPa；空气流速为

450mL/min；氢气流速为25mL/min，分流比为50：1，进样口温度为200℃，进样量为1μL。

7. 利用保留时间定性分析

根据所设置的色谱条件，各高级醇组分能够达到较好的分离效果，按出峰先后顺序依次为乙醇、正丙醇、异丁醇、异戊醇、活性戊醇、β－苯乙醇，总分析时间为23.5min，图3－13为标准高级醇溶液色谱图。对照高级醇标准品色谱图各组分的保留时间（表3－12），可以确定样品中高级醇组分。由图3－13可以看出，在上述色谱分离条件下，各组分出峰分离效果较好。

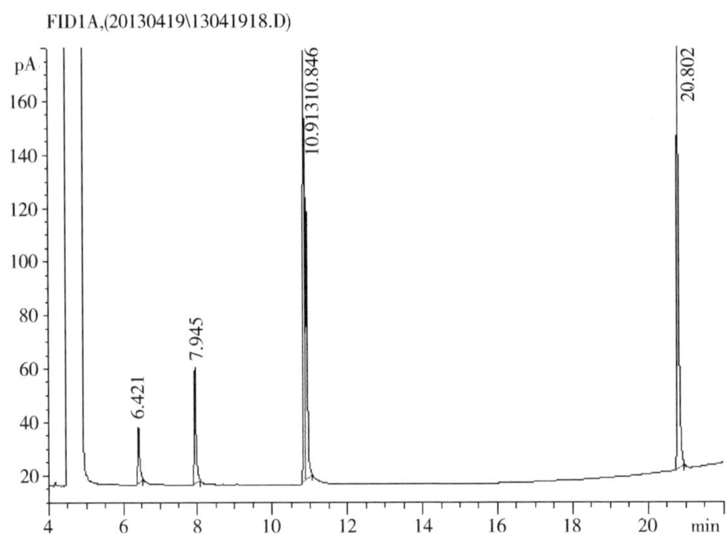

图3－13　适宜条件下分离标准混合高级醇分离色谱图

（图中按出峰顺序分别为：正丙醇、异丁醇、异戊醇、活性戊醇、β－苯乙醇）

表3－12　高级醇各组分的保留时间

编号	组分名称	保留时间（mean ± SD）/min
1	正丙醇	6.441 ±0.020
2	异丁醇	7.959 ±0.014
3	异戊醇	10.852 ±0.012
4	活性戊醇	10.919 ±0.006
5	β－苯乙醇	20.808 ±0.007

在标准混合高级醇溶液分离色谱图中，正丙醇、异丁醇、β－苯乙醇等都被有效分离，但是异戊醇和活性戊醇却不能完全被分离。原因可能是因为异戊醇与活性戊醇极性接近，而且两者沸点也较为接近，所以导致峰形底部重叠，未

完全分开。

在相同的色谱条件下，通过对比啤酒样品中具有与标准混合高级醇相同的色谱峰，确定啤酒样品中各高级醇的出峰位置。

8. 高级醇的回归方程、线性范围

将不同浓度的高级醇标准溶液从低到高浓度依次进样，每个浓度的标准溶液平行进样 3 次，记录各组分的峰面积，结果如表 3 - 13 所示。外标法也称为标准曲线法，将不同浓度的标准混合高级醇溶液进行色谱分析，以标准品峰面积与浓度之比求得线性回归方程（Y：峰面积，mv. s；X：含量，mg/L）、线性范围、相关系数。结果见表 3 - 14 所示。

表 3 - 13　　不同稀释倍数各高级醇组分峰面积/mv. s*

高级醇组分	稀释 10 倍	稀释 4 倍	稀释 2 倍	高级醇标准液
正丙醇	6. 8	10. 8	18. 1	32. 3
异丁醇	4. 7	11. 4	30. 2	56. 4
异戊醇	16. 3	35. 8	99. 7	176. 2
活性戊醇	14. 5	30. 3	70. 2	128. 6
β - 苯乙醇	23. 2	51. 2	121. 0	227. 0

* mv. s 为毫伏 . 秒。本文采用 Agilent Technologies GC - 6890N 色谱仪，相同浓度于不同仪器得到的峰面积不一致主要是因为仪器的 ATTN 不一致（即 mv 值发生变化）。（表 3 - 15、表 3 - 16 同）

表 3 - 14　　高级醇各组分的回归方程、线性范围

组分	回归方程	线性范围	相关系数
正丙醇	$Y = 0.1766X + 3.8485$	16. 1 - 161. 0	0. 9999
异丁醇	$Y = 0.2273X - 0.0222$	24. 1 - 241. 0	0. 9926
异戊醇	$Y = 0.1783X - 0.8695$	97. 2 - 972. 0	0. 9860
活性戊醇	$Y = 0.5148X + 1.3519$	24. 5 - 245. 0	0. 9961
β - 苯乙醇	$Y = 0.3081X - 1.8150$	70. 9 - 709. 0	0. 9950

外标法不使用校正因子，准确性较高，但操作条件变化对结果的准确性影响较大，对进样量的准确性控制要求较高，由于条件限制，此次试验是由手动进样完成，所以标准曲线相关系数有较小波动。

9. 标样重现性的测定

对高级醇标准溶液平行进样 5 次，测定结果及标准差、变异系数，如表 3 - 15 所示。

表 3－15　分析方法的精密度/mv. s

高级醇	测定值					平均值	标准误差	变异系数/%
正丙醇	32. 60	33. 80	30. 40	32. 40	32. 70	32. 40	1. 10	0. 24
异丁醇	54. 80	57. 50	56. 90	56. 20	54. 90	56. 10	1. 01	0. 24
异戊醇	176. 20	175. 80	176. 50	173. 80	176. 30	175. 70	1. 06	0. 22
活性戊醇	128. 10	129. 20	128. 50	132. 50	128. 10	129. 30	1. 66	0. 37
β－苯乙醇	226. 90	227. 30	226. 70	229. 40	226. 80	227. 40	1. 01	0. 23

由表 3－15 可以看出，气相色谱法的变异系数在 0. 22%～0. 37%。可见，气相色谱法的精密度较高。

10. 啤酒高级醇检测

取处理好的啤酒样品，平行进样 3 次，测出啤酒高级醇含量。啤酒中各高级醇的峰面积如表 3－16 所示。啤酒样品中的高级醇含量如表 3－17 所示。

表 3－16　啤酒样品的峰面积/mv. s

高级醇	正丙醇	异丁醇	异戊醇	活性戊醇	β－苯乙醇
样品 1	9. 5	2. 2	26. 1	13. 1	9. 7
样品 2	9. 4	2. 2	25. 6	13. 0	8. 8
样品 3	10. 3	2. 4	27. 9	14. 3	10. 4
平均值	9. 7	2. 3	26. 5	13. 5	9. 6

表 3－17　酒样中高级醇的含量

高级醇	正丙醇	异丁醇	异戊醇	活性戊醇	β－苯乙醇
含量/（mg/L）	6. 6268	3. 0354	33. 1551	4. 6041	6. 3258

根据参考文献知，啤酒中异戊醇含量最高，其次是β－苯乙醇和活性戊醇、异丁醇，正丙醇最少，从表 3－16 可见，异丁醇含量异常，其原因可能是萃取不完全，导致其测出含量较小。由于高级醇是易挥发组分，在样品前处理过程中会有部分组分挥发，从而影响高级醇各组分含量。

根据参考文献数据啤酒中含有异戊醇 30～100mg/L，活性戊醇 15～30mg/L，β－苯乙醇 5～80mg/L，异丁醇 15～30mg/L，正丙醇 5～25mg/L。本次试验所测出正丙醇、异戊醇、β－苯乙醇的含量均在参考文献所提的范围内，而异丁醇和活性戊醇的含量偏低，异丁醇可能在样品前处理过程中损失，而活性戊醇也许与异戊醇未能完全分开而影响检出含量，是色谱条件的问题。

第四章 啤酒中的酯及其形成

啤酒是一种以麦芽为主要原料的发酵饮料，在发酵过程中酵母除了产生酒精和二氧化碳外，还生成了大量副产物，这些副产物多是风味物质，如有机酸、高级醇、酯、醛等。这些风味物质构成啤酒的风味主体。其中最具代表性的物质就是酯，啤酒中酯的种类繁多，但总的含量并不高，但由于其阈值低，对啤酒风味影响很大。在啤酒发酵过程中，酯在酵母细胞内生成并分泌出体外。在发酵前期，酯伴随其底物高级醇的大量形成而生成，并在达到峰值之后一段时间内稳定在一定区间。酯的形成与底物（高级醇和乙酰辅酶 A）浓度及合成酶有关。其中酯合成酶即醇乙酰基转移酶（AATase）是酯合成过程中最重要的合成酶，其活力是决定酯类合成的决定性关键因素。

挥发性的活性酯类形成了啤酒中最大的一群风味物质，它们主要形成水果样风味。酯是微量物质，但它们却是风味物质中极其重要的。啤酒中超过 100 种不同的酯被鉴定，它们可以被分成两大类：乙酸酯和中链脂肪酸乙酯。总的来说，酯由醇和有机酸组成。对于乙酸酯，乙酸（酰基 CoA）是酸残基，乙醇或高级醇充当醇的部分。中链脂肪酸乙酯由中链脂肪酸和乙醇或高级醇构成。如上所述，大部分的高级醇形成于发酵的初期，因为这些组分要用来合成酯，所以酯合成被推迟了。当酵母菌生长开始下降的时候，酯的形成开始显著增长。酯形成是一个胞内过程并由酶催化（如醇乙酰基转移酶）完成。它们形成于发酵阶段并有赖于酶的活性和可利用的乙酰 CoA 的数量。而这两个参数在酵母生长过程中起到相反的作用。在酵母正常生长过程中，酶的含量是高的，而相反乙酰 CoA 却减少，成了酯生成的一个限制因素。控制酵母适中生长，可以取得最高的酯类生成水平，然而在实际生产中却很难实现。其他主要影响酯合成的主要因素是温度，增加温度也增加了酯的合成。

酯类能够经过化学缩合反应形成。但是，从生化反应速度和啤酒发酵的持续时间考虑，在啤酒中酯类的化学缩合反应需要的时间要长得多，因此，从这个途径（化学缩合）产生酯类将不太可能。啤酒中的酯类主要是通过生化途径产生的，在酵母生长的旺盛期，通过一系列生化反应生成。如前所述，酵母代谢过程中存在一种核心物质：乙酰辅酶 A。它涉及啤酒发酵时酵母正常生长所需要的类脂生物合成、氨基酸生物合成、脂肪酸生物合成和三羧酸循环等重要的生化途径的关键环节，同时影响着啤酒发酵副产物酯类的形成。在一定的发酵条件下，乙酰辅酶A池（酵母细胞内所含有的乙酰辅酶A的可利用总量）的大小决定着酵母生长能力的大小，同时决定着产酯能力的大小，由其代谢流向决定酵母的代谢的某一个环节是以生成细胞组分为主或者产酯为主。如果处在麦汁满罐阶段，提供了充足的可利用氮源、碳源、溶解氧，啤酒酵母开始旺盛生长，需要大量合成细胞器所需的各种组分如脂肪酸、甾醇等，此时乙酰辅酶A池就会优先流向酵母细胞生化途径中的生长路径；如果处在发酵后期，麦汁中营养成分被大量消耗，酵母细胞由于受发酵产物抑制，生长速度大幅减缓，不再需要大量的细胞合成组分，此时乙酰辅酶A池就会伴随酵母细胞转入无氧代谢而流向产生大量代谢副产物的产酯阶段。涉及酯生物合成的催化酶主要是醇乙酰基转移酶（AATase），人们在与该酶相关的领域进行了大量研究，三个醇乙酰基转移酶（AATase）基因的缺失实验证明：单个，两个或三个基因缺失均不影响酵母的生长，然而，其中一个基因的中断将导致中链脂肪酸乙酯的减少，中断基因数越多，将加剧中链脂肪酸乙酯的减少，因此，醇乙酰基转移酶是酯合成的关键因素。高级醇的高产突变株和转化菌株也能明显提高酯类的产量，证明高级醇是酯合成的关键底物之一，高级醇的含量的确影响酯类的产生，但是能使高级醇生产增加的因素却不一定使酯的生成增加。高级醇作为必需底物参与酯合成，与乙酰辅酶A和醇乙酰基转移酶起协同作用。

第一节　啤酒中酯的种类

酿造酵母通过碳水化合物的代谢作用产生除了主要产物二氧化碳和乙醇以外的许多化合物，其中一些风味活性物质构成了啤酒的风味和香气。如比尔森啤酒（典型的下面发酵淡色啤酒，因生产于捷克波希米亚的比尔森啤酒厂而得名）至少有二十种被认为重要的风味化合物。这些化合物包括高级醇、酯类、有机酸、醛类、连二酮和硫化物，酯类是其中最重要的一部分。正是酵母体内挥发性的脂肪酸酯的合成引起工业化的广泛关注，因为这些组分的出现代表了发酵饮料中的水果气味。在啤酒工业的上面发酵法啤酒中，酯的香味尤其突出，如强烈的乙酸酯香味。作为酵母代谢产物，酯类组成了可能是啤酒的中最重要的有效风味组合。啤酒中大约有100种经明确鉴定的酯类。酯类赋予啤酒花香和水果风味及气味。影响啤酒质量的关键酯类包括乙酸乙酯（水果溶剂味），乙酸异戊酯（香蕉苹果味），乙酸异丁酯（香蕉水果味），已酸乙酯（苹果茴香味），2-乙酸苯乙酯（玫瑰蜂蜜苹果味）。

酯类是酒精饮料中风味组分比重最大的一群。在啤酒中，主要的酯是乙酸乙酯、乙酸异丁酯、乙酸异戊酯、乙酸苯乙酯和 C_6-C_{10} 中链脂肪酸（MCFA）乙酯。因为不同酯的风味阈值并不相同，因此，单个酯水平比总酯水平更为重要。对大多数啤酒而言，在这些酯中，只有乙酸异戊酯浓度是高于阈值水平的。乙酸异戊酯因此被认为是啤酒水果香味的主要贡献者。

在现代酿造中，很多新工艺都容易造成酯类风味不佳的问题，如使用大型锥型罐进行高浓酿造就会引起乙酸酯类产生过多的问题。有研究表明，20°P 麦汁发酵稀释成 12°P 啤酒比直接 12°P 麦汁发酵生产 12°P 啤酒，乙酸酯类高出 75%。为获取更多的有关啤酒酯类形成的手段，克服高浓酿造、大罐酿造对啤酒酯类带来的负面影响，人们进行了大量的研究，对啤酒酯类形成的生化反应实质进行了探究。

尽管啤酒中的酯类含量不高，但其对啤酒风味谱的影响非常大。最重要的酯类是乙酸乙酯（溶剂味）、乙酸异戊酯（水果、香蕉味）、乙酸异丁酯（水果、香蕉味）、己酸乙酯（水果、苹果味）、辛酸乙酯（苹果味、甜感）、乙酸苯乙酯（花味、玫瑰味、蜂蜜味）。通常啤酒中适量的乙酸乙酯、乙酸异戊酯、己酸乙酯等会给啤酒带来酯味和酒香味，同时它们还具有风味协同作用使酒体丰满谐调。乙酸乙酯是啤酒中含量最高、最主要的酯类之一。和乙酸异戊酯两者之和占啤酒中总酯量的 80% 以上，称为两大酯。当啤酒中乙酸乙酯含量或乙酸异戊酯偏低时啤酒香味不纯正，有气味缺陷，酒花香和醇香较强，酒体整体香味不谐调。当己酸乙酯含量偏低时酒花香比较浓郁，酒体香降低接近低度白酒的香味，脱离了啤酒对香味的要求，产生气味缺陷。

一、其他酒类中的酯

乙酸乙酯是啤酒中含量最高的酯，在一般情况下，有些研究会以乙酸乙酯含量代替总酯水平。在白酒工业中，乙酯类物质是白酒香气的主体部分，各种乙酯具有各自的香气特征，若白酒中各种酯类较多，特别是乙酸乙酯、乳酸乙酯、己酸乙酯，香气浓郁纯厚，回味悠长，这类白酒称为“浓香型”。由于各种酯类的不同和含量多少决定了白酒的香气和风格，它对白酒香型的确定起主导作用。乙酸乙酯是清香型白酒的主体香气，乙酸乙酯稀时呈清香，浓时呈梨香，含乙酸乙酯较多而其他酯类较少时，白酒则呈现清香优雅的风格，习惯称为“风香”。小曲酒的主体香组分为乙酸乙酯与乳酸乙酯。当乳酸乙酯含量较高时，小曲酒的醇厚感特别浓，入口醇和，回味悠长。

在各种名优白酒中，香味物质最多，影响最大的是酯类，它们对于形成各种白酒的典型性或综合特征起着决定性的作用。酱香型茅台酒的主体香味成分目前尚未研究清楚，茅台酒中的酯类成分最为复杂，含量有酯的种类亦较多，从低沸点的甲酸乙酯到中沸点的辛酸乙酯等，应有尽有，所以茅台酒具有酱香或挂杯香，这种香气成分，能发挥“香而不艳”的典型性。茅台酒中的乙酸乙酯、已酸乙酯、乳酸乙酯最为重要。就乙酸乙酯来说，在清香型白酒中含量最多，浓香型白酒中含量次之，酱香型白酒中含量最少；就已酸乙酯来说，在浓香型白酒中最多，酱香型中次之，清香型中最少；就乳酸乙酯来说，清香型中最多，浓香型中次之，酱香型中最少。

中国黄酒是世界上著名酿造酒之一，是中国独有的酒种。它具有5000多年的历史，具有极其丰富的文化内涵。黄酒是非蒸馏酒，其中风味物质如酯的形成机理的研究能给啤酒酯类研究以启示和借鉴。与啤酒不同，中国黄酒酿造特色为“以麦制曲、用曲酿酒”，麦曲中蕴含着非常复杂的混合微生物，主要有霉菌、细菌及少量酵母。成品麦曲中的代谢产物以及真核和原核微生物一同进入发酵液中，逐渐形成了一个异常复杂并与环境相适应的微生物区系，这个微生物区系很大程度上决定了黄酒的风味、口感。黄酒中的风味挥发性物质中酯类物质的种类最多，总共有二十多种，主要提供水果味与花香味。各地区黄酒酯类物质含量差异明显，从75～158mg/L，酯类物质的种类差异也非常大，中国江南地区黄酒总共包含20～26种酯类物质。其中乳酸乙酯、乙酸乙酯、琥珀酸二乙酯、乙酸苯乙酯、丁酸乙酯、辛酸乙酯、乙酸异戊酯、异戊酸乙酯、已酸乙酯和辛二酸二乙酯含量较高。

其中乳酸乙酯与乙酸乙酯在所有黄酒中含量特别大，占酯类物质总含量85%以上，是中国黄酒的特征酯类物质。由于这两种物质在黄酒酯类物质中含量占优势地位，它们之间比例的差异可能会对黄酒的整体风味带来一定的影响。此外，黄酒中的琥珀酸二乙酯也是典型风格的物质。

在具体酯类研究中，由于各种检测方法以及进样方式的差异，会造成检测结果相差较大，因此总酯水平在一定范围内有存在的必要。

二、啤酒中酯的含量

啤酒中较少的酯类组分浓度通常少于1mg/L，乙酸乙酯10～20mg/L。乙酸乙酯的丰富含量据推测是因为乙醇是最方便利用的物质。酯类的形成不太可能来自于游离脂肪酸与乙醇的反应，因为诸如酯化反应速度太慢，无法说明酯类在啤酒发酵过程中过早出现的动力学特性。相反，酯类可能通过两条途径生成。首先，来自乙醇或高级醇和脂酰基CoA酯的反应。第二，由酯酶作用于相反方向的反应。Schermers等主张反向酯酶活性与乙酸乙酯和乙酸异戊酯检测浓度存在正相关，因此，这些酶与酯合成有关。尽管如此，普遍接受的重要证据有利于酯类在发酵酵母中合成的第一个途径。酯的生物合成包括两种酶，一种是乙酰CoA合成酶，另一种是醇乙酰基转移酶。

啤酒中主要酯类的控制。当啤酒中乙酸乙酯含量偏低时，酒花香和醇香较强，整体香味不谐调。控制其浓度在15～25mg/kg，啤酒的香味最纯正。乙酸异戊酯：当乙酸异戊酯含量偏低时，啤酒醇香较强；偏高时，酯香味和溶剂味会增强。通常，将乙酸异戊酯的浓度控制在1～2mg/kg时，啤酒的品质最佳。己酸乙酯：当己酸乙酯含量偏低时，酒花香比较浓郁，酒体香味不够柔和；偏高时，酒香过强，酒花香降低，从而接近白酒香味。一般控制己酸乙酯的浓度在0.1～0.25mg/kg，可使啤酒香味最佳。

第二节　啤酒发酵期间酯的变化

啤酒中绝大部分风味酯是由酵母在发酵中产生的，以乙酰辅酶A和高级醇为底物并通过酰基转移酶来合成。这点与葡萄酒不同，葡萄酒中含有有机酸和醇类，有机酸与醇可以发生酯化反应，生成各种酯类化合物。葡萄酒中的酯类物质可分为两大类。第一类为生化酯类，它们是在发酵过程中形成的。其中最重要的为乙酸乙酯，是乙醇和乙酸经酯化反应形成的，即使含量很少也具有香味。第二类为化学酯，这种酯是在陈酿过程中形成的，其含量可达1g/L。化学酯的种类很多，是构成葡萄酒三类香气的主要物质。啤酒的后熟时间短，温度低，不利于酯化反应的进行，可以认为其酯化反应的可能性是极低的。因此，啤酒中的酯多是在啤酒酵母发酵过程中在细胞内形成并通过质膜排出的。在啤酒中出现的酯多是短链酯，在啤酒中呈现各种风味和香气，由于质膜的阻滞，中长链酯如MCFA乙酯多残存于细胞内，并参与适当的胞内代谢。在发酵前期，酯的形成伴随其底物高级醇的大量形成而生成，并在达到峰值之后一段时间内稳定在一定区间。由于酯化反应并不是啤酒中酯生成的主要途径，因此，研究酯形成的影响因素重点放在对啤酒酵母活性的影响因素上，比如前酵后酵温度、接种率、麦汁组成、溶氧、微量元素、罐压等。

在具体研究酯形成途径的过程中，值得注意的是，醇乙酰基转移酶（AATase）是酯合成过程中最重要的合成酶。酶的活性决定了酯合成能力的大小，底物如高级醇和乙酰辅酶A则是合成顺利进行的先决条件。通过前述的工业发酵条件的改变，可以控制醇乙酰基转移酶的活力大小以及乙酰辅酶A池的容量，从而改变酯代谢途径和通量，达到调控的目的。

一、啤酒中酯类的成因及特点

酯类在啤酒发酵过程中的形成集中在发酵的前期，即酵母的对数生长期。大部分的酯类在主发酵期与乙醇同步上升，证明酯的生成与酵母生长相关（图

4－1)。酯类能赋予啤酒厚实、芳香的口感。下面发酵啤酒主体香气物质是由酒花带入，若酯香太重会掩盖酒花香而成异香，所以要控制适量。酯类物质在啤酒中约有30余种，但重要的仅几种，它们是对啤酒香味起主导作用的几个重要脂类，即乙酸乙脂、乙酸异戊酯。发酵过程合成的酯类并不完全存在于成品啤酒中，一部分通过细胞膜进入发酵液中，另一部分则滞留在酵母细胞体内，酯类被酵母结合的强度随酯类分子质量的增大而增加，因此辛酸乙酯以上的酯类在啤酒中几乎不存在。同样的现象被黄酒所验证，在黄酒发酵中，混合菌种发酵液中酯类物质的总量是单一酵母发酵的1.6倍，而且物质种类上也多四种，其中辛酸乙酯、亚油酸乙酯、邻苯二甲酸二异丁酯、十二酸乙酯在单一酵母发酵条件下没有检出，说明它们的形成离不开麦曲中的微生物。这个现象是否说明辛酸乙酯等较长链的脂肪酸乙酯在混菌发酵的条件下更易于分泌到发酵液中，或者它们本身是由细菌或其他霉菌代谢所生成。

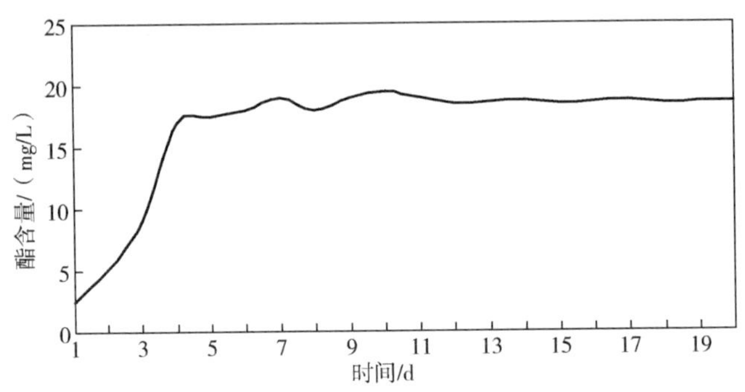

图4－1　啤酒发酵过程中酯含量变化图

啤酒中的酯类有相当一部分是在细胞内产生并分泌到啤酒当中的。由于乙酸酯类是脂溶性物质，其产生后会很快通过细胞膜扩散到发酵液中。故此在常规检测中发现，乙酸酯特别是乙酯乙酯在所有酯类中占大多数。其他脂肪酸乙酯类与乙酸酯类则不同，随着碳链的增加向细胞外分泌的能力下降，如己酸乙酯、辛酸乙酯和癸酸乙酯可以向发酵液中分别分泌100%、54%～68%、8%～17%。由于细胞膜的阻拦，碳链再长一些的脂肪酸乙酯不能分泌出去，保留在细胞中。故此，酯类在细胞内分泌能力和在发酵液配比方面与酿酒酵母菌种特性有关，Lager酵母在相同的发酵条件下能在细胞内形成并保留更多的酯类。

酯类能够经过化学缩合反应形成，酸和醇在酯酶的作用下直接成酯。在酸性或碱性环境下，啤酒中的酸类物质和醇受热缩合形成酯。

$$RCOOH + R'CH_2OH \Rightarrow RCOOCH_2R' + H_2O \qquad (式4-1)$$

研究发现，在缺乏乙酰辅酶A的发酵条件下，一些野生汉逊酵母也可以在发酵液中合成浓度高达400mg/L的乙酸乙酯。但在工业啤酒酵母中的这条途径很微弱，并且是可逆的非生物合成途径，因此不是啤酒正常酿造过程中的成酯因素。

此缩合反应只与体系中各种物质的基质浓度有关，并与一定的温度反应条件有关。假设缩合反应是酯形成的主要方式，基于目前啤酒中有机酸和醇的种类以及浓度来测算，所生成酯的种类及浓度在理论上要远远超出啤酒实际所含的酯，而且各种酯的浓度在排除其反应平衡常数因素之外不会相关太多。事实上，啤酒中的酯浓度相差是非常巨大的，特别是在主发酵期间。所以该反应并不是啤酒中成酯的重要反应。

从缩合反应速度和发酵的持续时间考虑，在啤酒中酯类出现的速度明显比缩合反应要快得多，因此，从缩合反应产生酯类将不太可能。酿酒酵母 *S. cerevisiae* 体内酯的合成反应速度证明生物合成途径是唯一的方式。由此，Nordstam 提出酯类可能是经过生物化学途径形成的。在酿酒酵母体内，存在酯类合成的基质如醇、脂肪酸、CoA（CoASH）和酰基转移酶（即酯合成酶）。在这个反应中，脂肪酸预先与 CoA 结合而被活化，形成脂肪酰 CoA，然后同醇类反应，使醇类被酯化。

$$R_1COOH + ATP + CoASH \xrightarrow{\text{酰基 CoA 合成酶}} R_1COSCoA + AMP + PPi \quad (式4-2)$$

$$R_1COSCoA + R_2OH \xrightarrow{\text{醇酰基转移酶}} R_1COOR_2 + CoASH \quad (式4-3)$$

酰基辅酶 A 是一种高能化合物，在啤酒发酵中通过脂肪酸的活化、α－酮酸的氧化及高级脂肪酸合成中间产物等途径形成，见式（4－2）。酰基辅酶 A 在酯合成的生化途径中起到重要的作用。在式（4－3）中，脂肪酸首先与辅酶 A 在酰基辅酶 A 合成酶的作用下消耗两个高能磷酸键活化成脂酰辅酶 A，之后再与醇在醇酰基转移酶的作用下生成酯。Nordstam 代谢途径的解释与啤酒发酵过程中酯的生成速度与浓度相吻合。另外，由于乙酰辅酶 A 在酵母生化代谢中的关键地位及其核心作用相比其他酰基辅酶 A 大得多，而且到目前为止，不能确定每个活性脂肪酰 CoA 分子是否都有自己唯一的酰基转移酶，因此，通过 Nordstam 途径就较好地解释了啤酒中乙酸酯类较其他如中链脂肪酸乙酯多的原因。

在啤酒存贮的过程中，一种酯可以和另一种酯或醇或羧酸作用生成新的酯，从而形成了啤酒中的多种酯类物质。

二、影响酯类生成的因素

挥发性酯类是乙酰辅酶 A 和高级醇之间通过酶促反应形成的，麦汁组成中含有一部分的酯，但啤酒有绝大部分风味酯是由酵母在发酵中产生的，并通过酰基转移酶来合成。

存在两种因素对酯的形成速率有影响：首先是两个反应底物（酰基辅酶 A 和醇）的浓度，其次是参与酯类形成和降解的酶类的活力。影响底物浓度和酶活的相关因素都可以影响酯类的形成。比如上述底物浓度主要受相应的糖代谢、氮代谢和脂肪酸代谢及酵母活性的影响，酯类合成酶及酯酶的活性主要由其功能基因的表达强度决定，这些调控作用也可能是协同发挥的。

酰基辅酶 A 是酯形成的核心物质，特别是乙酰辅酶 A。在酯形成过程中，酵母体内的乙酰 CoA 水平被形象地描述为乙酰 CoA 池。乙酰 CoA 池可以用于酵母的生长繁殖，也可以用来生成酯，有限的池水平决定了代谢的方向和途径。发酵温度、氧条件等均以通过影响酰基辅酶 A 的分配去向来影响酯类的形成。酵母正常生长过程中需要乙酰 CoA 参与三羧酸循环以及相关的脂类代谢、氨基酸代谢等，用于合成所需能源和细胞基质（图 4 –2）。然而只有正常生长的酵母才能积累具有有效活性的乙酰 CoA。所以，影响该化合物的生成和消除的任何因素都对酯类合成至关重要。

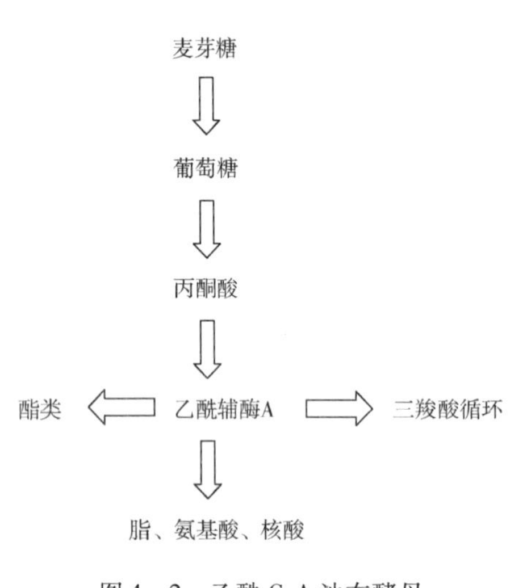

图 4 –2　乙酰 CoA 池在酵母代谢流中的分配

高级醇是酯类合成的重要合成底物。高级醇的含量影响酯类的产生，但有些情况下高级醇对酯类合成的影响却是矛盾的。当发酵条件改变，如增加溶氧和提高不饱和脂肪酸水平可以增加高级醇的含量，却会降低酯类的形成；适当增加发酵压力能限制高级醇的生成，却提高了酯的生成水平。

醇乙酰基转移酶（AATase）是酯合成过程中最重要的合成酶，活力是决定酯类合成的决定性关键因素。实验证实，发酵过程中醇酰基转移酶的活力变化模式与酯类产生的变化模式相似。酶的活性受发酵液中的充氧浓度或不饱和脂肪酸含量的影响，其原因是醇酰基转移酶的编码基因 *ATF*1 的转录可以被增加的氧和不饱和脂肪酸所抑制。而 *ATF*1 的转录还受蛋白激酶 Sch9p 和蛋白激酶 A（PKA）的调节，这些激酶调节基因的转录水平是受碳、氮、磷含量变化影响的。Sch9p 主要对与细胞生长、胁迫反应、糖原和海藻糖代谢等相关的基因有影响。有实验证实，*ATF*1 基因过量表达可以使普通麦汁发酵产生的乙酸异戊酯和乙酸乙酯的含量提高 5 倍以上。

酯类合成会受到底物浓度的抑制。酯类形成需要多种专一性的催化酶，每种脂肪酸都可能有自己的特殊酶，但未有证据证实。如果几个脂肪酰 CoA 化合物同时存在时，竞争性抑制作用就会发生，即一个活化的化合物的酯化作用将受到其余活化化合物的抑制。

酵母中含有降解酯的酶称为酯酶，其催化酯的水解反应：

$$RCOOR' + H_2O \Rightarrow R'OH + RCOOH \quad (式4-4)$$

酯酶的正常功能是水解酯类，用于过量酯的水解。这已经用于高浓发酵中分解酯类以限制啤酒中酯类的含量。但是，Schermers 等人发现不同的酵母菌株存在的酯酶逆反应活性与乙酸乙酯和乙酸异戊酯的产生之间确实存在相互关系，并提出酯酶在酿造酵母合成酯的过程中的作用。乙酸乙酯含量丰富的原因是它们被酯酶水解速度比其他酯类（如辛酸乙酯）要慢得多。但是，辛酰 CoA 比起乙酰 CoA 存在的量要低，因而限制了辛酸乙酯的产生。

第三节　酯含量与啤酒质量

酯含量与啤酒质量息息相关。在传统的啤酒发酵过程中，低温与适当的麦汁浓度等条件使啤酒发酵趋向温和，限制了酯的主要底物高级醇的生成，使主要产物与副产物的形成达到平衡。同时由于麦汁浓度适合酵母的生长，令乙酰辅酶 A 池在酵母代谢中的分配趋向合成细胞组分如脂、氨基酸、核酸等，从而造成乙酰辅酶 A 在合成酯的过程中的不足。实践证明，这是啤酒发酵过程中酯合成的正常现象。此时风味物质呈现在合理的含量范围之内，其中主要的风味物质酯能赋予啤酒恰当的香气，使其不失典型性。然而，近年出现的高浓度麦汁酿造啤酒技术使啤酒的口味香气发生了很大变化。高浓度发酵是指 14～18°P 甚至更高浓度麦汁的啤酒发酵。由于酵母生长适应性的滞后，麦汁浸出物显得相对富余，乙酰辅酶 A 池在酵母代谢中的分配趋向合成酯类等副产物，造成酯生成过量。

增加麦汁浓度最常用的方法是添加液体糖浆辅料，能直接加入糖化锅中。这种方法简单易行，但必须注意的是，纯糖浆的加入会稀释最终麦汁的可利用氮。发酵过程中碳氮比的剧烈变化会导致风味活性代谢物浓度的大转变，特别是提升乙酸酯的水平。

一、高浓度啤酒发酵产生的溶剂味

实验证明，高浓度麦汁经发酵后所产生的高级醇、有机酸以及酯等成分，在数量上的变化是非常明显的，其特点是产生过量的酯（以乙酸酯类为主），从口味和香气方面严重影响了啤酒的质量。

高浓啤酒发酵通常的做法是先将糖化的最终热麦汁浓度在煮沸结束时提高到 14～18°P，然后加大酵母添加量，在稍高的温度下发酵。由于在较高麦汁浓度下进行发酵，酵母本身对麦汁浓度的适应性存在一定的滞后。高浓发酵会比普通麦汁产生较多的酒精，对啤酒酵母而言，过高的酒精浓度会对酵母的发酵起阻碍作用，有时候会使发酵后期降糖缓慢，酵母沉降较快、较早。尽管高浓度麦汁中较普通麦汁更富有供酵母进行同化作用的物质，但发现并不会使酵母的繁殖有更多的增加。这是因为：酵母的繁殖总有一个限度，转入无氧发酵后，即使有多量的可同化性物质也未必会使繁殖量进一步增加；由于高浓度麦汁的发酵产生的高浓度代谢产物，会对酵母的同化作用产生干扰或阻碍作用；酵母的对数生长期本身存在着时间规律，不会因为可同化物质增多而变化，因此，在高浓度麦汁发酵时，酵母的生长量并不会随麦汁浓度的增高而成比例地增加，这也是为什么高浓度麦汁要适当增加接种量的一个原因。

啤酒中酯的数量应考虑是否在口味的辨别“阈值”或称之为口味香气界限值以内。即使因为麦汁浓度、发酵温度或其他原因导致了酯量的增多，但只要不超出味觉界限值均是正常的，而不一定强调其绝对含量。因此，通过控制发酵条件特别是采用合适的酵母进行啤酒发酵是高浓度发酵避免溶剂味的关键。不同的酵母菌种，不同的发酵条件，所产生的酯的种类和酯的数量都是不同的。不同的酵母即使在普通麦汁中发酵时，也可能会产生一些绝对数量不高，风味阈值较低的酯，这些酯有时恰恰给啤酒的口味带来不良的影响。所以，未必因为高浓度发酵才会带来令人讨厌的酯的问题。因此，选择高浓度麦汁发酵所使用的酵母菌种，应注意考虑以下几个条件：

（1）酵母的产酯数量不会因麦汁浓度的提高而提高。

（2）酵母在发酵时产生的主要酯类并不影响啤酒的风味香气。

（3）酵母在发酵时产生的主要酯类的风味阈值比较低。

以这样的条件对酵母进行筛选，对酯的生成的控制，是会有一定的帮助的。当然，还必须注意发酵条件的控制，因为不同的发酵条件，会对发酵的产酯过程导致不同的结果。国内外一些啤酒工厂使用高浓度发酵方法生产的啤酒，都已证明其口味变化是微不足道的，而且还具有爽口、柔和的特点。当然，由于高浓度发酵以及发酵后稀释情况的不同，不大可能与普通麦汁发酵啤酒的口味极为相似。

二、啤酒中酯含量的合理范围

啤酒中的挥发酯大都在主发酵期间形成，其形成与酵母的生长和脂肪酸的代谢有关。啤酒中的酯类有两种：一种为中等链长度脂肪酸的乙酯；另一类为乙醇和高级醇的乙酸酯。为了评估每个酯的作用，各种贮藏啤酒的一些酯的浓度和口味阈值不尽相同，其中乙酸乙酯、乙酸异戊酯、已酸乙酯、乙酸苯乙酯和辛酸乙酯被认为是对风味影响最大、研究最多的酯。这些物质适量存在，赋予啤酒一些酯味或酒香味，使酒体丰满谐调；过量而超过阈值，会使啤酒产生一种不愉快的异香。

对于相同的酯在不同的啤酒中其影响也是有差别的，有些在上面发酵啤酒和黑啤酒中是可取的，在下面发酵啤酒和淡色啤酒中就会被视同异味。在啤酒贮藏期间，由于醇和酸的化学反应，酯的含量会有所增加，但此化学反应极缓慢，在贮藏期中（3 个月以上），乙酸乙酯和乙酸异戊酯含量增加 10% 左右，乙酸苯乙酯则无任何增加。

酯在啤酒中的风味阈值及文献上报道的一些贮藏啤酒的酯含量如表 4 – 1 所示。贮藏啤酒中的酯含量一般波动在 20 ~ 50mg/L。

表 4 – 1　　　　下面发酵啤酒中高级醇、酯的阈值及含量

酯和高级醇组分	阈值/（mg/L）	合理范围/（mg/L）	风味特征
酯类	25	25 ~ 35	
乙酸乙酯	30	14 ~ 25	果香味，溶剂味
乙酸异丁酯	1	0.03 ~ 1.20	水果味，溶剂味
乙酸异戊酯	4	1.5 ~ 2.0	香蕉味
己酸乙酯	0.3	0.1 ~ 0.2	白酒味
辛酸乙酯	0.25	0.1 ~ 0.2	椰子味
癸酸乙酯	1.5	0.07 ~ 1.00	肥皂味
乙酸苯乙酯	3	0.1 ~ 1.5	玫瑰花香
高级醇	50	70 ~ 90	
正丙醇	25	5 ~ 15	酸涩味，酒精味
异丁醇	75	5 ~ 15	酒精味
异戊醇	75	35 ~ 60	甜味，水果味
活性戊醇	50	5 ~ 20	酒味

三、啤酒的醇酯比

啤酒的醇酯比是指啤酒中高级醇与酯类含量之比，这一参数被认为与啤酒的感官品质密切相关。在工厂生产中，醇酯比的变化呈递减趋势，发酵前四天快速递减，降幅分别为 5%、18.7%、31%，降幅最大为第三天到第四天，从第四天后缓慢下降，在第九天出现最低值，而后呈稳定状态（图 4 – 3）。

有关资料显示，lager 啤酒较为合适的醇酯比在 4 ~ 4.7，在此范围内，啤酒呈现出较好的感官品质。有些企业认为啤酒醇酯比越低越好，因此想方设法降低高级醇含量或提高酯的含量以使醇酯比降低。其实啤酒最适醇酯比的值并非千篇一律，不同品牌、不同风格的啤酒最适醇酯比的值不一样，其中，啤酒的

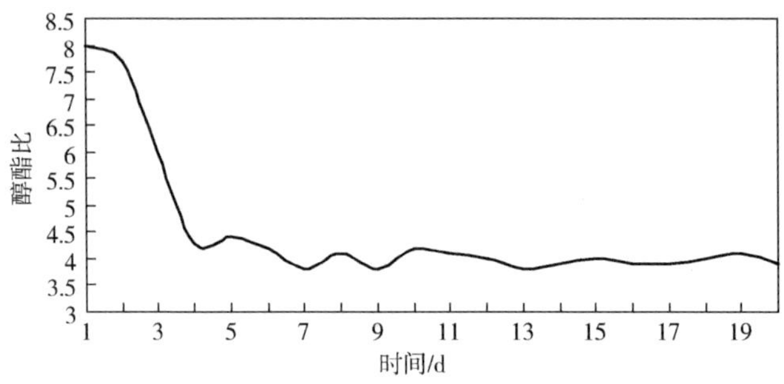

图 4-3　啤酒发酵过程醇酯比变化图

原麦汁浓度和啤酒的风格特征对最适醇酯比的影响比较大。啤酒原麦汁浓度对最适醇酯比的影响试验分别从不同企业选择原麦汁浓度不同的酒样进行感官评价，从中挑选出感官品质较好的啤酒，用气相色谱对其进行风味检测，醇酯比的结果见表 4-2。

表 4-2　不同原麦汁浓度啤酒的醇酯比

原麦汁浓度/°P	醇酯比	原麦汁浓度/°P	醇酯比
11	5.5 : 1	8	4.3 : 1

（一）最适醇酯比

同一企业原麦汁浓度不同的啤酒醇酯比有差异，原麦汁浓度大的啤酒醇酯比值较小，原麦汁浓度小的啤酒醇酯比值较大，如上表所示。啤酒中高级醇和酯类物质的产生与酿造用菌种、原料及工艺条件有关系，因此，不同的产品有着各自不同的最适醇酯比。最适醇酯比的值会随着啤酒风格特征的不同、原麦汁浓度的不同而有所变化。来自不同企业的啤酒，即使原麦汁浓度相同，相应啤酒的最适醇酯比也会有差异；对同一企业风格特征相同的啤酒，一般来说原麦汁浓度高的啤酒最适醇酯比的值较小，原麦汁浓度低的啤酒最适醇酯比的值较大。由此看来，最适醇酯比并非一个固定的值，企业不应一味追求低的醇酯比，而应该根据产品的风格特征和原麦汁浓度确定不同的最适醇酯比。

研究发现：①在发酵过程中酵母数达到高峰时和在贮酒期酯类含量仍然继续增加；②麦汁浸出物浓度差异对啤酒生产过程中酯类含量起主导作用；③发酵不同代数酵母产生的酯类不同，一代酵母产生的酯类较高；④乳酸杆菌的污染对酯类含量影响不大。研究者通过了解啤酒中酯类物质的形成机制及生成比率，归纳出各种酯的性质及其对啤酒质量的影响，分析了影响酯类物质形成的动力学因素及其重要性，提出了啤酒中酯类物质的控制措施：在相同条件下，发酵温度越高，其高级醇含量越高；啤酒带压发酵可以控制高级醇形成；通过控制发酵条件可控制高级醇含量，特别是采用低温带压发酵；麦汁浓度越高，其生成的高级醇也越多；高级醇的生成量与酵母代数呈正比。有人提出要有效降低啤酒高级醇含量，可以通过选用产高级醇量少的酵母菌种，并结合低的主酵温度和0.04MPa的主酵压力进行发酵过程控制，以有效减少高级醇的生成，但具体应用时，宜根据所用酵母菌种对环境条件的敏感性做相应的调整。

啤酒中的风味物质含量最高的就是高级醇及酯类物质，这些物质主要是在啤酒发酵过程中由酵母代谢产生的，因此其含量的高低主要依赖于酵母菌株以及发酵的工艺条件，而在中国的啤酒中，酯香气一直是不太受欢迎的物质，一般而言，如果高级醇与酯的含量比在（3~5）:1的话，这种啤酒所具有的风味是比较谐调、柔和的，但是每个品牌的啤酒都具有自己的风味特点，因此所控制的醇酯比范围也就不同。

现代啤酒设备大多使用大罐发酵，罐体积越来越大（600m^3以上），啤酒的口感越来越强烈，高级醇含量越来越高，已经从过去的70~85mg/L增至100~120mg/L，而酯类含量越来越少，从过去30~35mg/L降至10~15mg/L，醇酯比达到（6~10）:1。发酵罐体积越大，则对流强度越大，发酵速率越快。罐越高，罐各段温度差越大，酵母在罐内分布密度差越大，因此使对流随之加速，发酵加快，增加高级醇生成。罐越大，啤酒酵母承受压力（液位和罐顶压力之和）也会增加，也是造成高级醇升高，挥发酯降低的原因，因此国外现在推广无罐顶压力的发酵，目的也是减少啤酒杂醇味、调节醇酯比。这是研究现代大罐发酵时发现，高级醇增加挥发酯降低的主要原因。

目前国内有许多啤酒界的科研人员对啤酒中高级醇与酯的含量进行了大量的研究，大体上说明了高级醇和挥发酯的控制方法和影响因素，国外对这方面也有一部分的研究，大部分是从发酵温度和压力方面对高级醇和酯的影响进行的研究。据工作实践发现，小容积发酵罐因为其罐体较小，相对而言上中下三部分的温度比较容易控制，酵母能够在麦汁中均匀分布，同时静压力较小，发酵过程较易控制，因此发酵液的醇酯比也就比较容易控制，相反大容积的发酵罐的发酵过程就不容易控制。目前国内外对醇酯比的具体数值没有明确的控制范围，应该根据各个啤酒品种的特点，确定自己的风格。控制适宜的醇酯比是当前淡爽啤酒生产的关键。啤酒主要特点是口感清爽、气味宜人、泡沫持久挂杯，有消费者反映部分啤酒产品易造成“上头”现象，主要就是由于啤酒的醇酯比过高造成。一般小容积发酵罐的啤酒醇酯比大约在（3.5~4.5）:1，而大容积发酵罐的醇酯比一般在（5~6）:1，相比而言更易造成“上头”现象。为了提高和稳定产品质量，使不同体积发酵罐生产的啤酒质量更趋于一致，本节的主要内容是如何控制和降低大容积发酵罐生产的啤酒醇酯比，达到（3.5~4.5）:1。

（二）调整麦汁充氧量对大容积发酵罐醇酯比的影响

酵母接种后，开始在麦汁充氧的条件下，恢复其生理活性。然后以麦汁中的氨基酸为主要氮源和以可发酵性糖为主要碳源，进行有氧呼吸，并从中获取能量而生长繁殖，同时产生一系列代谢副产物（包括高级醇和酯以及乙醛和二氧化硫等）；麦汁中的氧被耗尽后，酵母即在无氧的条件下进行酒精发酵。本试验的目的是通过调整麦汁充氧量的大小，更好地控制降糖时间，从而降低贮酒期发酵液的醇酯比。众所周知，麦汁充氧量过大，降糖时间就会加快，就说明发酵过于旺盛，这样酵母繁殖就会过于旺盛，同时会产生大量的高级醇，产生的酯含量降低，从而使醇酯比升高。不同麦汁充氧量对醇酯比的影响是不同的，空气流量不同（即麦汁充氧量不同），则最终的总高级醇和酯含量以及醇酯比均不同。在适当的氧溶解率范围进行的麦汁充氧，对贮酒期发酵液产生的醇酯比范围均不同。围绕一定范围的氧溶解率所产生的高级醇的量基本上变化不大，但是当氧溶解率在40mg/L范围之内产生的酯含量比其他两个附近的麦汁充氧量所产生的要高，因此当以氧溶解率在40mg/L的麦汁充氧量是合适的。贮酒期发酵液的醇酯比是最低的，与小容积的发酵罐的醇酯比基本一致。

第四节　高浓度发酵啤酒中的酯

高浓酿造啤酒的一个缺陷是风味难以与常浓酿造啤酒相比。原因在于高浓酿造啤酒在稀释至与常浓酿造啤酒乙醇浓度相当时酒体较淡，风味物质含量改变了。酯和高级醇是含量最多的两类风味物质，其生成水平的改变对啤酒风味产生重要影响。啤酒中含量最丰富的酯类是乙酸乙酯、乙酸异戊酯。酵母菌株、发酵温度、压力、酵母接种量、麦汁凝固物、氧、脂肪酸、氨基酸含量以及某些金属离子等因素能够影响发酵中酯的生成。研究报道高浓麦汁（>14°P）与传统的麦汁（12°P）相比，发酵能产生更多的酯类，尤其是乙酸乙酯和乙酸异戊酯，但与原麦汁浓度不成比例。另有人研究认为高浓麦汁与低浓度麦汁相比，其增加的酯水平是成比例的。高浓发酵对风味的主要影响是酯的增加，这是个普遍的现象。由于高浓酿造啤酒的酯类含量相对较高，所以更容易产生异常的香气和口味，甚至出现溶剂味，因此控制高浓酿造过程中的副产物特别是酯的生成是高浓发酵过程的关键步骤。

一、高浓度啤酒发酵过程中原料对酯生成的影响

酵母发酵高浓辅料麦汁（含30%麦芽糖浆）较发酵高浓全麦芽麦汁生成的

挥发物要少，乙醇的生成未受到影响。增加辅料用量，可减少高浓度麦芽汁发酵产生的醋酸乙酯含量，改善啤酒的风味。由此可见，仅仅通过改变麦汁中碳水化合物的配比似乎不能得到风味恰好匹配的啤酒，但得到重要有机挥发物匹配较好的啤酒还是可能的。研究表明，高浓酿造啤酒的乙酸乙酯水平较高，可通过增加麦汁中麦芽糖含量降低。当然，挥发物的生成不仅与糖的种类有关，还与酵母菌种和发酵参数有关。比如，添加某些金属离子如锌离子可刺激某些高级醇的生成，提高发酵温度可提高高级醇水平，添加一定的氨基酸会增加相应高级醇的生成。

加糖浆作辅料，虽不影响糖化和过滤，但会改变麦汁组成，减少 α - 氨基氮、维生素等营养物，因此可以适当添加酵母营养食物，如大豆粉等，以补充营养和调整麦汁成分。因为浓度提高导致渗透压提高，产生对酵母的危害，如果改善营养条件，可以增加酒精的产出，且可增加高浓条件下的酵母存活率。氮源影响酵母对酒精的耐受性和酒精的生产速率，添加游离氨氮，可提高最终的酒精浓度，并可同化进入酵母细胞增强乙醇耐受性。

如果消耗或抑制酵母细胞中的乙酰辅酶 A 就可以减少啤酒中的酯生成量。研究表明，在 18°P 麦汁发酵中添加 10mg/L 油酸可以有效降低啤酒总酯生成量（图 4 -4）。这可能因为酵母细胞也可以利用酰基辅酶 A 合成自身所需的类脂，由于不饱和脂肪酸的添加，促进了啤酒酵母生长自身所需脂肪的合成，进而消耗了更多的乙酰辅酶 A，导致参与酯类合成的乙酰辅酶 A 缺乏，从而使啤酒中酯类生成量减少。再者，因为酯合成酶是被不饱和脂肪酸的存在所抑制，这样，添加不饱和脂肪酸，则抑制了酯合成酶的活性，从而减少了酯类的形成。氮源是细胞生长的限制因子，氮源缺乏造成细胞生长停滞，提高麦汁中 α - 氨基氮质量浓度至 230mg/L 会促进酵母细胞的生长，进而导致消耗更多的乙酰辅酶 A，使得啤酒中酯类的合成减少。试验表明，麦汁中 α - 氨基氮质量浓度达到 230mg/L 时能显著降低 18°P 啤酒中酯生成量；在 18°P 麦汁发酵期间适量通氧可有效降低总酯生成量，这是由于氧对酵母生长的促进作用，而酵母生长消耗了

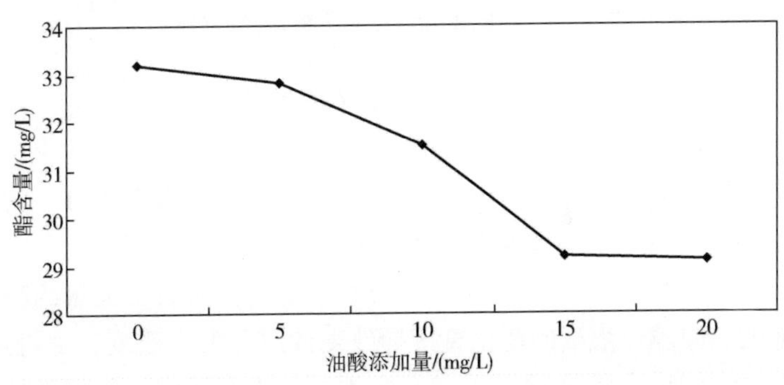

图 4 -4　油酸添加对啤酒高浓发酵产酯的影响

更多的酰基辅酶 A，从而减少了酯类的合成。

二、高浓度啤酒发酵过程中酵母活性

高浓发酵与传统发酵的一个显著区别就是降糖的区别。在麦汁满罐后，酵母开始利用麦汁中的糖进行细胞合成，同时生成大量副产物，包括高级醇和酯类。在传统的麦汁（12°P）的条件下，酵母呈现一种较活跃的状态。由于啤酒中的高级醇和酯多是啤酒酵母在生长对数期的发酵过程中在细胞内形成并通过质膜排出的，因此无论是高级醇和酯的生成速率在主发酵的前期都是较高的。

随着麦汁浓度的增加，酵母的糖降速率降低，见图 4 - 5。这种现象和渗透压有关，麦汁浓度升高，酵母细胞生活环境中的渗透压相应提高，这时环境中的水对酵母细胞的可给性降低，形成一定程度的生理干燥，因此酵母细胞生理活性降低，糖降速率也随之降低。由于麦汁浓度升高，溶液黏度加大，可能使酵母聚集成团，未充分利用麦汁的可利用糖，这是酵母糖降速率降低的一个原因。糖降速率下降，对于高级醇和酯类的生成速率也造成一定的影响，虽然总醇和总酯水平较高，但这是累积的效果，前期的生成速率并不能达到在传统麦汁中的水平。

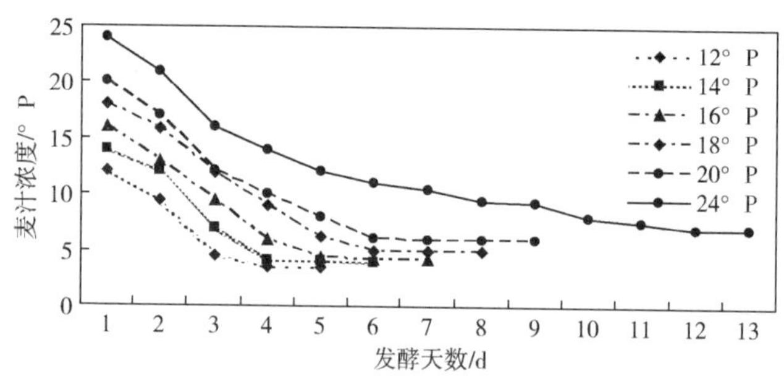

图 4 - 5　不同麦汁浓度对降糖速率的影响

原麦汁浓度对发酵液中酯含量及醇酯比的影响如表 4 - 3 所示。醇酯的变化趋势基本维持定值，无论从单纯某种酯，还是从酯总量来看，其含量均与麦汁浓度成正比关系，但总醇酯比却明显低于常浓麦汁，约为 3.9∶1。这与啤酒中醇酯的形成有关，啤酒中醇酯主要在发酵过程中由酵母代谢产生，酯在酶的作用下可以形成醇和酸，由于此反应是一个平衡反应，啤酒中大量的醇和酸都可以反应形成酯。原麦汁浓度的变化直接导致麦汁组分发生改变，酵母细胞大小、活力及其发酵性能也会随之发生相应的变化。高浓麦汁中可发酵性糖类含量较高，酵母菌株的代谢性能直接影响了风味物质的组成和醇酯比的变化。

表4－3　　不同原麦汁浓度下发酵液中高级醇含量　　单位：mg/L

麦汁浓度/°P	乙酸乙酯	乙酸异戊酯	总醇	总酯	醇酯比
8	12.1	3.7	83.4	15.8	5.2:1
10	15.2	3.9	86.4	19.2	4.5:1
12	15.8	5.2	97.3	21.0	4.6:1
15	25.4	8.2	130.3	33.5	3.9:1
18	29.65	9.5	153.1	39.1	3.9:1
20	34.8	11.5	180.9	46.3	3.9:1

高浓对渗透压的影响是显著的。在高浓发酵中，酵母细胞遇到各种胁迫，包括发酵开始，高浓麦汁中高糖浓度引起的渗透压和在发酵结束后高的酒精浓度。不同浓度的麦汁所造成的渗透压见表4－4。由此看出，随麦汁浓度的增加，麦汁和发酵液中的渗透压成比例的增加，啤酒的酒精度也随之增加。

表4－4　　麦汁浓度对渗透压的影响

麦汁浓度/°P	酒精度（体积分数）	麦汁渗透压/kPa	发酵液渗透压/kPa
8	2.62	517	1551
12	4.00	793	2275
16	5.45	1034	3103
18	6.20	1172	3516

高浓麦汁对酵母活力的影响首先体现在形成高渗透压，其次麦汁浓度影响酵母的存活率、活力及发酵性能。经证实，酵母细胞活性与其繁殖和发酵用麦汁的浓度紧密相关，高浓麦汁对酵母性能产生不利影响。在8°P、12°P和18°P麦汁繁殖的上面酵母，酵母存活率分别为92%、90%和84%，而对下面酵母存活率分别为97%、93%和88%（表4－5）。该研究结果具有实际意义，说明由第一代发酵回收的酵母质量最好，而且酵母质量受麦汁高浓度的不利影响，用于繁殖酵母的最佳麦汁浓度在7～12°P。有学者研究指出，在发酵最初12h，酵母活力随麦汁原浓的提高而降低，但增加高浓麦汁的酵母接种量可显著降低发酵最初数小时内细胞的死亡率。

表4－5　　麦汁浓度与酵母存活率关系表

麦汁浓度/°P	上面发酵酵母存活率/%	下面发酵酵母存活率/%
8	92	97
12	90	93
18	84	88

三、高浓啤酒发酵酯的风味指标及稀释

超高浓酿造啤酒的一个缺陷是风味难以与常浓酿造啤酒相比。原因在于超高浓酿造啤酒在稀释至与常浓酿造啤酒乙醇浓度相当时酒体较淡，风味物质含量改变较大，见表4－6。由表可知，酯和高级醇是含量最多的两类风味物质。其中，含量最丰富的酯类和高级醇分别是乙酸乙酯、乙酸异戊酯以及异戊醇。每种浓度的啤酒酯含量都较突出，高级醇含量较低，但是醇酯比都在3.0以上，因此并不影响啤酒的正常风味，只是口味较为淡爽，并且酯香味突出。12°P稀释酒的风味谐调性更好一些。

表4－6　　高浓啤酒中酯的风味指标

酯类/（mg/L）	8°P	10°P	12°P	20°P
甲酸乙酯	0.072	0.104	0.141	0.207
乙酸乙酯	10.948	11.492	30.597	30.046
乙酸异丁酯	0.037	0.038	0.041	0.116
乙酸异戊酯	1.481	1.353	1.846	3.345
己酸乙酯	0.079	0.050	0.087	0.161
辛酸乙酯	0.207	0.114	0.237	0.371

与常规浓度的酿造啤酒相比（表4－6），乙醇浓度相当时，高浓稀释啤酒的酒体较淡，主要原因在于其风味物质含量发生了改变。另外，在高浓稀释过程中，往往因稀释比例过大，会使啤酒口味淡薄，进而影响啤酒口味及胶体稳定性。研究发现，当麦汁浓度超过14.8°P时被发酵后，就产生过量的酯类，以致在稀释到正常浓度时，啤酒的含酯量也过高，从而对啤酒风味产生不利的影响。在生产过程中，可以通过特定的工艺来减少啤酒中酯类的生成。啤酒中酯类的形成主要是源自于乙酰辅酶A与醇的缩合。从理论上分析，啤酒酵母的生长也需消耗乙酰辅酶A。如果提高麦汁溶解氧量、α－氨基氮和不饱和脂肪酸含量，则均能促进啤酒酵母的生长使之消耗更多的乙酰辅酶A，导致参与酯类合成的乙酰辅酶A缺乏，从而达到降低啤酒中酯含量的目的。

研究发现，高浓麦汁发酵产生更多的酯类和高级醇，尤其是乙酸乙酯和乙酸异戊酯、戊醇和异丁醇，但与原麦汁浓度不成比例。而另有观点则认为高浓度麦汁与低浓度麦汁相比，其增加的酯水平是成比例的。但不管怎样，高浓发酵对风味的主要影响是酯的增加，这是个普遍的现象。由于高浓酿造啤酒的酯类和高级醇含量相对较高，所以更容易产生异常的香气和风味，因此造成高浓酿造啤酒的风味不谐调。

高浓麦汁中的可发酵性糖的组成，特别是葡萄糖和果糖的含量较高、麦芽糖和麦芽三糖的含量较低是造成酯含量增高的主要原因。即使稀释到与低浓酿造相同的浓度，高浓酿造啤酒的双乙酰、戊二酮、乙偶姻、高级醇、酯等风味物质的含量均略高于低浓酿造啤酒的含量（表4－7、表4－8）。这也是高浓酿造工艺本身所带来的风味变化。

表4－7　　低浓度酿造啤酒中酯的风味指标

麦汁浓度/°P	乙酸乙酯/（mg/L）	乙酸异戊酯/（mg/L）	总酯/（mg/L）
8	14.1	4.2	18.3
10	17.2	4.2	21.4
12	17.3	6.4	23.7

表4－8　　不同浓度啤酒稀释到同一浓度时酯的含量

稀释后/°P	稀释前/°P	乙酸乙酯/（mg/L）	乙酸异戊酯/（mg/L）	总酯/（mg/L）
8	15	15.2	5.1	20.3
8	18	13.4	5.5	18.9
8	20	14.6	5.5	20.1
10	15	19.4	6.3	25.7
10	18	17.3	6.2	23.5
10	20	18.2	7.2	25.4
11	15	21.1	7.3	28.4
11	18	18.4	7.4	25.8
11	20	19.5	7.3	26.8
12	15	22.8	7.4	30.2
12	18	20.6	7.2	27.8
12	20	21.5	8.5	30.0

在高浓稀释工艺中，保持总酯水平与低浓酿造啤酒水平相当，也仅仅是达到了部分相似，高浓酿造所引起的风味变化与它所带来的成本减少一样是巨大的。

第五节　小麦啤酒中的酯

酯类是小麦啤酒香味物质的主要成分，虽然其含量很少，但对啤酒的风味影响却很大。适当的酯含量能使小麦啤酒的香味丰满谐调，而过量的酯会赋予小麦啤酒强烈的水果味，严重影响到小麦啤酒的整体风味。主发酵时期是酯类最主要的形成阶段，主要通过脂肪酸的酯化形成，少量通过高级醇的酯化生成。酯类主要在酵母旺盛繁殖期生成，在啤酒后发酵只有微量增加，酯类含量随着麦汁浓度和乙醇浓度的增加而提高。后熟阶段的增加量取决于后发酵情况。若后发酵周期较长，酯类的含量可增加一倍左右。

目前，在小麦啤酒中已经发现有60多种不同的酯类物质，其中乙酸乙酯和乙酸异戊酯作为上面发酵小麦啤酒中最重要的两种挥发性酯类，对小麦啤酒的风味影响最大。在小麦啤酒的发酵过程中，乙酸乙酯和乙酸异戊酯的生成不仅与酵母细胞内的生成量有关，而且还取决于酯类的分子质量大小，直连饱和脂肪酸酯能够与上面酵母的细胞膜连接，从而不能穿透酵母细胞而停留在胞内，随着酯类分子质量的增大，其与酵母细胞膜的连接程度越强。其中分子质量较小的乙酸乙酯能够全部穿透细胞膜进入到啤酒发酵液中。乙酸乙酯和乙酸异戊酯的生成与酵母的代谢作用有关，其中与脂肪酸的代谢作用最为紧密。

研究小麦啤酒中酯类的影响因素要注意酵母菌种、发酵温度两个主要指标。首先，酵母菌种是影响上面发酵小麦啤酒中乙酸乙酯和乙酸异戊酯含量的最重要因素。不同的酵母菌种其醇酰基转移酶的活性差异很大，活性强的啤酒酵母产酯能力较强，上面发酵酵母的产酯能力要高于下面发酵酵母的产酯能力，因此上面发酵小麦啤酒的酯香味就非常浓郁。并且由于接种量和麦汁通氧量的不同会直接影响到酵母的生长繁殖，进而对乙酸乙酯和乙酸异戊酯的合成产生较大的影响。当接种量和麦汁通氧量较大时，酵母会加速生长繁殖，从而会消耗大量的辅酶A来合成酵母自身所需要的脂肪酸等，因此会减少乙酸乙酯和乙酸异戊酯的合成。其次，发酵温度对酯类的形成具有很重要的影响。高温发酵有利于乙酸乙酯和乙酸异戊酯的合成，发酵温度由12.5℃提高到25℃，乙酸乙酯的浓度增加60%，乙酸异戊酯增加30%。再者，发酵压力、贮酒时间、发酵罐的容积等对乙酸乙酯和乙酸异戊酯的合成都会造成一定程度的影响。由于较高的发酵罐会产生较高的液体静压力及增加二氧化碳的含量，因此会提高酯类的含量。随着贮酒时间的延长，酯化作用使酯类的含量也会有一定程度的增长。

因此，在上面发酵小麦啤酒的生产过程中，应根据乙酸乙酯和乙酸异戊酯的形成机理及影响因素严格控制酿造工艺条件，使两种酯类的含量达到最佳状况。

一、蛋白质休止时间对上面发酵小麦啤酒中乙酸乙酯和乙酸异戊酯的影响

与碳水化合物一样，小麦啤酒糖化过程中的蛋白质分解也很重要，蛋白质在蛋白酶的作用下依次分解为高分子氮、中分子氮和低分子氮，最终分解为氨

基酸。蛋白质的分解产物是酵母的营养物质，直接影响到酵母的生长繁殖情况，从而会影响到发酵液中酯类的合成情况，结果进一步影响到小麦啤酒的风味、泡沫和非生物稳定性。麦芽中分解蛋白质的酶系组成复杂，主要有内肽酶、二肽酶、氨肽酶和羧肽酶等，这些酶的性质、作用条件和分解产物对蛋白质的分解起不同的作用。

在糖化过程中，影响蛋白质分解的因素有麦芽质量（溶解度和酶含量）、糖化温度、糖化时间、pH 和醪液浓度等。首先麦芽的质量是最重要的影响因素，溶解良好的麦芽，在制麦阶段，大分子蛋白质已经分解 60% ~70%，而在糖化阶段只分解 30% ~40%。其次蛋白质的分解受温度的影响也很大，其最适分解温度在 45 ~55℃范围内。在 45℃休止时，会形成大量的低分子多肽，供酵母繁殖和发酵。在 55℃休止时，会形成高分子蛋白质，可溶性高、中分子氮含量增多，有利于啤酒的泡沫和酒体。

乙酸乙酯和乙酸异戊酯的含量随着蛋白质休止时间的延长而逐渐增大，当休止时间为 40min 时达到最高值，之后缓慢下降。蛋白质休止阶段作为糖化过程的重要步骤，为酵母提供生长繁殖所必需的游离氨基酸，从而保证酵母的迅速起发，使发酵正常进行，而发酵的好坏则进一步影响啤酒的风味。当蛋白质休止时间过短时，蛋白质分解不足，产生的游离氨基酸过少不能为酵母提供充足的营养，从而影响酵母的生长、代谢及发酵作用，直接影响到乙酸乙酯和乙酸异戊酯的合成。而当蛋白质休止时间过长时，会分解出过量的氨基酸，从而使酵母在代谢发酵时产生过量的副产物，对乙酸乙酯和乙酸异戊酯的合成产生影响，打破成品啤酒的风味平衡。因此，控制适当的蛋白质休止时间，改善麦汁组成成分，对小麦啤酒中乙酸乙酯和乙酸异戊酯的合成起重要作用。

二、接种量对乙酸乙酯和乙酸异戊酯的影响

乙酸乙酯和乙酸异戊酯是酵母代谢发酵的副产物，因此酵母的生长繁殖情况直接影响到乙酸乙酯和乙酸异戊酯的合成状况。而酵母接种量对酵母的生长繁殖具有很大影响，提高酵母接种量能够影响啤酒酵母的增殖倍数，当酵母细胞获得较高的峰值时，会缩短发酵时间，4 倍于正常的酵母用量，发酵时间几乎可以缩短一半。但过高的酵母接种量，使酵母新细胞的繁殖减少，从而使代谢副产物乙酸乙酯和乙酸异戊酯的含量也减少，并且最终的酵母收获量将与接种量不成原比例，而且接种量越高，收获量的比例越小，既容易使酵母衰退，在实际啤酒生产过程中也没有实用价值。

随着接种量的增加，小麦啤酒中乙酸乙酯和乙酸异戊酯的含量也逐渐增多。这是由于在一定范围内，适当增大酵母添加量会促进酵母的生长繁殖，新生成的细胞较多，酵母活性强，从而产生较多的酯类物质。但是，当接种量过大即

增加4倍时，乙酸乙酯和乙酸异戊酯的合成会明显减少。这是由于酵母细胞的过多繁殖会消耗大量的乙酰辅酶A来合成脂肪酸，而乙酰辅酶A是合成乙酸乙酯所必须的，所以会降低乙酸乙酯的合成。因此选择合适的接种量对乙酸乙酯和乙酸异戊酯的合成产生重要的影响。

三、发酵温度对乙酸乙酯和乙酸异戊酯的影响

上面发酵小麦啤酒要求的发酵温度比下面发酵啤酒要高，因此酵母所代谢的发酵副产物也更加丰富，乙酸乙酯和乙酸异戊酯的含量较高。在上面发酵啤酒中，酯类的总量可达80mg/L，而在下面发酵啤酒中，酯类总量仅为60mg/L，所以上面发酵小麦啤酒的水果酯香味更加浓郁。乙酸乙酯和乙酸异戊酯受发酵温度的影响较为显著，随着发酵温度的升高，乙酸乙酯和乙酸异戊酯的含量明显逐渐增多。当主发酵温度升高时，酵母的活力会增强，使发酵更为旺盛，在发酵过程中酵母细胞能够积累更多的ATP，并且提高了醇酰基转移酶的活性和辅酶A的含量，从而促进了乙酸乙酯和乙酸异戊酯的大量合成。同时，由于发酵温度较高，酵母细胞膜的流动性也比较强，提高了细胞膜的通透性，促进了乙酸乙酯和乙酸异戊酯在细胞内的渗出，从而提高了啤酒发酵液中的乙酸乙酯和乙酸异戊酯的含量。

四、贮酒时间对乙酸乙酯和乙酸异戊酯的影响

经过主发酵后，啤酒发酵液中的二氧化碳尚未饱和，双乙酰、乙醛和硫化氢等挥发性风味物质仍然存在，酒的口感不成熟，远达不到饮用的要求，大量的悬浮酵母和凝结析出的物质尚未完全沉淀下来，酒液不够澄清，一般还需要数周或数月的贮酒期，从而促进啤酒的成熟和澄清。上面发酵小麦啤酒的贮酒温度为0~1℃，在贮酒成熟期，较低的温度和pH环境下，一些易形成浑浊的蛋白质-多酚复合物逐渐析出，并沉淀于发酵罐底，大大改善了啤酒的非生物稳定性，而且酒的口感愈趋成熟。同时，一些生化、化学和物理的变化仍在缓慢地进行，双乙酰、硫化氢以及乙醛等仍在慢慢挥发，酒的生青味逐渐消失，乙酸乙酯和乙酸异戊酯等部分酯类的含量也会有一定程度的增加。因此，贮酒时间的长短对小麦啤酒的风味会产生一定影响。

乙酸乙酯和乙酸异戊酯的含量随着贮酒时间的延长而逐渐增加，当贮酒时间达到5天时明显增加，而延长贮酒时间至7天时酯类含量略有下降。在贮酒过程中，醇和酸在酯酶作用下发生酯化反应产生酯类，从而使小麦啤酒中酯类物质的含量升高。但当贮酒时间过长时，酯酶又会将相应的酯类物质分解成高级醇和酸，使成品啤酒中酯类的含量略有所下降。因此，适宜的贮存时间对控制

小麦啤酒中乙酸乙酯和乙酸异戊酯的含量具有重要意义。

第六节　酯形成中的关键底物和酶

有学者提出酯类可能是经过生物化学途径形成的，因为在酵母 *S. cerevisiae* 中的生化反应速度能够解释存在于产品中酯类的合成。酯类形成包括的化合物有乙醇或高级醇、脂肪酸、CoA（CoASH）和酰基转移酶（即酯合成酶）（图4－6）。在这个反应中，脂肪酸预先与CoA结合而被活化，形成脂肪酰CoA，然后同醇类反应，使醇类被酯化。目前还不能确定每个活性脂肪酰CoA分子是否都有自己唯一的酰基转移酶，或者几个这样的酶能否催化所有酯类的形成。但酵母中至少存在两个酰基转移酶。虽然乙酰CoA能通过丙酮酸氧化脱羧作用形成，但其他酰基CoA化合物大部分来自于由酰基CoA合成酶催化的CoASH酰基化作用。由于这些酰基CoA化合物的活化形式起着酰基供体的作用，因此，酯的合成是一个基于底物活化的需能过程。

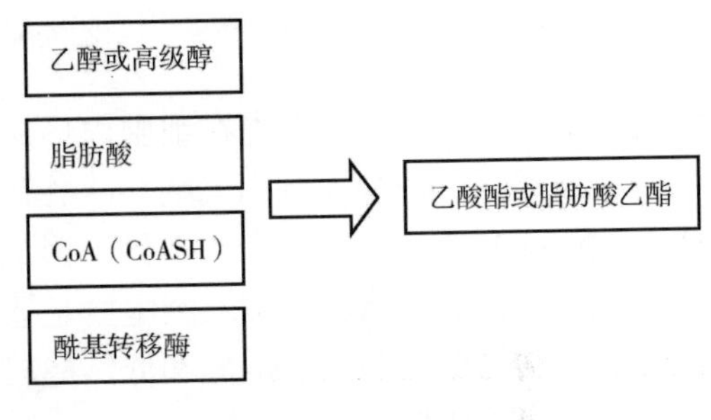

图4－6　酯合成图

一、乙酰CoA在酯形成中的作用

乙酰CoA在控制酯合成的过程中是非常重要的，因为它包括了酵母细胞体内许多其他反应（图4－7），例如，类脂生物合成、氨基酸生物合成、脂肪酸生物合成和三羧酸循环。影响该化合物的生成和消除的任何因素都对酯类合成至关重要。目前，有关酯类的研究主要在乙酸乙酯上，因为它们是最丰富的。然而所涉及的酶由Youshioka等人命名为醇乙酰基转移酶（AATase），其具有220000的相对分子质量。但是，啤酒发酵过程中存在许多酯，每个不同的活化脂肪酸都可能有自己的特殊酶。在这种情况下，如果几个脂肪酰CoA化合物同时存在时，竞争性抑制作用就会发生，即一个活化的化合物的酯化作用将受到其余活化化合物的抑制。另外，一些脂肪酸虽然不是酶作用的底物（如，已酸、戊酸、异丁酸等）也能作为抑制剂。如果同时有几种醇（如乙醇、丙醇、异丙醇等）存在，它们也以相同的方式竞争。

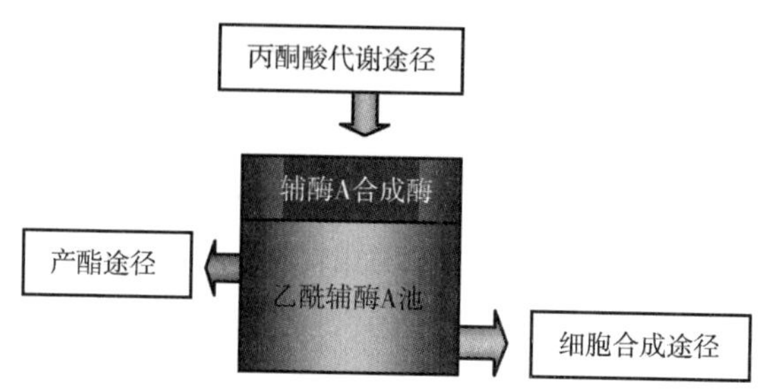

图 4-7　乙酰辅酶 A 池

酯类的生物合成是酵母先在细胞内形成酰基 CoA，然后在酯酶的催化下与醇类反应而成。乙酰 CoA 和丙二酰 CoA 作用，可使乙酰 CoA 的碳链延长为丁酰 CoA。丁酰 CoA 再与丙二酰 CoA 作用，形成乙酰 CoA，每次按两个碳链延长其碳链。例如，己酸乙酯和辛酸乙酯主要是通过脂肪酸合成机制产生的。醇类在各种条件下均易形成酯，直链醇和低链醇较侧链醇和高链醇易形成酯。低链脂肪酸较高链脂肪酸易与醇形成酯。

二、酯合成酶的活性

合成酯类需要两种基质：醇和脂肪酸。虽然酯能够通过化学缩合反应生成，但在啤酒中酯的形成多数是依赖于酰基转移酶即酯合成酶的活性。脂肪酸在反应前需要乙酰辅酶的激活，因此酯合成是一个需能过程。在酯的合成中存在几种酶，最近科学家利用酿酒酵母基因组数据库和相关分子生物学工具鉴定相关基因及酯合成的生理作用。最新的研究进展不单提供了关于细胞层面上的酯合成的见解，而且提供了一些基因调控的一般机制的见解。三个不同的负责乙酸酯合成的醇乙酰基转移酶（AATase）基因（*ATF*1，*LgATF*1 和 *ATF*2）已经从不同酵母中被成功克隆。第四个基因 *EHT*1 为醇己酰基转移酶。经序列比对发现 *EHT*1 属于三成员基因家族。单个，两个或三个基因缺失均不影响酵母的生长。其中一个基因的中断将导致中链脂肪酸乙酯的减少，中断基因数越多，将加剧中链脂肪酸乙酯的减少（表 4-9）。

表 4-9　“*EHT*1”家族突变株合成中链脂肪酸乙酯

菌株	己酸乙酯/%	辛酸乙酯/%	癸酸乙酯/%
野生型	100	100	100
*EHT*1 突变株	87	72	87
三基因缺失菌株	26	29	23

这个结果表明当显型随着中断基因数量而增加内部功能冗余的出现。分析中链脂肪酸（MCFA）及其对应的脂肪酸乙酯水平，有力地说明这些酶可能涉及有毒性的短链脂肪酸的移除。

一般认为，酰基辅酶A或乙酰辅酶A来自丙酮酸脱羧作用（包括丙酮酸脱氢酶）。然而，在啤酒发酵过程中，丙酮酸脱氢酶受到葡萄糖抑制而且相当不活跃。有证据表明，乙酰辅酶A生成自丙酮酸产生的乙醛（包括丙酮酸脱羧酶），形成乙酸的中间产物（包括乙醛脱氢酶），乙酸接着被三磷酸腺苷（ATP；包括酰基辅酶A合成酶）活化。其他的酰基辅酶A源自脂肪酸的代谢。

酯类是由高级醇和脂肪酰CoA在酯类合成酶的催化作用下产生的。能够参与酯类形成的底物浓度主要受相应的碳代谢、氮代谢和脂肪酸代谢的影响；而酯类合成酶的活性主要由其功能基因的表达强度决定。可以说，脂肪酰CoA、高级醇和醇乙酰基转移酶在酯合成中起着协同作用（图4－8）。发酵条件如温度、脂肪酸、氮源、氧等都是通过影响乙酰CoA的合成来影响酯类的形成。只要能够提高乙酰CoA的发酵条件都可以促进酯类的形成。通过提高溶解氧、麦汁固形物、麦汁中的脂肪酸含量都能促进酵母的生长，增加乙酰CoA池消耗，降低了可用于参与酯类合成的乙酰CoA的量，从而导致酯类的合成减少。

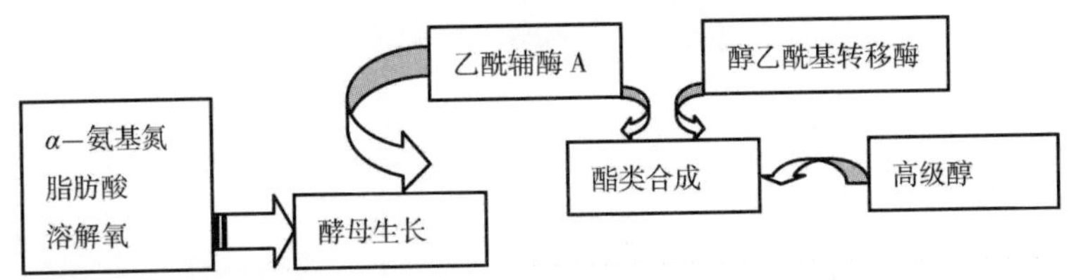

图4－8　酵母生长过程中乙酰CoA、高级醇和醇乙酰基转移酶在酯合成中的协同作用

三、高级醇在酯形成中的作用

实验证实，向普通和高浓麦汁中补充3－甲基丙醇可以提高相应的乙酸酯类和乙酸异戊酯的含量。研究者报道，当正常浓度和低发酵力的麦汁中加入3－甲基丁醇（1～400mg/L，未达饱和时），乙酸异戊酯明显增加，并与3－甲基丁醇间存在线性关系（图4－9）。这些数据证明了在发酵期间异戊醇获得能力与乙酸异戊酯生成之间的相互关系，这对通过控制醇含量来改变乙酸乙酯是很重要的。高级醇的高产突变株和转化菌株也能明显提高酯类的产量，如能过量表达支链氨基酸氨基转移酶的功能基因，可以多产1.3倍的异戊醇和1.5倍的乙酸异戊酯。高级醇的含量的确影响酯类的产生，但是能使高级醇生产增加的因素却不一定使酯的生成增加，比如高的溶氧和不饱和脂肪酸水平可以增加高级醇的含量，却会降低酯类的形成。

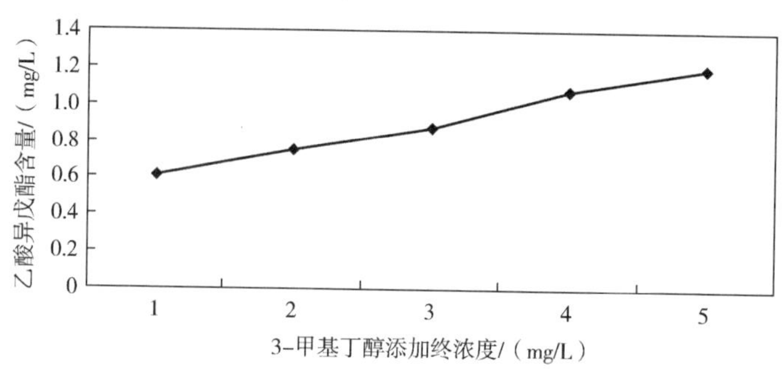

图 4-9　3-甲基丁醇对乙酸异戊酯形成的影响

醇酰基转移酶 AATase 的活力是酯类合成的关键因素之一。发酵过程中醇酰基转移酶的活力变化趋势与酯类生成的变化趋势正相关。此类酶的活性会因培养基中的氧或不饱和脂肪酸含量的提高而受到抑制，醇酰基转移酶编码基因 *ATF*1 的转录因不饱和脂肪酸和氧的增加而受到抑制（图 4-10）。

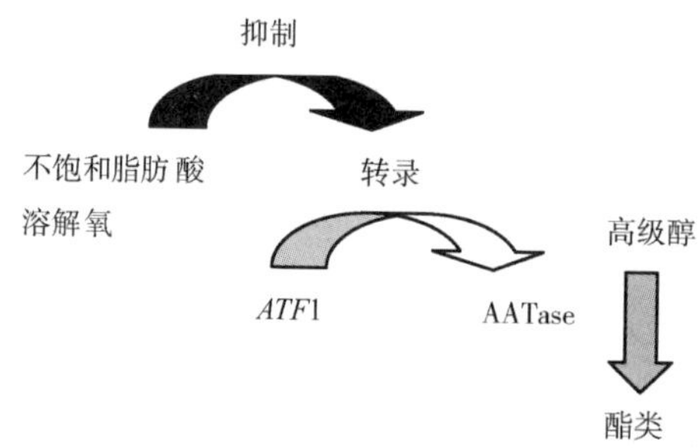

图 4-10　醇酰基转移酶编码基因 *ATF*1 的转录因不饱和脂肪酸和氧的增加而受到抑制

两种底物浓度与一种酶的活力对酯形成构成一种协同的作用，由于影响醇乙酰基转移酶 AATase 活性和底物浓度的因素太多且相互制约。AATase 活性受多种调控 *ATF* 基因表达的模式影响，而高级醇与乙酰 CoA 浓度受酵母生长所需的碳代谢、氮代谢和脂肪酸代谢的影响，因此，酯的合成是复杂的，途径也存在多元化。

四、发酵过程中酯的形成和排出

发酵过程中酯在酵母细胞内形成通过质膜排出。高级醇和酯主要在主发酵阶段生成。在发酵的后期，当高级醇生成达到一个稳定值后，大量的酯仍然在合成，最终啤酒中高达 40% 的酯在这个阶段被合成。由于在酯合成的过程中还存在酯的水解、挥发，因此在发酵过程中，酯合成与分解要达到一个平衡。酯在细胞体内是不断积累和增加的，达到一定浓度后将通过一定渠道排出体外。酯的排出是通过主动扩散，从细胞内部向细胞外部排出。由于乙酸酯的分子量较小，可以快速和完全排出，中链脂肪酸乙酯向培养液中的转移随着链的长度的加长而减少，从己酸乙酯的100%，到辛酸乙酯的54%～68%，再到癸酸乙酯8%～17%。经检测，长链脂肪酸乙酯仅仅被发现存在于酵母细胞体内（图4－11）。MCFA乙酯在酵母和啤酒中的分布也受到酵母种类的影响，如拉格酵母中MCFA乙酯的比例较大。较高的发酵温度和后熟温度能通过更有效地排出和酵母自溶释放更高水平的MCFA乙酯。

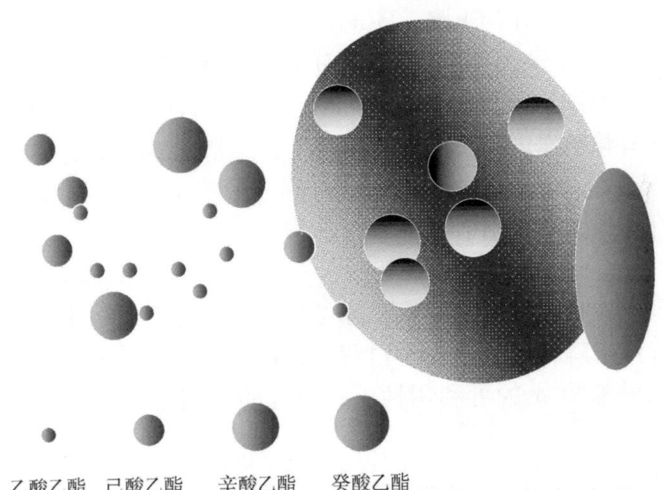

图4－11　啤酒酵母发酵过程中酯的形成和排出

第七节　啤酒中乙酸酯类的合成

啤酒中的酯分为两大类。第一类是乙酸酯类（酸基团是乙酸，醇基团是乙醇或生成自氨基酸代谢的复杂醇类），如乙酸乙酯（溶剂气味）、乙酸异戊酯（香蕉味）、乙酸异丁酯（水果气味）、乙酸苯乙酯（玫瑰味）等（表4－10）。其中，乙酸乙酯是含量最高的酯，而乙酸异戊酯凭借其独特的香蕉风味是出现在啤酒中最具影响力的乙酯。第二类是中链脂肪酸（MCFA）乙酯（醇基团是乙醇，酸基团是中链脂肪酸），包括己酸乙酯（苹果样气味）、辛酸乙酯（酸苹果气味）、癸酸乙酯等。在乙酸酯类合成过程中，乙酰CoA池的消耗用于脂质合成和酯类合成之间的平衡。脂质合成旺盛时，酯类合成减少；反之酯类合成增加。

这是酵母在啤酒发酵过程中以乙酰 CoA 为诱导的酯生成模式。除此之外，还存在以高级醇底物为限制因素的酯合成模式以及以醇乙酰基转移酶活性为关键限制因素的模式。

表 4－10　　啤酒中酯的分类

乙酸酯类	中链脂肪酸（MCFA）乙酯	乙酸酯类	中链脂肪酸（MCFA）乙酯
乙酸乙酯	己酸乙酯	乙酸异丁酯	癸酸乙酯
乙酸异戊酯	辛酸乙酯	乙酸苯乙酯	十二酸乙酯

中链脂肪酸乙酯的合成不同于乙酸酯类，其他脂肪酸乙酯类会随碳链的增加引起向细胞外分泌的比例下降。MCFA 有脂溶特性，能通过细胞膜扩散到麦汁中。MCFA 乙酯在酵母和啤酒之间的分布受到酵母类型的影响。拉格酵母（*S. pastorianus*）细胞内保留较多的 MCFA 乙酯。而且，MCFA 乙酯在酵母和啤酒之间的分布有赖于温度的高低：较低温度下，酵母细胞内保留较多酯。

一、乙酸酯合成的限速因子

前文述及，在啤酒发酵过程中，酵母生长阶段之后生成大量的乙酸酯。形成了三种假设用来解释和描述发酵过程中乙酸酯合成，每一个假设基于不同的限速因子：乙酰辅酶 A 的可利用性、高级醇的可利用性和醇乙酰基转移酶的活性。

（一）乙酰辅酶 A 的可利用性

麦汁中促进酵母生长的组分，趋向于减少酯的水平。因此，高浸出物水平经常伴随着低酯水平。这可以解释为麦汁浸出物具备提供成核位点的能力，可以通过二氧化碳有利的移除产生一般刺激影响酵母生长。此外，浸出物可有含有脂和锌，二者都促进酵母生长。增加麦汁中氧的供给促进酵母生长，同时伴随酯水平的减少。可能的解释是因为酵母增长，大比例的乙酰辅酶被利用进行生物合成反应，因此用于酯合成的酯就减少了。酵母接种比例的改变也影响酯合成。大比例接种将预计导致酵母生长程度全面减少，因为对于每个酵母细胞可用的氧被限制供应，这样会导致酯水平提升。可是，发酵早期的高细胞浓度将预计导致氨基氮和氧的快速利用以进行生物合成反应。这种情况下，乙酰 CoA 总量将耗尽而且酯合成减少。

因为乙酰 CoA 和酯合成的密切关系，Nordström 总结：任何因素只要影响了乙酰 CoA 池就必然影响酯的形成。因此，当长链饱和脂肪酸添加到发酵培养基时，它们被转移进酵母细胞并被吸收进细胞膜中。由此，它们减少了细胞由于脂肪酸合成对乙酰 CoA 的利用。因此，胞内乙酰 CoA 水平提高，随之增加了酯的合成。相反，任何降低乙酰 CoA 池水平的因素将使酯合成减速。这样看来，酵母的生长过度将导致形成新生生物量（脂质、蛋白质等）利用大部分的乙酰 CoA，剩余少量的乙酰 CoA 供酯类合成。

按照 Thurston 等的观点，在发酵过程中有两个诱导阶段。第一个诱导阶段出现在发酵的初期。乙酰 CoA 和氧被迅速利用生成不饱和脂肪酸和甾醇（图 4 - 12）。紧接这个阶段，建立了乙酰 CoA 消耗用于脂质合成和酯类合成之间的平衡。发酵过程中，当脂质合成停止，第二诱导开始发生了。Thurston 等认为，脂质合成的停止是乙酰 CoA 过剩并为酯合成所用的诱因。因为转入的乙酰辅酶 A 与减少的 CoA（CoASH）之比率趋向高水平，刺激了乙酸酯的合成，以维持乙酰 CoA 和 CoASH 之间的平衡。虽然是短暂的，第二诱导却是高度显著的，在啤酒的最终酯浓度中，能贡献高达 40%。

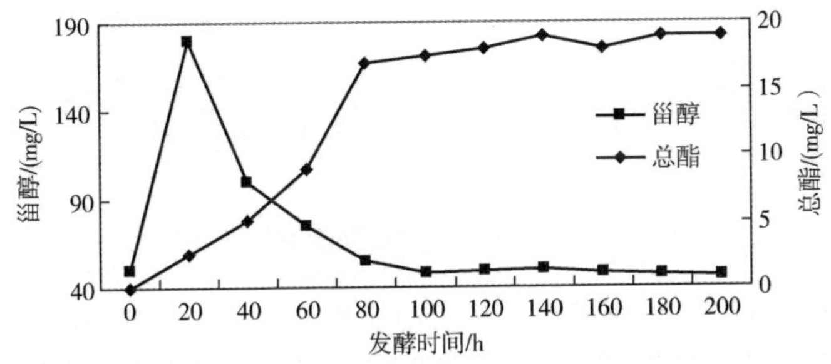

图 4 - 12　乙酸酯生成的第一诱导阶段

（二）高级醇的可利用性和醇乙酰基转移酶的活性

经过对发酵过程中 AATase 的活性和高级醇的形成研究，研究者认为乙酰 CoA 不是一个决定乙酸酯形成的重要因素，乙酸酯合成速度的减慢归因于 AATase 活性的迅速降低和高级醇量的不足。进一步的实验证明，许多影响酯形成的发酵条件均与可利用的醇基质相关，因此，高级醇的可利用性决定了酯在正常发酵条件下的形成速度。众所周知，在发酵过程中，任何刺激酵母生长的条件将会增加高级醇的生成。通过比较在外在高水平的异戊醇条件下酵母体内发酵过程中 AATase 的特异活性，发现乙酰 CoA 的可利用性不是影响酯合成的决定性因素。研究者将酯合成在细胞生长末段的特异高速与 AATase 的诱导作用进行关联考虑，并在随后的突变株实验中证实了这一观点。

挥发性酯类是乙酰 CoA 和高级醇之间通过酶促反应形成的。多种酶参与了酯类的形成，目前了解比较清楚的有醇酰基转移酶Ⅰ（AATase Ⅰ）和醇酰基转移酶Ⅱ（AATase Ⅱ），它们的编码基因分别是 *ATF*1 和 *ATF*2。酶 Atf1p 和 Atf2p 至少部分参与乙酸异戊酯和乙酸乙酯的合成。其他被认为与酯类代谢相关的酶还有 Lg－Atf1p 和 Eht1p，Lg－Atf1p 是一种在 Lager 酵母中发现的与 Atf1p 同源的醇酰基转移酶，而 Eht1p 则是可以催化已酸乙酯的乙醇已酰基转移酶。值得注意的是，酯类合成酶和酯酶如 Iah1P（可以促进酶的水解）之间的平衡，对酯类的累积速度影响很大。在啤酒中残留的活性酯酶会造成酯类水平的下降，这点可以在未灭菌啤酒的贮存过程中得到证实。

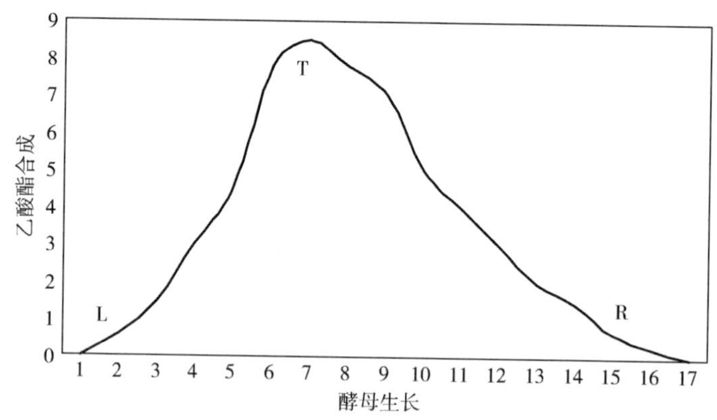

图 4－13　酵母生长与乙酸酯生成关系图

在实验中，可能不同的限制因子之间会发生重叠，这取决于酵母生长。在降低酵母生长速度的条件下［限制溶氧，降低氨基氮（FAN），低锌，固定化细胞］，AATase 活性因为酶合成水平低而成为决定性因素（图 4－13，L 点）。在酵母过度生长的条件下，乙酰 CoA 被认为是有限的，因为主要的乙酰 CoA 被用来生长，导致用于酯合成的乙酰 CoA 缺乏（图 4－14，T 点）。介于两个生长极端，可以观察到酯合成的最大化（图 4－14，R 点）。

有研究表明，*ATF*1 的活性还受蛋白激酶 Sch9p 和蛋白激酶 A（PKA）的调节。这些激酶调节基因的转录水平是受碳、氮、磷含量变化影响的。Sch9p 主要对与细胞生长、胁迫反应、糖原和海藻糖代谢等相关的基因有影响。*ATF* 基因过量表达可以使普通麦汁发酵产生的乙酸异戊酯和乙酸乙酯的含量提高 5 倍以上。这佐证了啤酒酿造过程中影响酯类合成的关键因素是醇酰基转移酶的活力的高低，而非底物的浓度，因为醇酰基转移酶的活性主要由 *ATF* 基因的表达水平决定。可见，最终决定乙酸酯类合成的关键限制因子是 *ATF* 的转录水平。当然，强调基因表达的关键作用，并不是说反应底物浓度的调节作用可以完全被忽视。

二、不饱和脂肪酸对醇乙酰基转移酶的抑制作用

醇乙酰基转移酶已被证实是难以研究的酶，因为其细胞外的抽提物是不稳

定的，特别是当其溶解时更不稳定。乙酸异戊酯是一些酒类的主要的活性风味酯，报告显示异戊醇是用来与乙酰 CoA 合成醇乙酰基转移酶的最好的基质。乙酰 CoA 的 K_m 与异戊醇相差了近 200 倍，说明不管有没有乙酰 CoA，异戊醇将决定酶的合成速度。有人提出，不同底物的亲和力可能说明酯形成模式的改变与不同的酵母菌株有关。在研究不同菌株细胞膜中不饱和脂肪酸浓度与醇乙酰基转移酶的关系后，发现该酶受到不饱和脂肪酸的抑制。外部添加不饱和脂肪酸同样对醇乙酰基转移酶具有抑制作用。

（一）酯形成与脂合成呈负相关

酯的低速合成发生在酵母生长的对数期，之后，在酵母生长速度下降的发酵中后期进入高速合成。证据显示，快速的酯形成与脂合成中断存在相关性。在乙酰 CoA 池中，自由 CoA 的比率能发挥控制酯形成和脂形成通道之间碳流的影响作用，碳流由生成脂质转而流向酯生成通道。Yoshioka 等从酿酒酵母中部分提纯醇乙酰基转移酶并观察不饱和脂肪酸的抑制作用，发现在麦汁中添加亚油酸（50mg/L）导致酯形成减少 80%，这可能归因于对醇乙酰基转移酶的抑制。此外，该酶活性还与细胞膜中不饱和脂肪酸浓度相关。因此，酯形成与脂合成是负相关。前文述及，在啤酒发酵形成起发的后续阶段，充气影响酯合成的结果是非常明显的。充氧的即时影响与延时影响均导致酯合成减少。发酵初始充空气或充氧将刺激必要的甾醇和 UFA 的合成，随之刺激酵母的生长。由于乙酰 CoA 优先被用来合成基本脂质，因此，充氧不当（如过多）就会使酯生成受抑。因通气减少酯的形成也可以解释为因为不饱和脂肪酸合成增加而引起的抑制作用。

氧和不饱和脂肪酸通过限制醇乙酰基转移酶表达发挥影响。然而，大量研究发现，并非所有不饱和脂肪酸都能抑制醇乙酰基转移酶基因（*ATF*1）。Fuji 等发现，醇乙酰基转移酶基因（*ATF*1）受氧和不饱和脂肪酸抑制，导致醇乙酰基转移酶的生成受限。Malcorps 等发现，在酵母生长的后期，不管是乙酯还是乙酰酯，酯合成的增加归因于诱发醇乙酰基转移酶的活性。这个过程需要 *denovo* 蛋白质合成而且其诱导受到亚油酸和氧的阻止。Lyness 等发现，醇乙酰基转移酶基因（*ATF*1）表达和乙酸乙酯浓度显示密切相关的的关系，但乙酸异戊酯没有显示出相似的关系。同时还观察到，添加亚油酸对 *ATF*1 表达并无影响。这些明显矛盾的结果可能解释为酵母细胞拥有不只一个醇乙酰基转移酶从而显示不同的底物特异性。总而言之，总结乙酸乙酯和乙酸异戊酯形成的不同模式可能通过多酶的观点来解释，可能有一个特定酶为乙酸乙酯形成显示特异活性，另一个具备广泛特异性，既生成乙酸乙酯又能生成乙酸异戊酯。显然酯合成调控是复杂的并且与其他应用乙酰 CoA 的利用通道密切相关，特别是脂类形成的通道。

证据表明，醇乙酰基转移酶是出现在细胞中的一个关键活性酶和几个不同的酶，每个酶负责形成一个或几个不同的酯。这些酶中的一些但不是全部的活性受基因水平调控，非基因调控的因素包括氧和/或不饱和脂肪酸。此外，醇基质浓度决定了醇乙酰基转移酶的生成，醇乙酰基转移酶也由醇基质的可利用性调控。由于酯酶的存在，不可排除酯酶既出现在反合成方向又出现在选择性水解特异性酯前体中影响酯的合成。不同酵母菌株形成酯的特征模式主要反映醇乙酰基转移酶出现的范围，以及它们在胞内调控的基质特异性和精确的方式。

（二）酯的生成及其去毒作用

综上所述，脂对酯形成的影响极其重要。酯形成的代谢角色目前还不清楚。一个看似正确的解释是它提供了一个途径去抵消脂肪酸的有害作用。因此，当脂类合成停止，比如因氧减少，细胞继续从酰基 CoA 产生中链脂肪酸，它们会持续对醇乙酰基转移酶产生抑制作用。这些是潜在的毒害作用，而细胞通过醇乙酰基转移酶将其酯化并使其扩散到培养基中消除其负面影响（图 4 – 14）。

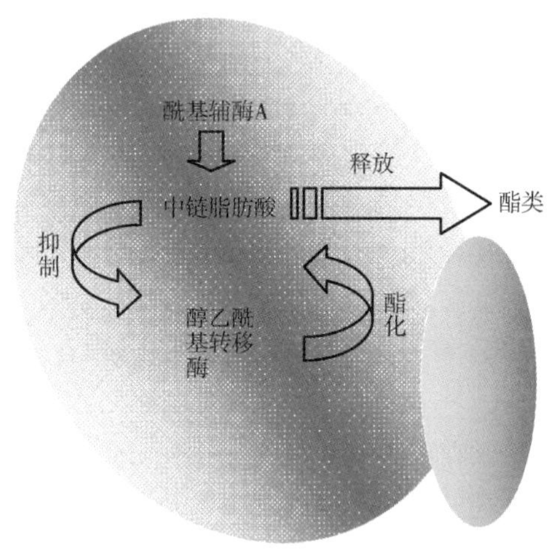

图 4 – 14　酯的生成及其去毒作用

发酵温度与酯形成直接相关，其影响机制还不清楚。Peddie 等认为高温能使细胞膜更具流动性，这将可能调整细胞膜绑定的醇乙酰基转移酶活性或直接增加酯从酵母内扩散到啤酒中的速度。但是，提升温度同样促进高级醇的形成并提供更高浓度的前体供酯合成。实际上，相对于通过调节基质可利用性，发酵因素对酯形成的影响更有可能存在于控制醇乙酰基转移酶活性，最终将脂肪酸转化为酯。

简而言之，两种因素对酯的形成速率有影响：两个反应底物（酰基 CoA 和高级醇）的浓度以及参与酯类形成和降解的酶类的活力。

第八节　中链脂肪酸酯（C_6-C_{10}）（MCFA 酯）的合成

酯类是在细胞内产生并分泌到啤酒当中的。由于乙酸酯类是脂溶性物质，其产生后会很快通过细胞膜扩散到发酵液中。不同于乙酸酯类，其他脂肪酸乙酯类会随碳链的增加引起向细胞外分泌的比例下降，如己酸乙酯100%分泌，辛酸乙酯54%～68%分泌，癸酸乙酯8%～17%分泌。碳链再长的脂肪酸乙酯不能分泌出去，均保留在细胞中。酯类在发酵液和细胞内的分配比例与菌种特性有关，Lager 酵母能在细胞内形成并保留更多的酯类。另外，酯类在胞内和胞外的比例还受温度影响，温度越低，则各酯在细胞内保留的比例越高。

MCFA 酯的合成同样影响酵母的生长。MCFA 是酯合成的前体，在啤酒发酵过程中影响 MCFA 酯的合成。脂肪酸的生物合成和它与 MCFA 酯形成的关系见图 4－15（Dufour 模型）。因为酯形成与脂肪酸合成（酰基 CoA 基质）的密切关系，用于控制乙酯水平的机制同样可以应用于控制啤酒中的 MCFA。MCFA 的生成明显与酵母生长是负相关的。主要用于调节脂肪酸生物合成的是乙酰 CoA 羧化酶。在啤酒发酵条件下（限制溶解氧），长链饱和脂肪酸积累并且抑制乙酰 CoA 羧化酶。酰基辅酶 A 随之从脂肪酸合成酶中释放出来。因此，中链脂肪酸酰基辅酶 A 得到积累，导致酯合成增加。MCFA 酯的合成可能与 CoASH 的代谢需要有关，为的是不将有毒的酸释放到细胞质中。

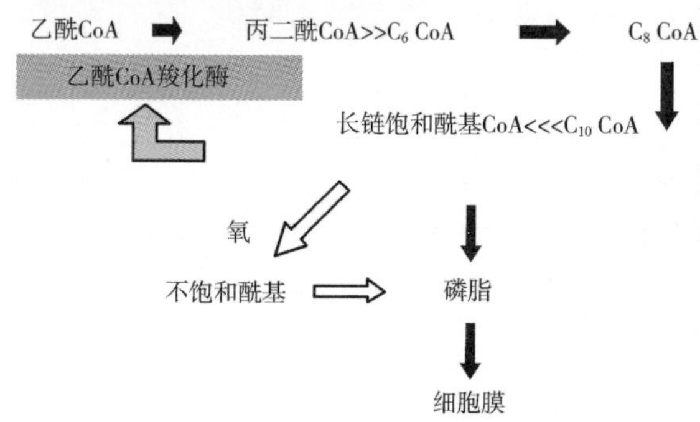

图 4－15　脂肪酸的生物合成与中链脂肪酸乙酯形成的关系（Dufour 模型）

在供氧的条件下，不饱和脂肪酸（UFA）被合成，乙酰 CoA 羧化酶的抑制得到释放，延长反应过程形成长链脂肪酸（LCFA），同时导致细胞内中链脂肪酰 CoA 池减少。麦汁中脂质的影响（刺激生长伴随酰基 CoA 池的减少），麦汁中自由氨基酸（FAN）的耗尽，缺氧或运用二氧化碳背压（限制生长并积累剩余的酰基 CoA）均可用相同的反应模型解释。

MCFA 乙酯形成所涉及的酶。MCFA 乙酯是酰基 CoA 组分与醇之间进行的酶催化反应的产物。酵母细胞内形成的大多数 MCFA 乙酯由两个酰基 CoA 催化：醇 *O* – 酰基转移酶 Eeb1 和醇已酰转移酶 Eht1。

$$\text{酰基 CoA} + \text{醇} \xrightarrow{\text{Eeb1 和 Eht1}} \text{MCFA 乙酯}$$

要了解发酵参数对 MCFA 乙酯生成的影响，有一个重要的因素，那就是 MCFA 乙酯合成酶的总活性。目前，已有两个酶被报道对 MCFA 乙酯的合成很重要，分别是 Eht1 和 Eeb1。但是目前为止我们对这两个酶和对应基因的调控机制知之甚少。对于 *EEB*1 来说，已知有两个转录因子参与该基因的转录调控，即 Oaf1 和 Pip2。我们已经知道，Oaf1 和 Pip2 是几个 *S. cerevisiae* 基因编码过氧化物酶蛋白通道的关键组分，在油酸存在的情况下被激活。这两个蛋白形成一个复合体并绑定在异源二聚体上游激活序列。这个 DNA 序列上包含 CGG 三联子的回文结构，并由 15 – 到 18 – 核苷核片段间隔。这个序列出现在几个编码过氧化物酶蛋白基因的启动子区域，被称为油酸应答元件（oleate response element, ORE）。*EEB*1 的启动子同样包含这种 ORE。研究者证明 *EEB*1 的表达受到油酸的诱导和 Oaf1 与 Pip2 的调控，就像基因编码过氧化物酶与 β – 氧化酶一样（图 4 – 16）。

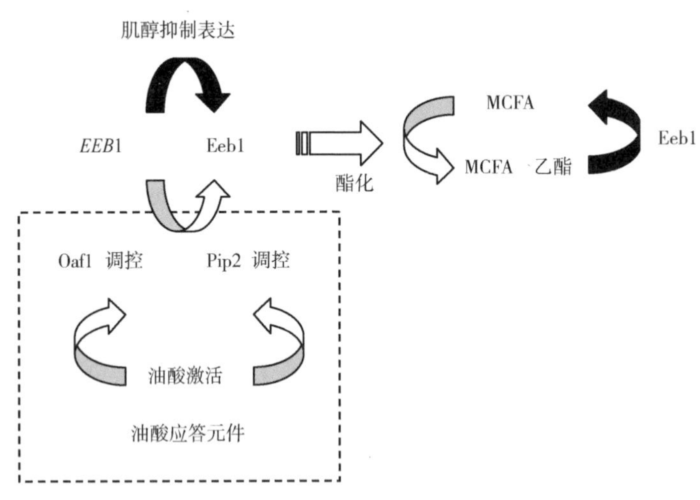

图 4 – 16　*EEB*1 基因的转录调控

*EEB*1 的表达也受到培养基中肌醇浓度的影响。肌醇是酵母体内磷脂合成的前体物质。而磷脂是有界膜细胞器的关键结构元素，在信号传导和膜交换通道起着重要的作用。在酵母 *Saccharomyces cerevisiae* 中，许多编码磷脂生物合成基因的转录在磷脂前体物质存在的时候受到抑制。因为肌醇对其他基因抑制的原

理未知，研究者应用 cDNA 微阵列技术描绘了酵母中对应于外源肌醇使受抑制基因的变化。结果显示，肌醇是Ino2p－Ino4p 和未折叠蛋白（UPR）目的基因表达的主要影响因子。其中一个受影响的基因就是 *EEB*1，其表达受到肌醇的抑制，但不知是以 Ino2－Ino4 通道方式还是 UPR 通道方式。因此肌醇为什么和如何影响 *EEB*1 的表达仍然是未知的。

*EHT*1 或者 *EEB*1 过量可以增加总酶活性但同时也增加了酯酶活性。过量表达 *EHT*1 的葡萄酒酵母在发酵过程中显示 MCFA 乙酯生成的轻微增加。Lilly 等用过量表达 *EHT*1 等位基因的 VIN13 酵母发酵导致所有酯浓度的增加，其中增加最多的是癸酸乙酯、己酸乙酯、辛酸乙酯。*EHT*1 过量表达导致葡萄酒中苹果香气的显著增强，影响癸酸乙酯、己酸乙酯（苹果的香气）、辛酸乙酯浓度增加的现象在感官分析的时候尤其明显。但是，用实验室菌株或者工业爱尔菌株过量表达 *EHT*1 或者 *EEB*1 并未增加 MCFA 乙酯的生成。甚至在培养基中添加基质，对野生菌株、过量表达 *EHT*1 或者 *EEB*1 的实验室菌株和工业菌株的 MCFA 乙酯的生成浓度也没任何不同。如前所述，Eht1 和 Eeb1 除了具备 MCFA 乙酯活性外，确实还具备酯酶活性。这一特性解释了为什么过量表达此基因却不能增加 MCFA 乙酯生成的原因。当通过过量表达酯合成酶基因来增强酶活性的时候，仅仅轻微地影响了乙酯的生成，而酶的活性显然不是乙酯生成的限制因素。

MCFA 前体物中链脂肪酸酰基 CoA 的增加导致中链脂肪酸乙酯的大量生成。为了解发酵参数如何影响 MCFA 乙酯，有必要先了解其前体物中链脂肪酸（MCFA）对酯合成的影响。经实验发现，添加 MCFA 的前体物导致中链脂肪酸乙酯的大量生成。这一现象与过量表达乙酯合成酶的基因相比，效果更加明显。可以推断，MCFA 前体物浓度是乙酯生成的限制因素。在啤酒发酵的初期，*S. cerevisiae* 释放出 C_6－C_{10}的 MCFA 和部分辛酸、己酸。短链和中链脂肪酸中间体能提前从胞浆脂肪酸合成酶（FAS）复合体中释放出来。因为 MCFA 来自 FAS 复合体，看来脂肪酸合成的机制同样适用于 MCFA 的合成，由此推断，细胞中 MCFA 来自于合成而非通过长链降解。

乙酰 CoA 羧化酶控制 MCFA 从 FAS 复合体中的释放。用来调控脂肪酸合成的关键酶是乙酰 CoA 羧化酶。根据 Dufour 建立的模型，乙酰 CoA 羧化酶经转录后，其活化作用决定 MCFA 是否能从 FAS 复合体中释放出来，形成游离的脂肪酸。在啤酒的无氧发酵条件下，长链饱和脂肪酸不断积累并抑制乙酰 CoA 羧化酶活性。酰基 CoA 于是从 FAS 复合体释放出来使中链脂肪酸酰基 CoA 得到积累，最终引起 MCFA 乙酯合成增加。在有氧发酵的条件下，不饱和脂肪酸合成，乙酰 CoA 羧化酶抑制得到解除，碳链延长反应促使形成长链脂肪酸，引起细胞内中链脂肪酸酰基 CoA 池的减少。啤酒发酵过程中出现的一些具体情况如：麦汁中增加脂质能刺激酵母生长并伴随酰基 CoA 池的减少，从而减少 MCFA 乙酯的生成；在缺氧的条件或控制发酵罐内适当的顶部压力（CO_2）的条件下，能限制酵母生长同时积累酰基辅 CoA 池，令 MCFA 乙酯增加生成，此过程能用同样的模型来解释。

第九节　啤酒中酯合成的生理调控

20 世纪 60 年代，酯的合成被发现，到目前为止，对酯生成研究发现了若干条生化途径。通过研究挥发酯的生化途径，研究酯形成时，引导酯合成途径的基因及影响酯合成速度的因素等，在各方面取得了有意义的进展。但目前仍有许多未知领域有待人们探索。比如酵母细胞内的酯合成到底有什么生物学作用？或者更具体一点，酵母合成酯究竟有何功能？过去人们一开始认为啤酒中的酯只是在啤酒发酵时糖代谢的副产物并且它们的形成与细胞生长代谢毫无关系，再后来认为酯是醇与酸的缩合产物，也与酵母生长无关。到底是否如此？近几十年的研究发现酯的形成具备几个特点：①酯合成过程中形成乙酰 CoA 或酰基 CoA 的需能特性，酯的形成发生在酵母细胞内，由多条生化途径参与；②*ATF*1、*ATF*2、*EEB*1、*EHT*1 基因复杂精确的调控，前两者负责乙酸酯的调控，是限制因子，后两者参与催化中链脂肪酸乙酯合成，是非限制因子；③乙酰辅酶 A 池在酵母生长与产酯之间由于代谢通道改变而重分配的特性，过量表达酵母的 *CAT*2 基因促进游离乙酰辅酶 A 再生；④酯酶的存在及其基因 *IAH*1 的调控与合成酶的平衡关系以及 Eeb1 和 Eht1 的酯酶功能。这几个特点强有力地说明酯的形成不只是无关紧要的过程。相反，挥发酯的形成可能有非常特别的作用，可能限制特定的生命周期、代谢阶段或改变其周边的环境条件。此外，值得注意的是酯合成酶可能会催化其他反应更甚于形成挥发性风味酯，如合成更复杂的非挥发酯组分，这点在酒类陈酿过程中会有所发现。所以挥发酯可能是更多相关生理过程的副产品。在另一方面，几个猜想认为挥发酯生成的特殊作用或多或少得到不同的实验数据支持。

一、酯的形成意味着酵母在大自然的分散

大自然中蝇蝶甚至一些蜂喜欢食用生长酵母的腐烂水果和植物组织。蝇卵被直接产在这些食物上，最好品质的可用食物之处是产卵的最佳位置。这些飞蝇被丁酸乙酯等酯类气味强烈吸引并聚集采食并产卵。食物残渣和酵母直接被带到其他地方广泛继续散布，多数的落脚点在树丛、花蕊、水果表面。当幼虫在食物源中直接孵化，它们能忍受高浓度气味并成长直到将酵母带到其他适宜生长的广袤大地。酯类的气味强烈，能保持其吸引力而不受低浓度气味刺激干

扰。据报道，丁酸乙酯高达500倍范围浓度的气味显示了对野生果蝇强烈的吸引力。

正如*S. cerevisiae*被发现在发酵中的水果中一样，酯的生成可能是一个吸引类似果蝇以便确保酵母分散在大自然中的机制。当果蝇进食酵母发酵食物，酵母细胞会从水果跑到果蝇身上。也许不单是幼虫，果蝇自己也被释放自发酵水平的强烈气味分子所吸引。酵母细胞制造了更多的水果味的酯将会有更多机会吸引多种果蝇并借此将其传播到大自然中。

发酵过程产生的酯类是啤酒重要的风味物质。挥发风味活性酯构成了由酵母细胞发酵产生的最大的、也可以说是最重要的一类风味组分。它们水果风格的香气对高品质的酒精饮料至关重要，如啤酒、葡萄酒和清酒。

啤酒发酵中酯类合成是由脂肪酰CoA和酯类（乙醇或高级醇）在酰基转移酶的催化下产生的；酯类形成的两个底物（高级醇和酰基辅酶A）含量的变化也会引起酯类形成的变化。乙酰CoA在控制酯合成的过程中起着非常重要的作用。该化合物的生成和消除决定着啤酒中酯类的含量。啤酒酵母产生乙酸酯类主要受AATase编码基因的表达程度决定，啤酒酵母中存在的酯酶能水解酯类成为它们的组分脂肪酸和醇类；但这些酶类也具有催化酸和醇形成酯类的功能。所有能影响乙酸酯类形成酶活和底物浓度的因素都会改变乙酸酯类的形成速率。

二、酯的平衡分布

酯类是酿造酵母在厌氧糖代谢过程中产生的第二位产物，也是影响啤酒风味最大和最重要的化合物之一。在所形成的酯中最重要的是乙酸乙酯、乙酸异戊酯、乙酸异丁酯、乙酸苯乙酯和已酸乙酯。酯的风味阈值很低，在啤酒的高浓度发酵中尤为显得重要。因为高浓发酵产生过量酯会使啤酒带有一种不需要的溶剂味。而在低醇啤酒生产中，由于所形成的酯量低导致啤酒风味差。酯类是成品啤酒风味的决定性因素，它们能供给啤酒所希望的风味，因此，合理控制啤酒中酯类含量，将赋予现代啤酒不同的品质风格。

诸多方法可以用于调控啤酒生产过程中酯类的分布水平，而各方法实现的难易程度不同。在阐明负责合成这些香味成分的生化途径和鉴定这些途径中不同酶的编码基因方面取得了显著的进展。但是，我们对酯的认知还是不够全面的。生化组分和乙酸酯合成的调控已经被详细地明确定义，虽然有些组分有待鉴别。另一方面，中链脂肪酸乙酯的基因和生化途径也在最近被发现，同样存在一些组分有待被发现。除了直链脂肪酸乙酯外，支链脂肪酸乙酯和脂肪酸乙酯均在发酵饮料如啤酒和葡萄酒中被发现。这些组分的生物合成途径目前还不知道，而且酯合成真正的生理作用目前仍然是未知的。分布于胞内的部分乙酯可能具有相当积极的生理作用。Eeb1和Eht1参与的中链脂肪酸（MCFA）酯化作用和 Atf2 在甾醇类乙酰化中的作用支持酯在胞内合成的脱毒代谢机制的可能性。一些酯能起到饱和脂肪酸（UFA）类似物的作用，保证发酵期间在细胞膜上形成合理的流动性。上述这些胞内酯的猜测只适合于长链酯如乙酯类。但是，主要分布于醪液中的大多数酯（尤其是短链酯）是挥发性组分，因为酯的挥发性，其对昆虫的吸引似乎是酵母为其在自然界扩散的一种方式。

三、酯合成的生理调控

Eht1 和 Eeb1 蛋白中的中链脂肪酸乙酯合成酶和酯酶活性精确调控了中链脂肪酸乙酯在细胞内合成和水解的平衡问题。酯酶代表了多样的一系列水解酶催化酯的分解，在某些情形下断裂酯键。酯合成酶和酯酶，显示了对酯积累的净速度的重要程度。

乙酸乙酯含量丰富的原因是它们被酯酶水解速度比其他酯类如己酸乙酯要慢得多。但是，从目前了解的酯生成机理来看，这种现象倾向于底物浓度的影响，因为啤酒发酵过程中，己酰 CoA 比起乙酰 CoA 存在的量要低很多，因而限制了己酸乙酯的产生，当然，也有可能是羧化酶（延长碳链）或者是己酸乙酯合成酶的缺乏造成的。进一步研究发现，通过过量表达乙酯合成基因的手段加强酶活性仅仅轻微影响乙酯生成。酶活性明显不是乙酯生成的限制性因素，胞内中链脂肪酸浓度才是乙酯合成的限制因子。

酯一方面通过两种底物被特异酶催化而生成，另一方面被酯酶水解释放游离乙酰辅酶 A。参与分解酯的酯酶有两类，一类是纯粹起酯酶作用的酶，另一类是醇氧酰基转移酶 Eeb1 和醇己酰基转移酶 Eht1 在一定条件下同时扮演合成酶与酯酶的角色。乙酯不断被生成同时不断被水解，使酯含量达到平衡，乙酸酯被酯酶水解释放的游离乙酰辅酶 A 进而参与乙酸酯的合成。所有生化反应进入一个循环，在这个循环中释放的挥发酯就是检测到的部分。实际酯的生成和水解的量要比所见的要大得多。这一切来自于存在另外一个基因直接控制这一平衡，根据需要进入合成与水解的平衡或者启动转运机制消除局部浓度过高问题。比如，*EHT*1 过量表达虽然能够显著增强酒体的苹果气味，但其酯的增加量是十分有限的。酒体的最终感官结果受 Eht1 和 Eeb1 酯酶活性与合成酶活性最终平衡的影响。再如，MCFA 对于细胞来说具有毒性，因此，将其迅速酯化是最十分必要的，这促使细胞内局部乙酯的含量过高，再通过转运机制将其排出体外。一些 MSF – MDR 转运体将细胞毒素运出细胞前，需由醇乙酰基转移酶催化将其乙酰化。

在酯合成领域仍有许多未知的问题特别是关于酯形成的生理作用需要我们去研究。更进一步的研究需要综合了解酯合成途径、调控和生理作用，最终使我们洞悉为什么酵母会产生酯类香味。

第十节　啤酒中酯类的检测

啤酒作为饮料酒，其风味特征主要通过感官品尝进行评价。虽然在生产中有较多的应用，但是测评周期长，影响因素多，主观性强，重复性差，并且人的鼻子、舌头对气味具有适应性，容易出现疲劳而影响分析结果，无法实现快速检测等，难以达到控制产品品质的目的。随着啤酒生产规模化/集团化发展，仅靠专业评酒人员进行感官品尝，难以达到控制产品品质的目的。利用现代仪器分析技术对啤酒进行监控，保持啤酒风味一致性，是啤酒行业发展的趋势。气相色谱法（gas chromatography 简称 GC）是以气体为流动相的色谱法。样品及被测组分被气化后，由载气带入色谱柱中，利用被测各组分在色谱柱中的气相和固定相的溶解、解析、吸附或其他亲和作用性能的差别，在柱内形成组分迁移速度的差别而互相分离，在经过检测器检出，得到色谱图。根据各组分的保留时间和响应值进行定性、定量分析。相比于液相色谱法（用于可溶性物质定量定性检测）和质谱分析法（用于物质结构定性定量分析），气相色谱法更适合于本实验对于挥发性酯类的检测。

一、气相色谱法原理

氢火焰离子化检测器（Flame Ionization Detector 简称 FID）的工作原理是含碳有机物在氢火焰中燃烧时，产生化学电离，反应产生的正离子在一个电场作用下被收集到负电极上，产生微弱电流，经放大后得到色谱信号。FID 是气相色谱中最常用的一种检测器。FID 是用于有机物分析的质量型检测器，它的灵敏度高，线性范围宽，易于掌握，应用范围广，特别适用于毛细管色谱使用。FID 检测器需用 3 种不同气体：载气、氢气和空气。

对比于其他检测器，如火焰光度检测器（FPD）对含硫、磷化合物具有高灵敏度；电子捕获检测器（ECD）对卤素、磷、硫、氧等元素的电负性化合物有高灵敏度，由于本实验需检测的物质为低沸点挥发性酯类物质，它们都具有可燃性，因此可以用 FID 检测。

二、纯物质定性

利用保留值定性：在完全相同的条件下，分别对试样和纯物质进行分析。通过对比试样中具有与纯物质相同保留值的色谱峰，确定试样中是否有该物质及在色谱图中的位置，但这种方法不适用于在不同仪器上获得的数据之间的对比。对于保留值接近或分离不完全的组分，该方法难以准确判断。

如组分分离不完全时，需要在两支不同性质的色谱柱上进行对比。当缺乏标准试样时，可采用相对保留值定性或利用保留指数定性。本实验以通过文献查得啤酒中所含主要风味性酯类组分，并且其保留值不同且分离完全，所以采用保留值进行定性，简单、便捷、准确。

三、外标法内标法定量

外标法也称为标准曲线法。配制一系列标准溶液进行色谱分析，在严格一致的条件下，有所测定的峰面积对应浓度作图，得到标准曲线。外标法不使用校正因子，准确性较高，但操作条件变化对结果的准确性影响较大，对进样量的准确性控制要求较高，适用于大批量试样的快速分析。

内标法则是指样品中加入内标物，利用被测物与内标物校正因子的比值来进行定量。用已知的标准品和内标物配成不同浓度的标准溶液，求得校正因子比值，测量样品的峰高或峰面积和校正因子比值计算出样品浓度。内标法的准确性较高，操作条件和进样量的稍许变动对定量结果的影响不大，但对于每个试样的分析，都要先进性两次称量，不适合于大批量试样的快速分析。

四、样品前处理方法

随着气相色谱技术的发展与普及，以较低的费用对啤酒中挥发性物质进行检测成为可能。利用气相色谱技术对啤酒中各种挥发性物质进行分离与检测本身并不难，主要问题是：由于啤酒中存在大量不具有挥发性的物质，一般来讲不能直接进样；其次，对于啤酒中含量相对较少的挥发性成分，不进行富集，难以检出、定量。因此，如何对啤酒样品进行前处理，就成为气相色谱法在啤酒分析中应用的关键。

样品前处理方法主要有四种，包括直接进样、溶剂萃取、蒸馏和顶空进样，其优缺点如表 4 - 11 所示。另外，为消除二氧化碳对检测结果的影响，取样前可以采用反复注流、快速过滤等方法除去啤酒中的二氧化碳。

顶空分析是取检测样品基质（固体或液体）上方的气体部分进行色谱分析。很显然，这是一种间接分析方法。其基本理论依据是在一定条件下气相和凝聚相（固体或液体）之间存在着分配平衡，所以气相的组成能反映凝聚相的组成。顶空分析有动态和静态两种。静态法 - 顶空进样是将一定量样品放入一个有足够容积的气体扩散瓶中，瓶口用橡胶塞密封，瓶内有足够的空间，在一定的温度下保温，待瓶内样品中气液两相达到平衡时，可取气体样品进行色谱分析。

动态法-顶空进样是用惰性气体的气流将啤酒中的风味成分驱赶到一个捕集器中，捕集器是装有固体吸附剂的不锈钢管，吸附在捕集器上的组分经加热解吸或有机溶剂洗脱的方法进入色谱柱。这种方法使微量组分得到富集，且重现性有了提高。

表4-11　样品制备方法优缺点

方法	优点	缺点
直接进样	简单、快速	易受非挥发性组分的干扰
溶剂萃取	具选择性，可浓缩样品	易造成人为污染，费时
蒸馏	样品分级	不完全回收，热分解，费时
静态顶空进样	适于微量组分检测	样品取样量大，受水干扰
动态顶空进样	可预浓缩微量挥发性组分	要求吸附剂热稳定性好

以上所述的测定啤酒风味成分的几种样品处理方法，各有其自己的特点，但比较好的方法还是动态法-顶空进样和有机溶剂萃取法。这些方法结合使用高分辨率的毛细管色谱柱，将是评价啤酒风味质量的有效手段。因实验仪器所限，本实验选取用正己烷萃取的前处理方法，既解决了不挥发性组分对检测的影响，又对样品进行了浓缩。

五、啤酒中酯类测量实例

1. 实验材料

啤酒：灌装青岛2000（下面发酵），购自超市；标样：GR级乙酸乙酯、GR级乙酸异戊酯、GR级乙酸异丁酯、GR级己酸乙酯、GR级辛酸乙酯购自阿拉丁试剂有限公司；GR级无水乙醇购自广州化学试剂厂；GR级正己烷购自天津市百世化工有限公司。

2. 仪器设备

Agilent 6890N气相色谱仪：Agilent Technologies；Agilent 7683自动进样器：Agilent Technologies；FID检测器（flame ionization detector，火焰离子化检测仪）：Agilent Technologies；毛细管柱：DB-1701（30m×0.32mm×1μm），Agilent Technologies；干燥空气（氮纯度79%）购自海口金厚特种气体有限公司；高纯氮（纯度>99.99%）购自海口金厚特种气体有限公司；氢气发生器：Agilent Technologies。

3. 标准溶液制备

外标储备溶液（混标）：准确配制标准溶液，取乙酸乙酯3000μL、乙酸异戊酯400μL、乙酸异丁酯300μL、已酸乙酯200μL、辛酸乙酯200μL于100mL容量瓶中用无水乙醇定容。

标准溶液储备液：取外标储备溶液1mL于10mL容量瓶中用无水乙醇定容，各组分浓度为：乙酸乙酯2706.0mg/L、乙酸异戊酯350.4mg/L、乙酸异丁酯264.9mg/L、已酸乙酯178.2mg/L、辛酸乙酯175.6mg/L。

标准曲线溶液配制：依次稀释以上储备液2倍、4倍、5倍、10倍4个数量级，配置不同梯度的混标溶液，无水乙醇定容，GC分析。

4. 样品制备

啤酒预先在4℃冰箱冷藏过夜，取适量置于100mL烧杯中，用快速除气法除去其中的二氧化碳。吸取80mL无气泡啤酒于100mL样品瓶中，加适量NaCl，加入10mL正己烷，充分混匀，静置分层，移液枪吸取1mL于2mL样品瓶中待测定。

5. 色谱条件

DB－1701毛细管色谱柱（30m×0.32mm×1μm，中极性）；载气为氮气，流速25mL/min；分流比：50.0∶1；程序升温：初始柱温40℃（保持4min），以10℃/min升至90℃（保持1min），以30℃/min升至220℃（保持3min）；进样量：1μL。

6. 标准溶液储备液气相色谱定性

利用GC绘制出标准溶液色谱图（如图4－17），将保留时间记录在表4－12中。并配制单标确定各组分保留时间。

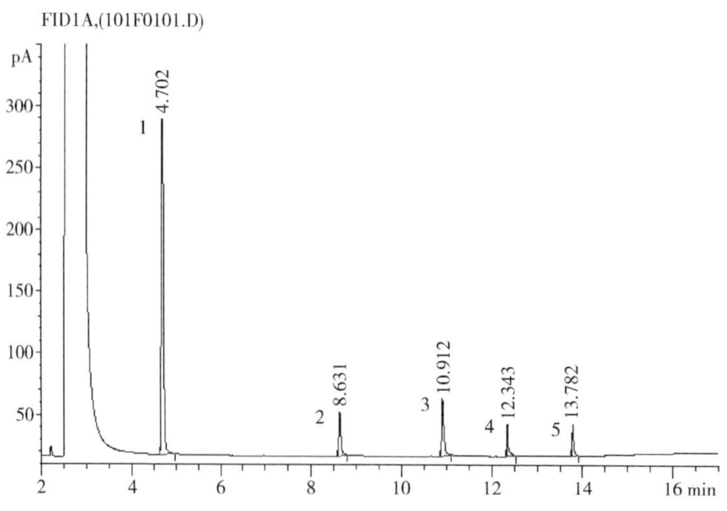

图4－17　标准溶液储备液气相色谱图

1—乙酸乙酯　2—乙酸异丁酯　3—乙酸异戊酯　4—已酸乙酯　5—辛酸乙酯

表 4－12　　各组分保留时间

编号	组分名称	保留时间（mean ± SD）/min
1	乙酸乙酯	4. 702 ±0. 03
2	乙酸异丁酯	8. 631 ±0. 04
3	乙酸异戊酯	10. 912 ±0. 04
4	己酸乙酯	12. 343 ±0. 02
5	辛酸乙酯	13. 782 ±0. 03

7. 标准溶液储备液气相色谱定量

利用气相色谱仪测定出每个数量级的标准液各组分峰面积，每个标准液平行进样三次（1μL）并求得平均峰面积，结果记录在表 4－13。

表 4－13　　各标准曲线溶液峰面积/pAs

		乙酸乙酯	乙酸异戊酯	乙酸异丁酯	己酸乙酯	辛酸乙酯
标准	1	1044. 5	111. 8	152. 7	64. 7	54. 1
	2	1057. 4	115. 2	161. 0	70. 0	65. 7
	3	1042. 3	116. 9	159. 8	73. 4	70. 1
平均		1048. 1	114. 6	157. 8	69. 2	63. 3
2 倍	1	513. 8	48. 2	67. 9	27. 8	26. 2
	2	510. 5	49. 1	66. 1	26. 8	25. 1
	3	506. 1	50. 3	69. 2	27. 6	26. 4
平均		510. 1	49. 2	67. 7	27. 4	25. 9
4 倍	1	232. 7	18. 9	25. 0	9. 4	7. 3
	2	232. 9	20. 0	23. 6	8. 6	7. 2
	3	228. 8	17. 9	23. 2	8. 3	7. 7
平均		231. 5	18. 9	23. 9	8. 8	7. 4
5 倍	1	189. 8	14. 7	17. 4	6. 7	6. 2
	2	196. 1	14. 5	17. 7	6. 1	6. 1
	3	197. 6	14. 7	19. 1	6. 1	6. 0
平均		194. 5	14. 6	18. 1	6. 3	6. 1
10 倍	1	90. 8	5. 7	6. 0	2. 5	2. 1
	2	86. 7	5. 0	7. 7	2. 7	1. 9
	3	87. 6	5. 9	6. 9	2. 0	1. 9
平均		88. 4	5. 5	6. 9	2. 4	2. 0

各组分峰面积与浓度关系如表4-14所示。

表4-14　各组分浓度/（mg/L）与峰面积/pAs

组分	标准液		2倍标准液		4倍标准液		5倍标准液		10倍标准液	
	浓度	峰面积	浓度	峰面积	浓度	峰面积	浓度	峰面积	浓度	峰面积
乙酸乙酯	2706.0	1048.1	1353.3	510.1	676.65	231.5	541.32	194.5	27.06	88.4
乙酸异戊酯	350.4	114.6	175.20	49.2	87.60	18.9	70.08	14.6	35.04	5.5
乙酸异丁酯	264.9	157.8	132.45	67.7	66.225	23.9	52.98	18.1	16.49	6.9
己酸乙酯	178.2	69.2	89.10	27.4	44.55	8.8	35.64	6.3	17.82	2.4
辛酸乙酯	175.6	63.3	87.80	25.9	43.90	7.4	35.12	6.1	17.56	2.0

由标准曲线得各组分线性回归方程如下（Y：峰面积pA s；X：浓度mg/L）：

乙酸乙酯：$Y=0.3957X-24.723\quad R^2=0.9970$

乙酸异戊酯：$Y=0.3513X-9.9022\quad R^2=0.9973$

乙酸异丁酯：$Y=0.6467X-15.358\quad R^2=0.9968$

己酸乙酯：$Y=0.4281X-8.4555\quad R^2=0.9931$

辛酸乙酯：$Y=0.3992X-7.8016\quad R^2=0.9938$

用同一啤酒样品进行3平行实验，测定啤酒样品气相色谱图如图4-18，将各组分峰面积记录在表4-15中。

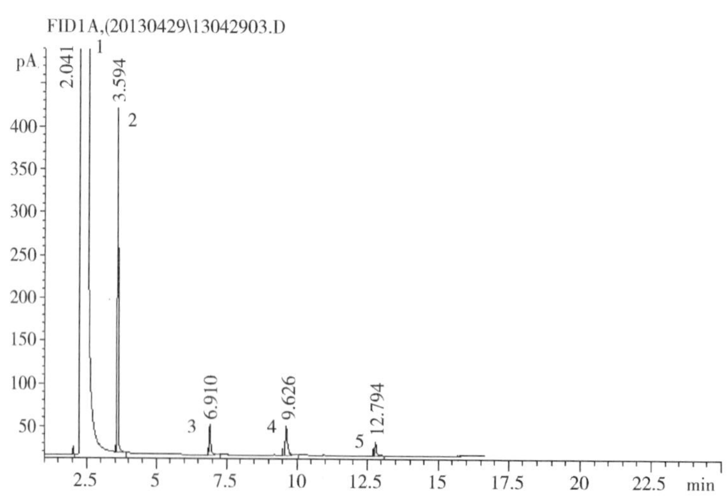

图4-18　样品色谱图

1—乙酸乙酯　2—乙酸异丁酯　3—乙酸异戊酯　4—己酸乙酯　5—辛酸乙酯

因为取啤酒80mL，以10mL正己烷萃取，所以浓缩8倍计算。由各组分线性回归方程可求浓度。

表 4－15　　啤酒样品中各组分峰面积及浓度

	峰面积 *pAs*					对应浓度 /（mg/L）	实际浓度 /（mg/L）
	1	2	3	平均	*RSD*/%		
乙酸乙酯	581. 4	584. 3	579. 2	581. 6	0. 85	205. 4	25. 68
乙酸异戊酯	136. 1	128. 5	124. 5	129. 7	1. 96	35. 7	4. 46
乙酸异丁酯	26. 05	23. 98	23. 44	24. 49	0. 46	0. 48	0. 06
己酸乙酯	20. 98	20. 23	21. 4	20. 87	0. 2	1. 6	0. 2
辛酸乙酯	25. 97	25. 87	26. 04	25. 96	0. 028	2. 56	0. 32

第五章　啤酒中酯合成的基因调控

啤酒中酯的种类繁多，但总的含量并不高，但由于其阈值低，对啤酒风味影响很大，因此研究酯合成的基因调控对啤酒风味质量的控制极其重要。主要的酯是乙酸乙酯、乙酸异丁酯、乙酸异戊酯、乙酸苯乙酯和 $C_6 \sim C_{10}$ 中链脂肪酸（MCFA）乙酯，其中含量较高的是乙酸乙酯和乙酸异戊酯。酯类在啤酒发酵过程中的形成集中在发酵的前期，即酵母的对数生长期，主要是有氧代谢，伴随细胞的生长而大量生成。大部分的酯类在主发酵期与乙醇同步上升，证明酯的生成与酵母生长相关。

醇乙酰基转移酶（AATase）是酯合成过程中最重要的合成酶，该酶的活性决定了酯合成能力的大小，底物如高级醇和乙酰辅酶 A 则是合成顺利进行的先决条件。醇乙酰基转移酶受基因 *ATF*1、*LgATF*1 和 *ATF*2 调控，醇乙酰基转移酶编码基因 *ATF*1 的转录因不饱和脂肪酸和氧的增加而受到抑制。通过前述的工业发酵条件的改变，可以控制醇乙酰基转移酶的活力大小以及乙酰辅酶 A 池的容量，从而改变酯代谢途径和通量，达到调控的目的。由于啤酒中存在的酯类众多，涉及的底物及合成酶、水解酶特性各异，其调控是复杂的。啤酒中大约有 100 种经明确鉴定的酯类，可赋予啤酒花香和水果风味及气味。其中影响啤酒质量的关键酯类包括乙酸乙酯（水果溶剂味），乙酸异戊酯（香蕉苹果味），乙酸异丁酯（香蕉水果味），己酸乙酯（苹果茴香味），2－乙酸苯乙酯（玫瑰蜂蜜苹果味）等。在酿酒酵母 *S. cerevisiae* 体内酯的合成反应速度证明酯只能通过生物合成途径，否则不可能达到如此高速。酯类合成的基质如各种醇、脂肪酸、CoA（CoASH）和酰基转移酶（即酯合成酶）。由于底物的多样性使各种酶具备各自的特异性与之匹配，增加了酯合成的复杂性。不同类型酯合成的限制性基质也是不一样的，乙酸酯合成的限制性基质是醇乙酰基转移酶，乙酯合成的限制性基质是中链脂肪酸（MCFA）。

酯在啤酒中会被分解，催化这一反应的酶称为酯酶。经研究发现酯酶的作用不单单是催化分解酯，它还具有逆反应催化功能。

第一节　酯酶

酯酶是一种催化酯键水解和合成的酶的总称，水解时催化酯键产生甘油和脂肪酸；合成时，把酸的羧基与醇的羟基脱水缩合，产物为酯类及其他香味物质。它广泛存在于动物、植物和微生物中。动物胰脏酯酶和微生物酯酶是酯酶的主要来源。1834 年 Eberle 在兔胰脏中首次发现脂肪酶，微生物酯酶则以 1935 年 Kirsh 发现产脂肪酶的草酸青霉为最早。由于微生物资源丰富，利用微生物发酵产酶具有便于工业化生产等优点，微生物酯酶得到关注，并且已经广泛应用于农业、食品酿造、医药化学、污水处理和生物修复等领域，又由于酯酶的酶促反应具有较高的底物专一性、区域选择性或者对映选择性，它是合成手性化合物（如手性药物、农药等）的高效生物催化剂，微生物酯酶已成为近年研究热点。在自然界中能产生酯酶的微生物资源是非常丰富的，从分类上看主要是真菌，真菌中主要是青霉、链孢霉、红曲霉、黑曲霉、黄曲霉、根霉、毛霉、酵母菌、犁头霉、须霉、白地霉和核盘菌等 12 属 23 种；其次是细菌，在细菌中主要是芽孢杆菌属、假单胞菌属以及伯克霍尔德菌属等；另外，放线菌中的个别种类也能产生一定量的酯酶。

酯合成酶和酯酶决定了酯积累的净速度。酯酶代表了多样的一系列水解酶催化酯的分解，在某些情形下，断裂酯键。研究酯酶的分解功能、逆催化功能对酯的生成调控具有重要的意义。酯的合成伴随着降解的进行，其趋势是达到酯正增长的平衡。各种酯的生成与水解速度不同，其达到平衡时在啤酒中的含量也是不同的。有的酯生成速度很快但降解速度较慢，最终含量较高；有的酯生成速度很慢但降解速度较快，最终含量较低。所以，酯酶在一定程度上起到控制最终酯含量的作用，由于各种酯酶的存在，其特异性可以调节各种酯在啤酒中的分布。但这并不意味着酯酶的作用被夸大，啤酒发酵过程中，酯类在酵母细胞内生成并通过细胞膜扩散到发酵液中，在扩散过程中受到细胞膜的阻碍，大分子的酯如一些中链脂肪酸乙酯通常无法穿越，所以经常无法检测到，但并不是酯酶作用的结果。酯酶在啤酒工业中所起的作用也十分重要。采用酯酶分解过量的酯是控制高浓发酵啤酒酯风味的有效手段之一。与传统麦汁（>12°P）相比，高浓麦汁（>16°P）发酵产生更多醇类，尤其是异戊醇，因此需要控制高浓酿造工艺参数，尽量降低副产物含量。

酯合成酶与酯酶达成平衡的关系式为：

$$\text{乙酰 CoA} + \text{高级醇} \xrightarrow{\text{醇乙酰基转移酶}} \text{酯} \xrightarrow{\text{酯酶}} \text{醇} + \text{酸}$$

一、产酯酶微生物的筛选、酶活力的测定及多领域的应用

随着分子生物学和宏基因组学的发展，越来越多的研究人员从不同环境样品中筛选产酯酶微生物、克隆酯酶基因、构建高产的基因工程菌，为进行后续的工业化生产打下基础。其中的环境样品的主要来源是土壤以及海洋。特别是海洋环境样品，因为海洋环境包括低温、高温、高静水压、强酸、强碱以及营养条件极为贫乏的各种极端环境，微生物要在这样的环境中生存，生理结构、代谢方式等都会发生一系列改变，所以从海洋中筛选到的微生物可能具备某些特殊的代谢产物。另外，低温酯酶的研究也十分广泛。

一般筛选流程为：样品→富集培养→平板分离→平板初筛（观察透明圈）→摇瓶复筛（测酶活力大小），三油酸甘油酯是产酯酶微生物初筛加入培养基中的常用底物，因为初筛选用平板培养基，而在培养基中存在不互溶的油、水两相，所以要对它们先进行乳化，乳化剂可选用聚乙烯醇或者吐温。溴甲酚紫由于反应后 pH 变化显色，而 Rhodamine B 由于可以和分解后的物质结合形成显色物质，它们被用作常用指示剂加入培养基内。对于酯酶活力的测定，常见方法有以下几种：酯酶活力比色法，即以对硝基苯酚为底物，分光光度计测定 400nm 处吸光度值；酯酶活力滴定法，以 NaOH 滴定三醋酸甘油酯在酯酶作用下释放的醋酸来测定；α－乙酸萘酯比色法，即先绘制 α－萘酚标准曲线，然后在 pH10 的 Tris－HCl 缓冲液中，以 α－乙酸萘酯为底物和粗酶液反应，在 595nm 处测其吸光度值。

近年来，随着宏基因组文库、基因工程、定向进化技术、固定化技术的发展，以及界面酶促过程等技术的深入开展，微生物酯酶的研究已经进行到分子层面，高效产酯酶菌株的筛选、诱变育种、基因克隆及其定向进化构建高效基因工程菌的研究取得了长足发展，随着人们生活水平的提高，食品、医药、化妆品等中添加的天然成分将受到广泛关注，特别是天然底物的生物合成和手性化合物的酶拆分，因此，微生物酯酶在食品、医药、精细化工等领域具有广泛的应用前景。

（1）在食品加工方面的应用　酯酶主要通过酯交换、水解及合成化合物等方式应用于食品加工方面。固定化脂肪酶现在已用于芳香酯的合成，而低分子质量芳香酯多呈天然水果味，它们广泛应用于食品、饮料等食品工业。例如，利用酯酶使乳制品增香，在酿酒和食用醋的生产中，利用酯酶提高乙酸乙酯、乳酸乙酯等酯类的含量，使口感有明显提高；食用油脂精炼工艺中，借助微生物酯酶在一定条件下能催化脂肪酸与甘油之间的酯化反应，从而把油中的大量游离脂肪酸转变成中性甘油酯，提高了食用油的价值；脂肪酶在面包专用粉中还有面团调理的功能，使面包质地柔软，颜色更白；酯酶催化合成单甘酯是使

用量最大的食品乳化剂；阿魏酸是天然抗氧化剂，也是近年来国际认知的防癌物质，广泛应用于食品原料中，目前已使用阿魏酸酯酶与其他酶协同从各种农作物副产品中提取阿魏酸，并且阿魏酸作为合成天然香兰素的前体，利用微生物方法产生香兰素，具有毒性低、安全性高的特点，可以安全应用于食品生产中。

（2）手性化合物的酶拆分　由于酯酶酯化反应具有高底物专一性、区域选择性、对映选择性等优点，因此酯酶是有机合成中重要的生物催化剂，而且催化效率比化学试剂高出很多。手性化合物是指分子质量、分子结构相同，但左右排列相反，如实体与镜中对映体的化合物，而医药领域很多药物都是手性化合物，而近年来酶拆分已经成为手性化合物拆分的研究热点，酯酶又是酶拆分中研究最为广泛的一种。用酯酶高效的对 1，2 - *O* - 异亚丙基甘油酯进行拆分，其中对映体过量值可达到 72% ~94%。对于手性药物，是手性化合物中的研究热点，研究人员利用酯酶对其进行拆分，如（*R*）- 氟比洛芬、酮基布洛芬等，使对映体过量值得到提高，提高了药物的有效值。

（3）在精细化工中的应用　表面活性剂在化妆品、洗涤用品中有重要用途，传统的化学生产具有选择性差、需要高温等缺点，酶法克服了这些缺点，酯酶催化糖酯等生物表面活性剂的合成，而糖酯是一种重要的生物表面活性剂；酯酶还有提高表面活性剂的释放的作用；在洗涤剂中添加碱性脂肪酶，可以提高去污力，降低三聚磷酸钠等的用量，减少污染；酯酶的底物特异性及高度立体专一性可合成具有应用价值的精细化工产品，如化妆品的长链脂肪酸酯等。

（4）在环境治理方面的应用　随着农业生产中农药的大量使用，农药污染、残留等问题也日趋严重，而农药中菊酯类杀虫剂广泛应用于果蔬、果树、花卉、林木等，由于其自然条件下难以快速降解，农药残留带来潜在的食品安全和环境污染问题。研究表明，菊酯类杀虫剂具有类固醇结合活性，可能影响人体激素正常水平。研究人员对菊酯类杀虫剂的降解进行了大量研究，而利用微生物降解农药是一条重要途径，研究表明从环境样品中筛选出的微生物对拟除虫菊酯，包括氯氰菊酯、丙烯菊酯等有高效降解作用。随着分子生物学技术的发展，许多研究人员已经克隆到酯酶基因，而利用基因克隆和酯酶的定向化技术，构建产酯酶的高效基因工程菌也已经成为环境保护的一个发展趋势。

二、酯酶的水解和逆反应催化功能

酯酶的正常功能是水解酯类，这已经用于高浓发酵中分解酯类以限制啤酒中酯类的含量。高浓度发酵是指 14 ~18°P 甚至更高浓度麦汁的啤酒发酵。麦汁浸出物较传统工艺显得相对富余，使酵母生长适应性产生滞后，乙酰辅酶 A 相对富余，乙酰辅酶 A 池在酵母代谢中的分配趋向合成酯类等副产物，造成酯生成过量。由于酯类风味阈值较低，一旦酯生成过量会产生严重溶剂味等不良现象，采用稀释等方法可以达到一定目的，但是很难将各种风味物质统一比例稀释。可以针对某一种酯，采用酯酶分解过量的酯，这是控制高浓发酵啤酒酯风味的有效手段之一。此外，由于酯酶的应用，可以在啤酒发酵、后酵稀释控制酯生成与水解的平衡过程中实现动态的监测与控制。

虽然酯酶代表了多样的水解酶群催化酯的分解，但是，这些酶也被发现具有逆反应的催化功能。例如，在 CoASH 缺乏的条件下，一些非酿造酵母利用酯酶催化的逆反应合成酯类，像酵母 *Hansenula anomala* 利用此逆反应合成达 400mg/L 的乙酸乙酯。而在乙酰 CoA 存在时比其缺乏条件下产生的酯类要少一些。此外，不同的酵母菌株存在的酯酶逆反应活性与乙酸乙酯和乙酸异戊酯的产生之间确实存在相互关系，酯酶在酿造酵母合成酯的过程中具备积极的作用。比如，乙酸乙酯含量丰富的原因是它们被酯酶水解速度比其他酯类（如辛酸乙酯）要慢得多。但是，从目前了解的酯生成机理来看，这种现象倾向于底物浓度的影响，因为啤酒发酵过程中，辛酰 CoA 比起乙酰 CoA 存在的量要低很多，因而限制了辛酸乙酯的产生，当然，也有可能是羧化酶（延长碳链）或者是辛酸乙酯合成酶的缺乏造成的。

在中链脂肪酸（MCFA）乙酯合成方面，基质浓度（MCFA）是主要的限制因子，如果我们打算在发酵过程中调控乙酯的生成，就需要寻找改变基质浓度的因素（比如修饰脂肪酸合成基因的表达）。但是，基质浓度不是乙酯生成的唯一重要因素，当我们想优化乙酯在发酵产品中的最终浓度的时候，可以通过改变合成酶和水解酶活性间的平衡来实现调控。几乎所有研究工作指向酯的合成而少有酯的水解，包括酯合成酶及其基因调控，而酯水解酶及其基因调控的研究相对匮乏。所以，今后有关酵母酯类的研究应当涵盖酯酶的鉴定和描述，包括其对特定酯的降解。

三、啤酒酵母中酯酶的编码基因

最近，有关 *IAH*1 编码的酯降解酶对葡萄酒风味影响的研究得出一些结论。*IAH*1 的过量表达导致了乙酸乙酯、乙酸异戊酯、乙酸己酯、2－乙酸苯乙酯的显著下降。葡萄酒酵母过量表达 *IAH*1 与对照组相比，酯浓度显著下降。其中乙酸异戊酯降低 11.4～15.6 倍，乙酸己酯检测不到。乙酸乙酯和 2－乙酸苯乙酯分别降低 1.6～1.8 倍和 3.4～3.9 倍（图 5－1）。

酯酶三维结构显示了特有的 α/β－水解酶折叠——一个确定顺序的 α－螺旋和 β－片。催化三单元组由丝氨酸－天冬氨酸－组氨酸构成。这个催化三单元同样被发现存在于其他型式的酶中，包括硫酯水解酶、蛋白酶类、去卤化物酶、环氧化物水解酶等。已经证实丝组二肽（Ser－His）和相关寡肽能在大范围的

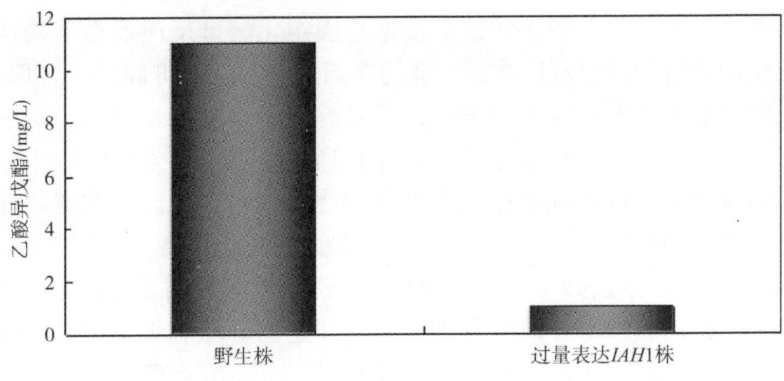

图 5 - 1　*IAH*1 过量表达对葡萄酒中乙酸异戊酯的影响

pH 和温度下自我切割 DNA、蛋白质和 *p* - 硝基苯基乙酸酯。所以在酯酶的附近可能存在其他型式的酯水解酶如丝氨酸蛋白酶。研究发现，*S. cerevisiae* C_2化合物代谢及其细胞在利用乙醇合成乙酸最终生成乙酰辅酶 A 时，乙酰辅酶 A 合成酶在基因 *ACR*1 存在缺失，乙酰辅酶 A 无生理活性。进一步研究发现该基因的产物 Acrlp 属于内膜线粒体载体蛋白家族，对乙酰辅酶 A 代谢特别是乙酰辅酶 A 合成酶活性起重要的调节作用。对酯酶 *IAH*1 基因的研究只是进展到过量表达阶段，有待结合发酵参数调控进一步研究。

四、酯酶活性对啤酒酯水平的贡献

酯酶的主要功能是降解，目前虽然相当多关于酯合成的研究已经展开，却很少有关于酯水解的报道。近年来，伴随啤酒的膜过滤的出现，关于酵母酯酶活性逐渐形成研究热点。对高浓度啤酒发酵关注度的增加同样引起了适用于减少与这些啤酒相关的酯的过度形成的工艺技术的兴趣，因为高浓度发酵生产啤酒工艺的出现使酯浓度过高这一问题日显突出，即使通过适当的稀释工艺，也无法改变醇酯比失调的弊端。所以，发现一种可控的酯酶催化分解过量酯的方法是非常有益的，这也是目前高浓啤酒工艺可以尝试的方法之一。

酵母中呈现的酯酶活性（羧酸水解酶）是公认存在的，然而这些酶的详细生理作用仍然有待进一步研究。各种不同酵母包含大量的酯酶同工酶，酶的活性被分散在细胞膜内外。研究者已经鉴定了酿酒酵母位于编码酯酶同工酶的四个位点（*EST*1 - 4）。*S. cerevisiae* 的实验室菌株仅有两个酯酶位点：*EST*1 和 *EST*2。用聚丙烯酰胺凝胶电泳和偶氮染色法发现 *EST*1 和 *EST*2 同样存在于清酒酵母中。研究者用 *EST*2 突变株进行研究，证实了 *EST*2（重命名为 *IAH*1）基因产物在清酒醪中的乙酸异戊酯的水解中起到一个至关重要的作用。通过研究在不同 AATase/Iah1p 酯酶活性比率下乙酸异戊酯在清酒中的数量，发现这两种酶活性的平衡对于乙酸异戊酯在清酒醪中的积累是十分重要的。

如前所述，支持酵母酯酶活性的证据是固定化酵母反应器在后熟期间，乙酸乙酯发生的水解现象以及后熟罐底部的啤酒酯水解。酵母固定在包埋材料中，在连续发酵过程中不断产生并积累酯酶，最终对啤酒总酯水平造成影响，当然总酯水平水解应达到可控的水平才能为生产所用。在上面发酵啤酒中，酿酒酵母的酯酶酶解对最终啤酒酯水平的贡献是相当大的。在发酵和贮藏期间，酯水解酶活性被释放到啤酒中并保持活性直到啤酒进行巴氏消毒。虽然啤酒的 pH 大大低于酯酶活性的最适 pH（7.5），酶活性仍然在贮藏期间显著地影响啤酒的乙酸异戊酯和己酸乙酯水平，研究发现贮藏期间这两种酯类水平的显著变化正是基于酯酶的作用。酵母中的酯酶存在于细胞膜内外，因此酵母自溶不是酯酶释放入啤酒的先决条件。在等同的发酵条件下，爱尔酵母与拉格酵母总的酯酶水平是非常相近的。但是，基于各类酵母（爱尔或拉格酵母）基因的巨大差异，每个菌株之间的酯酶活性存在显著不同。根据工艺水平的要求，需要进行更多的研究以弄清楚酯酶活性对啤酒酯水平的作用，特别是当考虑不采用热处理方式而使用膜过滤啤酒的时候。

一些酵母能在缺少乙酰 CoA 的时候利用酯酶的逆反应来合成酯。在 *Hansenula* 酵母中，酯酶被报道在乙酸异戊酯的合成中起到至关重要的作用，是酯类强有力的生产者。酯酶在 *H. mrakii* 中的表达模式的研究揭示了在酵母生长对数期细胞内存在一个酯酶，而在酵母生长进入稳定期时细胞内存在几个酯酶，伴随着乙酸异戊酯水解活性的增加。他们认为，在 *Hansenula* 酵母中，酯酶的合成活性与水解活性二者能同时存在，它们依据酵母生长阶段和温度的不同进行不同的表达（图 5－2）。

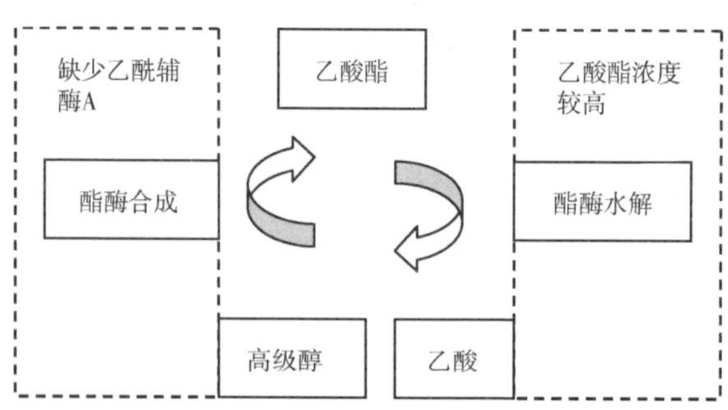

图 5－2　*Hansenula* 酵母中酯酶的逆反应

Brettanomyces 属的酵母也对大量的酯类显示了酯酶活性。其酯酶活性已经被鉴定存在于特殊啤酒（如拉比克啤酒、戈兹啤酒）的酯类（乙酸乙酯和乳酸乙酯）的生成和乙酸异戊酯的水解过程当中。

啤酒酵母形成酯类的过程中，酯酶所起的作用是不可小视的，同时啤酒酵母的逆酯酶活性和啤酒酯水平之间也存在正相关关系。啤酒发酵过程中酯酶逆反应活性酶仍需要进一步研究，其应用领域也将进一步扩大到啤酒生产行业。

第二节　乙酸酯合成的调控

因为乙酸酯生成在很大程度上取决于合成酶 Atf1 和 Atf2 的活性，所以任何影响 *ATF*1 和 *ATF*2 基因表达的细胞因素都是调控酯合成的潜在目标，尤其是乙酸乙酯和乙酸异戊酯这两大酯类。因此，基于 *ATF*1 和 *ATF*2 基因的作用，使我们能够构建新型的基因修饰啤酒菌株用来调控生产所需要的乙酸酯浓度，从而达到生产调控的目的，比如在高浓啤酒发酵过程中调控偏高的酯。在酵母菌中过量表达 *ATF*1 和 *ATF*2 基因可以引起乙酸酯的大幅增长，证明乙酸酯的高产归功于 *ATF*1 和 *ATF*2 的高表达。如何调控 *ATF*1 和 *ATF*2 基因使其为我所用，其作用机理是我们今后的研究方向。从目前的研究水平来看，在基因水平上，*ATF*1 基因的表达直接受不饱和脂肪酸（UFA）和氧的抑制；*ATF*1 转录受葡萄糖添加的诱导，受到培养基中氮水平和麦芽糖的调控。在乙酸酯合成的过程中，两个底物（乙酰 CoA 和高级醇）浓度，以及包括合成和水解各自酯的酶的总活性是三个重要因素，其中醇乙酰基转移酶是限制性因素。

一、乙酸酯合成的调控

醇乙酰基转移酶 AATase 由基因 *ATF*1 和 *ATF*2 编码，催化乙酸酯的合成。这是最早发现的两个基因，随后，发现了 *Lg* - *ATF*1 基因也与乙酸酯的合成有关。*ATF*1 和 *ATF*2 编码 AATase 并通过醇和乙酰 CoA 两种底物催化乙酸酯类的形成。

通过对实验室和商业酵母 *S. cerevisiae* 基因 *ATF*1、*Lg* - *ATF*1 和 *ATF*2 的敲除和过量表达试验发现了其调控乙酸酯生成的一般规律。用气质联用的方法，对易挥发酯（乙酸乙酯和乙酸异戊酯）和不易挥发酯（乙酸正丙酯，乙酸异丁酯，乙酸戊酯，乙酸己酯，乙酸庚酯，乙酸辛酯，2 - 乙酸苯乙酯等）的定量分析，研究与 *ATF*1、*Lg* - *ATF*1 和 *ATF*2 编码基因的关系发现：

（1）*ATF*2 单独编码的酶比 *ATF*1 单独编码的酶起的作用要小　事实证明，在酵母菌中过量表达 *ATF*1 基因，能比野生菌株产生超过 30 倍的乙酸乙酯和超过 180 倍的乙酸异戊酯，而过量表达 *ATF*2 基因则达不到这么明显的效果。

（2）*ATF*1 和 *ATF*2 共同编码的醇乙酰基转移酶负责所有胞内异戊醇乙酰基转移酶活性　因为 *ATF*1 和 *ATF*2 双敲除菌株不会形成任何乙酸异戊酯。

（3）酵母蛋白质组中，除了醇乙酰基转移酶外，还存在未知的酯合成酶研究发现*ATF*1 和*ATF*2 双敲除菌株仍然能产生大量的其他酯类，如乙酸乙酯（野生型菌株的50%），乙酸丙酯（50%），乙酸异丁酯（40%）。

（4）不同酵母菌株产生香气的不同至少部分是因为它们*ATF*基因的特异性突变　在葡萄酒酵母中，*ATF*1 和*ATF*2 编码的醇乙酰基转移酶在乙酸乙酯合成中起到重要作用。当*ATF*1 和*ATF*2 在 VIN13 葡萄酵母中过量表达，乙酸乙酯、乙酸异戊酯、2－乙酸苯乙酯和己酸乙酯都会在酒中增加。

总的来说，有三个重要的因素影响乙酸酯形成速度：两个底物乙酰 CoA 和高级醇的浓度，以及形成和水解各自酯的酶的总活性。其中，醇乙酰基转移酶*ATF*1 和*ATF*2 的表达水平却是在发酵过程中乙酸酯水平的最重要因素。事实也证明，在酵母菌中过量表达*ATF*1 和*ATF*2 基因，能比野生菌株产生超过数十倍的乙酸乙酯和超过百倍的乙酸异戊酯。明显基质浓度并不是主要的限制因素，虽然基质浓度确实影响乙酸酯的形成。而且，最近的研究显示，在发酵过程中，*ATF*1 和*ATF*2 的最大表达水平显然与乙酸酯的终浓度相关。这意味着乙酸酯的高产归功于*ATF*1 和*ATF*2 的高表达（图 5－3）。

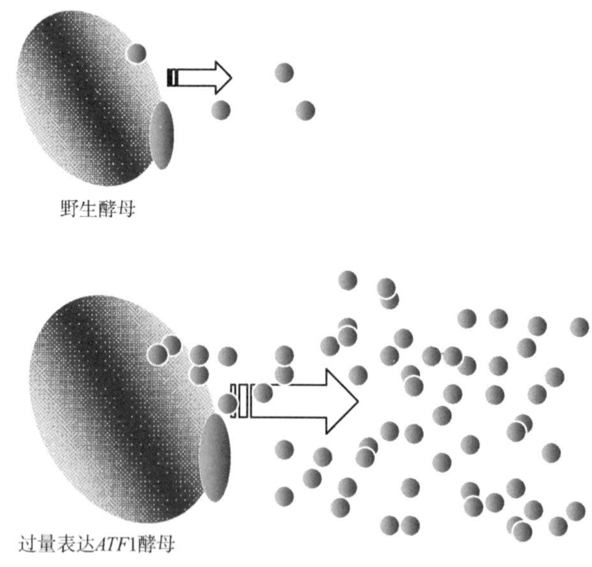

图 5－3　过量表达*ATF*1 基因对酵母产酯的影响

二、*ATF*1 基因的调控

虽然酵母的 AATase 最早被认为是细胞膜固定酶，进一步研究的结果显示这个由*ATF*1 和*ATF*2 编码的产物并没有跨膜区域。直到最近有报告称，*ATF*1 编码的酶位于脂质的微粒内部。由于 AATase 的位置显然并不影响其对乙酸酯的调控，于是研究者将更多的注意力集中到 *ATF*1 基因调控上来。基因的调控本源在于发现影响其转录表达的参数及其协同作用。较早前的研究结果展示了 *ATF*1 基因的表达直接受限于不饱和脂肪酸（UFA）和氧（图 5－4）。证明 UFA 和氧通过不同的调控抑制 *ATF*1 转录，抑制转录的水平直接反映了醇乙酰基转移酶活性受到抑制的机制。然而有研究者发现，*ATF*1 的转录水平与乙酸乙酯生成呈现正相关，而与乙酸异戊酯却不相关，同时与 UFA 的添加与否没有任何关系。如前文所述，酵母蛋白质组中，除了醇乙酰基转移酶外，还存在未知的酯合成酶。存在另外一种或多种调控酯生成的模式用来解释这种矛盾现象，比如酵母拥有超过一种醇乙酰基转移酶或者酿酒酵母 *ATF* 基因的特异性突变。在一般情况下，在有氧和外来（胞外）不饱和脂肪酸存在时，酯的合成受到抑制，而当氧耗尽时，酵母细胞会持续地开始利用乙酰辅酶 A 在胞内合成中链脂肪酸。中链脂肪酸对细胞是有毒物质，只有通过不断将其酯化并运送到胞外才能解除毒性。换句话说，有氧和胞外不饱和脂肪酸存在时，酵母没有受到脂肪酸的毒性威胁，其酯化机制是关闭的。从基因层面看，*ATF*1 转录通过相同机制如同 *D*9 脂肪酸去饱和酶编码基因 *OLE*1 基因对 UFA 做出响应一样受到共调控。*ATF*1 表达被抑制主要是间接受到一种缺氧阻遏子复合物影响，而受到 UFA 抑制主要是通过低氧应答元件实现。这个启动子元件在缺氧条件下被激活并受到 UFA 选择性的抑制。

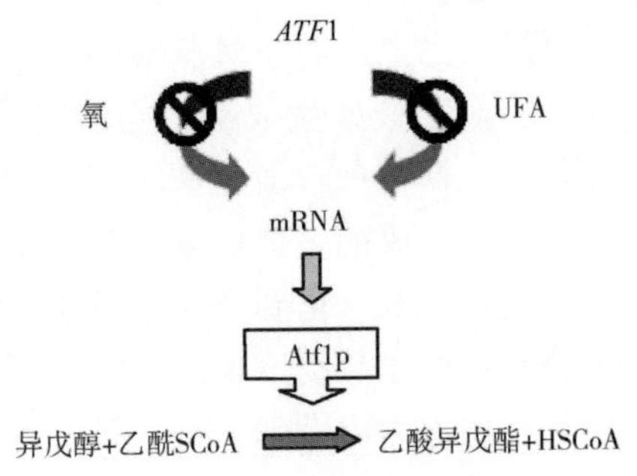

图 5－4　不饱和脂肪酸和溶解氧抑制酯的合成

在研究 *ATF*1 调控的过程中发现 *ATF*1 活性同样受到蛋白激酶 Sch9 的调控。这些激酶在应答碳、氮、磷酸盐变化的基因的转录调控中起到核心作用。Sch9 的主要目标包括细胞生长，应激反应和肝糖及海藻糖的代谢。Sch9 是一种营养感受蛋白激酶，可能与碳源的有效利用有关，此外 Sch9 可作为渗透胁迫反应的转录激活因子参与调控渗透压胁迫应答基因，它的活性对酵母细胞耐受渗透压胁迫非常重要。*ATF*1 转录受葡萄糖添加的诱导，通过“可发酵生长培养基——诱导”通道，受麦芽糖和氮组分的添加的调控。相关的研究表明，Sch9 可能参与了不同碳源代谢过程中的基因调控。*ATF*1 的表达同样受乙醇和热应激的影响。酵母在自然环境中会遇到生存环境温度的异常升高，因此酵母也应该有自身调控热胁迫应答反应机制。在啤酒和葡萄酒发酵工业中，酵母在发酵中的变化对酯产生的影响是最大的，下面酵母产酯较少，上面酵母产酯较多。此外，发酵培养基的组成如麦汁浓度较高产酯较多，麦汁浓度较低产酯较少。发酵条件如发酵温度较高产酯较多，发酵温度较低产酯较少。

可以通过上述调控机制解释，*ATF*1 和 *ATF*2 是基因调控的关键因素，不同基质浓度对乙酸酯生成有一定的影响，但构不成关键因素。啤酒发酵过程中，培养基中总糖含量一般是固定浓度的，如果可用氮源数量配比是最佳的，则构成了利于酯生成的重要因素。从酵母的生存环境来说，麦汁营养丰富，利于其细胞的良好生长。酵母在麦汁中吸收营养物质，排泄各种代谢产物如酯类等。糖类物质约占麦汁浸出物的 90%，其中葡萄糖、果糖、蔗糖、麦芽糖、麦芽三糖和棉籽糖称为可发酵性糖，是啤酒酵母的主要碳素营养物质，也是发酵中可利用的物质。其他物质参数如啤酒中所含的醛类是相应高级醇类的正常前驱物质，它们的含量并不多，并且也随着啤酒成熟而逐步减少，但对啤酒风味影响不大。

脂质含量及溶解氧浓度是酯生成的负调节参数，直接影响酯的生成。不饱和脂肪酸的分泌作用影响酯的形成，这是因为醇乙酰基转移酶（参与酯的合成）受到了抑制作用。

第三节　MCFA 乙酯合成的调控

MCFA 乙酯在啤酒中虽然仅以痕量存在，但一定浓度的酯可以优化啤酒的风格和风味。啤酒中所有的风味组分浓度都必须在一定的限制范围内，否则单个组分或者某一类风味组分将会占主导地位从而破坏风味平衡，造成口感不和谐。而且，不同酯类同时出现对比单个酯具有协同增效作用，这意味着酯类能在它们的阈值水平之下影响啤酒风味。在比利时啤酒拉比克（Lambic）和戈兹（Gueuze，又称香槟啤酒）中发现了大量的辛酸乙酯和癸酸乙酯，这可能是由于啤酒酵母自溶释放出来的。拉比克和戈兹啤酒是典型的比利时啤酒，经麦汁的自然发酵而成。拉比克产于比利时布鲁塞尔，是典型的非纯种发酵啤酒，其原麦汁在一个通风的室内冷却，和外界空气充分接触，野外山上吹来的风带来了当地的野生酵母和细菌，形成了天然发酵，这与大规模纯种发酵是完全不一样的。此外，拉比克啤酒使用陈年的啤酒花，已经完全失去了啤酒花应有的苦味，用啤酒花的唯一目的就是利用它的天然防腐性，用来抵御混杂在野生酵母中的大多数有害细菌，因此其口味特点是酸味。

由于多种细菌和酵母的组合发酵，使高浓度的乳酸、乙酸乙酯和乳酸乙酯成为这些啤酒的特性，这与中国的家酿甜酒如黄酒、客家娘酒、海南山兰甜酒等非常相似。在这两种啤酒中检测到癸酸乙酯，其他啤酒中很少检测到，可以认为是拉比克和戈兹啤酒风味的典型组分。MCFA 乙酯是不是同样由醇乙酰基转移酶催化而来？经研究发现，Atf1 和 Atf2 并未参与中链脂肪酸乙酯合成，即醇乙酰基转移酶不是 MCFA 乙酯合成酶。真正参与 MCFA 乙酯合成的是两个底物：酰基辅酶 A 和乙醇。其中涉及的酶并不是醇乙酰基转移酶 AATase，而是醇己酰转移转移酶 Eht1 和醇氧酰基转移酶 Eeb1。更进一步的研究表明，醇己酰转移转移酶 Eht1 和醇氧酰基转移酶 Eeb1 酶活性明显都不是乙酯生成的限制性因素，这与乙酸酯的生成是不同的。决定 MCFA 乙酯合成速度的限制因子是中链脂肪酸 MCFA 的浓度。由于增加 MCFA 前体物浓度能够显著增加中链脂肪酸乙酯生成，因此细胞内的 MCFA 浓度才是乙酯合成速率限制因素。

调节脂肪酸生物合成中的关键酶是乙酰 CoA 羧化酶。要研究中链脂肪酸 MCFA 对乙酯合成的影响首先要了解脂肪酸的生物合成，在无氧状态，脂肪酸碳链的延长会对乙酰 CoA 羧化酶产生抑制，而在有氧的状态下有助于碳链的延长。另外，中链脂肪酸的累积多出现在无氧状态下，因此在发酵的后期容易观察到 MCFA 乙酯的生成。与此同时，无氧状态下中链脂肪酸的累积使其成为酵母细胞中的毒性物质，因此酵母解毒的生理途径就是将这些酸转化为酯，并尽快排出体外。

一、醇己酰基转移酶 Eht1 和醇氧酰基转移酶 Eeb1

有关实验研究表明，atf1Δatf2Δ 双敲除菌株产生与野生型菌株一样数量的中链脂肪酸乙酯。由此可见，Atf1 和 Atf2 只参与乙酸酯的合成，并未参与中链脂肪酸乙酯合成，即催化乙酸酯合成的醇乙酰基转移酶不是 MCFA 乙酯合成酶。较早的时候，有研究者发现了第三个酯合成酶，醇己酰基转移酶 Eht1，负责从乙醇和己酰 CoA 生成己酸乙酯。2006 年，有学者发现第四个酯合成酶，醇氧酰基转移酶，Eeb1。至此，基本确定酵母中大多数的中链脂肪酸乙酯由两个酰基转移酶催化：醇氧酰基转移酶 Eeb1 和醇己酰转移酶 Eht1。

综上，乙酸酯是发生在乙酰 CoA 和高级醇之间的酶催化下综合反应的产物，而中链脂肪酸乙酯是发生在酰基 CoA 和乙醇之间的酶催化下缩合反应的产物。二者的催化酶各有专属，由于两种酯合成的催化酶完全不一样，决定了其合成机制的不同，当然基因调控的方式也各异。

二、Eeb1 和 Eht1 在中链脂肪酸乙酯生成中的作用

Eeb1 和 Eht1 介入中链脂肪酸乙酯的合成，其所起的作用是否如醇乙酰基转移酶一样，是乙酯类生成的限制因子，这是需要进一步研究解决的问题。在研究这一问题的过程中，可以采用基因缺失分析、过量表达分析、提纯融合蛋白进行体外酶活分析等。

（一）基因缺失分析

在发酵过程中对比野生酵母菌株和 *eht*1*Δ*（符号 *Δ* 指基因缺失）、*eeb*1*Δ* 单缺失与双缺失酵母菌株的产中链脂肪酸量，对于 *eht*1*Δ* 菌株，*EHT*1 缺失并不影响丁酸乙酯和癸酸乙酯的生成，并仅导致己酸乙酯（减少 35%）和辛酸乙酯的形成（减少 18%）较少程度地减少。而对于 *eeb*1*Δ* 菌株，*EEB*1 的缺失使丁酸乙酯、己酸乙酯、辛酸乙酯和癸酸乙酯的水平分别减少 35%、89%、46% 和 41%（表 5－1）。

表 5－1　野生酵母菌株和 *eht*1*Δ*，*eeb*1*Δ* 单缺失与双缺失酵母菌株中中链脂肪酸乙酯的生成量

组分	野生型	*eht*1*Δ*	*eeb*1*Δ*	*eht*1*Δ* *eeb*1*Δ*
丁酸乙酯	1.00	0.96	0.65	0.70
己酸乙酯	1.00	0.65	0.11	0.09
辛酸乙酯	1.00	0.82	0.54	0.27
癸酸乙酯	1.00	1.15	0.59	0.55

可见，醇氧酰基转移酶 *EEB*1 对中链脂肪酸的生成是相对重要的。进一步的研究可见，双缺失菌株 *eht*1*Δ* *eeb*1*Δ* 与 *eeb*1*Δ* 单独缺失菌株一样生成相近水平的丁酸乙酯、己酸乙酯和癸酸乙酯。生成较低水平的辛酸乙酯表明 Eht1 在中链脂肪酸乙酯合成中起一个较小的作用，相对而言 Eeb1 是对中链脂肪酸乙酯合成最重要的酶。值得注意的是，*EHT*1 和 *EEB*1 双缺失引起所有中链脂肪酸乙酯生成显著的下降，其中己酸乙酯几乎完全没有生成，成为较为独特的一个现象。但是双缺失菌株 *eht*1*Δ* *eeb*1*Δ* 仍能够生成大量的丁酸乙酯和癸酸乙酯，说明另外存在影响己酸乙酯生成的控制因素。因此，酵母细胞中负责中链脂肪酸乙酯合成的酶一定不止 Eht1 和 Eeb1。进一步研究发现，在丁酸乙酯、辛酸乙酯和癸酸乙酯生成的情况中，*eht*1*Δ* *eeb*1*Δ* 合并 *YMR*210*w* 的额外缺失菌株生成比它们 *eht*1*Δ* *eeb*1*Δ* 双缺失菌株的水平更低。因此，可以相信，对于中链脂肪酸乙酯，还存在一个或更多的酶支持其合成。

（二）Eht1 和 Eeb1 的合成活性与酯酶活性评价

醇氧酰基转移酶 Eeb1 和醇己酰转移酶 Eht1 的体外合成酶活性和酯酶活性水平到底如何。研究发现，纯化的 GST－Eht1 和 GST－Eeb1 融合蛋白清楚地表明这些蛋白同时展示了中链脂肪酸乙酯合成和水解的酶活性。由于在合成酶过量表达时出现其总活性下降的特异现象，因此猜测合成酶的酯酶活性的存在削弱了其合成能力，当然具体呈现酯酶活性还是合成酶活性视具体参数的影响，如上述氧和不饱和脂肪酸的影响等。由同时出现在 Eht1 和 Eeb1 蛋白中的中链脂肪酸乙酯合成酶和酯酶活性提出了关于精确调控中链脂肪酸乙酯在细胞内通过 Eht1 和 Eeb1 合成和水解的平衡问题。

Eht1 和 Eeb1 在合成中链脂肪酸乙酯中究竟有什么作用，可以通过构建过量表达菌株进行分批发酵来检测中链脂肪酸乙酯生成，看是否导致其生成增加。然而，在正常发酵状态下，无论是实验室酵母菌株 *EHT*1 和 *EEB*1 的过量表达和工业用途爱尔啤酒酵母的 *EHT*1 或 *EEB*1 等位基因的过量表达同样没有引起中链脂肪酸乙酯的增加。甚至在培养基中添加额外底物，无论是实验室菌株还是爱尔啤酒酵母菌株的野生型和 *EHT*1 或 *EEB*1 过量表达型，其中链脂肪酸乙酯浓度无任何变化。研究者使葡萄酒酵母 *EHT*1 基因过量表达导致中链脂肪酸乙酯生成的轻微增加。葡萄酒酵母菌株（VIN13）*EHT*1 等位基因和其过量表达型轻微增加了所有酯的浓度，其中已酸乙酯、辛酸乙酯和癸酸乙酯达到最高增加浓度。这可能是存在于 Eht1 和 Eeb1 酯酶活性与合成酶活性相互抗衡的结果。Eht1 和 Eeb1 酯酶活性的客观存在可以解释为什么基因的过量表达不能增加中链脂肪酸乙酯的形成。

虽然酯酶活性存在自身的限制因子，其显示活性受发酵参数的具体影响，但至少可以证明，醇乙酰基转移酶和醇氧酰基转移酶不是中链脂肪酸乙酯合成的限制因子。

（三）酯酶活性的特异性与酯的平衡分布

乙酯生成与基因 *EEB*1 和 *EHT*1 表达的相互关系研究结果表明，*EEB*1 的最大水平表达与已酸乙酯的终浓度相关，但却与辛酸乙酯、癸酸乙酯的终浓度不相关。*EHT*1 的表达水平似乎与辛酸乙酯、癸酸乙酯的终浓度呈现负相关。因为 Eht1 对乙酯同时具备合成和水解活性，这显然表明在胞内酯酶活性是决定辛酸乙酯和癸酸乙酯生成的主要因素，Eht1 的双重功能在评价其水平高低时是重要的参考因素。我们知道，酯酶在一定程度上起到控制最终酯含量的作用，由于各种酯酶的存在，其特异性可以调节各种酯在啤酒中的分布。因此具备酯酶功能的 Eht1 正是要重点加以关注和研究的，如何通过调控参数实现其单向或双向催化是目前要解决的难题。可以针对目前啤酒生产所采用的不同技术加以合理运用，如低浓度啤酒发酵，利用酵母在缺少乙酰 CoA 的时候酯酶的逆反应来合成酯；在高浓度发酵时，利用酯酶的存在能够影响整个后酵过程啤酒中酯的水平等。基于可以调控的双重作用及功能，Eht1 是今后类似啤酒发酵研究工作的方向，重点是研究其可控性。然而迄今为止，*EHT*1 和 *EEB*1 的表达缺少发酵参数的影响研究，特别是结合实际工业化生产过程的研究。在研究乙酸酯的过程中发现，*ATF*1 的表达受到氧和不饱和脂肪酸（UFA）的抑制，同时受到乙醇和热应激的影响。而 *EHT*1 和 *EEB*1 的研究还停留在过量表达阶段，因此中链脂肪酸（MCFA）乙酯的基因调控研究是相当不成熟的。

在感官分析中，增加己酸乙酯、辛酸乙酯和癸酸乙酯浓度的影响是非常明显的，因为这些微量的酯类阈值相当低，*EHT*1 过量表达虽然能够显著增强酒体的苹果气味，但其酯的增加量是十分有限的。酒体的最终感官结果受 Eht1 和 Eeb1 酯酶活性与合成酶活性最终平衡的影响。也许存在另外一个基因直接控制这一平衡的结果。

三、中链脂肪酸（MCFA）对中链脂肪酸乙酯生成的作用

中链脂肪酸（MCFA）乙酯的生成速度依赖于两种基质（酰基辅酶 A 组分和醇）和包括合成和水解 MCFA 乙酯的酶的总活性。但是，通过过量表达乙酯合成基因的手段加强酶活性仅仅轻微影响乙酯生成。酶活性明显不是乙酯生成的限制性因素，这与乙酸酯的生成是不同的。

（一）MCFA 前体物添加到培养基中导致更多的乙酯生成

MCFA 前体物添加到培养基中会导致更多的乙酯生成，与乙酯合成基因的过量表达结果相悖，更加证实了前体物浓度作为乙酯合成限制性因素的重要作用，换言之，细胞内的 MCFA 浓度才是乙酯合成速率限制因素。实验结果显示乙酯生成的增加只是一个结果，有可能是由于添加了 MCFA 前体物而抑制了 *EEB*1 和 *EHT*1 基因的表达，最终可能影响 Eht1 和 Eeb1 蛋白的酯酶活性，从而使乙酯生成增加。进一步研究证实，在添加多种 MCFA 前体物菌株中，只有辛酸能诱导 *EEB*1 和 *EHT*1 的表达，而己酸、癸酸和月桂酸并不影响 *EEB*1 或 *EHT*1 的表达。从而部分排除 MCFA 前体物它们自身影响 *EEB*1 和 *EHT*1 基因的表达抑制酯酶活性的可能性。如果辛酸没有特异抑制 Eht1 和 Eeb1 蛋白的酯酶活性，那么，这些结果表明细胞内的 MCFA 浓度是乙酯合成速率限制因素。众所周知，酯的合成都是发生在胞内，由于细胞膜的阻隔，胞内的 MCFA 浓度并不容易监测与控制，胞内 MCFA 浓度首先影响（调控）乙酯的生成，这是最直接有效的，由于 MCFA 对于细胞来说具有毒性，因此，将其转化为乙酯是十分必要的。单纯外源性的 MCFA 很难通过细胞膜进入酵母细胞中，只有通过单纯的扩散一条路，强化浓度差使扩散速度增加。一旦外源 MCFA 进入细胞内，会对细胞形成毒害，必须迅速酯化，因此会对乙酯合成产生一定的影响（这种影响是必需的，也是酵母细胞的生理需要，也有可能正是因为这一生理机制使 MCFA 成为乙酯合成的限制因子）。MCFA 乙酯合成之后，前文述及，胞内的 MCFA 乙酯可以通过扩散的方式排出酵母细胞，碳链越短，排出越容易；碳链越长，排出越困难，反之亦然。癸酸和月桂酸并不影响 Eeb1 或 Eht1 的表达表明正是胞内 MCFA 浓度引起乙酯合成改变，即胞内中链脂肪酸浓度是乙酯合成的限制因子。

各种发酵参数如何影响 MCFA 乙酯的形成，有必要考虑 MCFA 作为酯前体的作用。在早期的乙醇发酵阶段，酿酒酵母 *S. cerevisiae* 释放出 MCFA，以及部分辛酸和己酸，它们并非通过降解，而是在合成长链脂肪酸期间由脂肪酸合酶（FAS）复合物生成。调节脂肪酸生物合成中的关键酶是乙酰 CoA 羧化酶，按照 Dufour 的模型，乙酰 CoA 羧化酶转录后激活决定了 MCFA 从 FAS 复合物中的释放。乙酰辅酶 A 羧化酶发动了脂肪酸合成，使碳链逐渐延长，MCFA 不断积累。在无氧的条件，乙酰辅酶 A 羧化酶受到不断增加的长链饱和酰基辅酶 A 的抑制。因此，中链脂肪酰基辅酶 A 从脂肪酸合成复合体中释放出来，并被转化为相应的酯。在有氧的条件下，长链饱和酰基辅酶 A 被转化为不饱和酰基辅酶 A，并不会对乙酰辅酶 A 羧化酶形成抑制，不再使中链脂肪酰基辅酶 A 从脂肪酸合成复合体中释放出来。饱和与不饱和脂肪酸被用来合成磷脂以形成细胞膜组分，以供细胞生长。

（二）MCFA 乙酯生成的限制性因素 MCFA

在啤酒发酵条件下（限制溶氧的数量）长链饱和脂肪酸积累并抑制乙酰 CoA 羧化酶。合成中的酰基辅酶接着从 FAS 复合物中释放，中链脂肪酰基辅酶 A 积累并导致 MCFA 乙酯合成增加。在有氧的情况下，UFA 开始合成，乙酰 CoA 羧化酶的抑制被解除了，延长反应得以继续并形成完整的长链脂肪酸，并导致胞内中链脂肪酰基 CoA 减少，MCFA 乙酯同时也减少了（图 5－5）。参与形成乙酯反应的醇氧酰基转移酶 Eeb1 和醇己酰基转移酶 Eht1 并不是限制因子，这是基于前文术及的过量表达 *EEB*1 和 *EHT*1 基因并不能得到超量的 MCFA 乙酯。同时 Eht1 具备的酯酶功能令其对乙酯合成的功能更加复杂化。

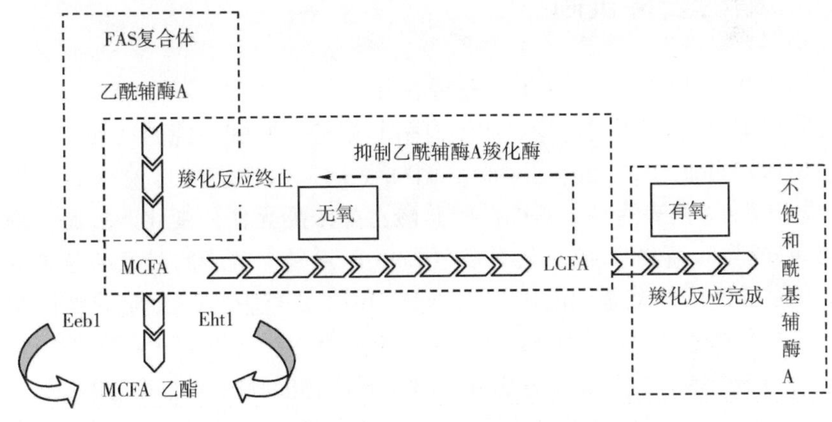

图 5－5　MCFA 乙酯生成的限制性因素 MCFA

发酵参数对基因调控的影响基于对麦汁营养、溶解氧的分析。麦汁中脂类的影响（刺激酵母生长伴随酰基 CoA 贮量的减少），缺少氧或应用二氧化碳顶端压力（带压发酵，限制酵母的生长并积累剩余的酰基 CoA）能用相同的模型来解释。麦汁中脂类添加能补充酵母生长必需的营养，使细胞生长，同时加大对乙酰辅酶 A 的消耗，使 MCFA 合成减少，限制了乙酯的浓度，最终引起 MCFA 乙酯的减少；在无氧的情况下，如带压（CO_2）发酵（这是比较符合啤酒发酵的实际情况的），酵母生长受到抑制，使乙酰辅酶 A 池增加，如前所述乙酸酯随之增加，而 MCFA 乙酯同样随之增加。

有观点认为并不是减少脂肪酸的延长促进了中链脂肪酰基 CoA 的释放，而是因为增强了脂肪酸的生物合成，这与 Dufour 的模型是不一致的。有研究发现，通过培养基肌醇限制增加了清酒酵母 *S. cerevisiae* 中 MCFA 浓度，导致细胞中脂肪酸浓度增加。其结论是通过对 *S. cerevisiae* 肌醇限制能加强脂肪酸形成，主要是由包括脂肪酸合成基因的转录增强引起，而不是乙酰 CoA 羧化酶的转录后激活。通过过量表达分析，显示 *FAS*1 和 *FAS*2 这两个脂肪酸合成基因对于增强 MCFA 的形成占主导地位。考虑酵母细胞的兼性生活方式，以及啤酒发酵的特殊过程，*FAS*1 和 *FAS*2 这两个脂肪酸合成基因表达在有氧和无氧的状态下是否存在同一的结果，即是否能合成同量的脂肪酸，这是值得探讨和关注的。

总之，啤酒发酵过程中酯合成的基因调控仍有待继续深入开展。以下问题有待进一步解决：有关乙酸酯合成酶及其酯酶的平衡关系；酯酶的基因调控；醇己酰基转移酶和醇氧酰基转移酶的基因调控；醇己酰基转移酶和醇氧酰基转移酶是否同时具备酯合成活性与酯酶活性；酵母胞内中链脂肪酸含量与 MCFA 乙酯合成的关系；脂肪酸合成基因对 MCFA 合成的调控等。酯的生物合成是否还存在其他的酶和其他的基因调控方式，答案是肯定的。

四、酯的去毒机制

依照 Dufour 模型，在 MCFA 去毒作用中，Eht1 和 Eeb1 扮演什么角色？*EHT*1 或 *EEB*1 等位基因的过量表达没有引起中链脂肪酸乙酯的增加。甚至在培养基中添加额外底物，无论是实验室菌株还是爱尔啤酒酵母菌株的野生型和 *EHT*1 或 *EEB*1 过量表达型，其中链脂肪酸乙酯浓度无任何变化，因此，醇乙酰基转移酶（Eht1）和醇氧酰基转移酶（Eeb1）不是中链脂肪酸乙酯合成的限制因子。中链脂肪酸乙酯合成的限制因子是 MCFA。当脂肪酸合成受到抑制的时候，MCFA 能被过早地从细胞质 FAS 复合体中释放出来。在厌氧条件下，饱和脂肪酸引起脂肪酸合成停止，并引起一种中间产物的释放，也就是 MCFA。像其他乙酸盐和乳酸盐一样，MCFA 对酵母是一种毒素，因为它们通过增加质膜离子可渗透性干扰胞内 pH 动态平衡。较低的胞内 pH 会导致 pH 依赖性细胞反应的干扰，同时引起质膜 H^+ ATPase 活性的增强，后者能将离子泵出细胞外。离子泵对 ATP 的高消耗会引起 ATP 水平的严重下降，导致细胞生长停止甚至可能死亡。

此外，有人认为基于竞争性抑制，高浓度的中链脂肪酰基 CoA 会干扰需要长链脂肪酰基 CoA 分子的细胞过程。因为 MCFA 乙酯比对应的酸毒性小很多，它们的合成可以作为酵母细胞对抗有害毒积累的保护机制。经酯化后，MCFA 乙酯也能更方便地穿过质膜渗透到发酵液中，并且通过转换倾向于酯合成的平衡减少有害酸积累的风险。

第四节　啤酒中风味成分的主成分分析

酯成分构成啤酒的风味主体，当然除了酯以外，还有高级醇以及其他的风味物质。影响啤酒的总酯含量的因素较多。不同酵母菌种的产酯能力不一样，选择产酯能力高的菌种，可以快速提高啤酒的总酯水平。不同的辅料，对啤酒总酯的形成有影响，使用大米比使用玉米淀粉，能得到更高的总酯含量。即使菌种、原料都相同的情况下，由于发酵工艺参数的差异，啤酒的总酯水平相差较大，凡是有利于酵母旺盛发酵的工艺条件，都能有利于酯类的形成。

酯合成通过基因调控，干预基因表达可以发现产物的变化。由于变化的多元性，使数据量巨大，难以准确取用正确的数据分析，使最终结果得以完全或正确展示。因此，多种方法被用来分析所得到的大量数据以期探究啤酒中酯合成的奥秘，并运用到生产实践当中，使产品质量稳定，风味多元化。

一、啤酒总酯水平的单因素分析

酯类的合成是通过酵母的生化途径，涉及醇类、脂肪酸和辅酶 A。脂肪酸与辅酶 A 结合形成酰基辅酶 A，最常见的是乙酰辅酶 A，这些被激活的脂肪酸再与醇类反应产生酯类。反应经酯类合成酶催化，酯类合成酶可能不止一种，这取决于被激活脂肪酸的种类。但是大多数研究都关注乙酸酯类，乙酸酯的含量是最大的，其中研究最多的是乙醇乙酰基转移酶。如果麦汁包含几种激活脂肪酸和醇类，可能会产生竞争性抑制作用，一些酯类的形成会优先于其他的酯类。除了酯类合成酶外，还存在着酯类水解酶。它能将酯分解成醇和酸，乙酸酯的水解比其他酯的水解要慢得多，这就是啤酒中乙酸酯类化合物的比例高于其他类型酯类的原因。

（一）菌种的影响

不同菌种对总酯的影响水平较大，更换产酯量较高的酵母菌种是比较快捷的办法，但是更换菌种可能引起啤酒口感的变化，同时生产过程中可能会遇到一些问题，因此风险也较大。

（二）辅料的影响

使用不同的辅料对啤酒总酯的影响较大，淀粉与大米相比，总酯水平下降了38.6%，其原因可能有两方面：一方面，淀粉的组成比较简单，在生产过程中，只提供了麦汁所需的糖类，而大米含有较高的脂肪，可能对啤酒总酯的形成有一定的贡献；另一方面，同样是40%的比例，由于淀粉的浸出率高，相对大米而言，相当于减少了麦芽的比例。实际上，我们在生产中发现，40%大米所生产的麦汁的氨基氮平均达到179mg/L，而40%淀粉所生产的麦汁的氨基氮平均只有149mg/L。

（三）工艺参数的影响

酵母本身的性能以及能保证酵母旺盛发酵的其他条件均可以有效地提高总酯水平。双乙酰还原时间越长，表明酵母的活性越差，所以双乙酰还原时间长的批次，啤酒酯含量偏低。酵母代数越高，酵母的活性越差，尤其是在酵母营养不良或发酵条件不稳定的情况下，更容易引起酵母衰老，从而造成酯含量下降。在条件适宜的情况下，每种酵母的峰值是比较固定的，接种量越高，新产生的酵母将越少，老酵母的比例偏大，也将造成酯含量下降。

表5-2揭示了单因素对总酯的影响程度。

表5-2　单因素对总酯影响程度及可信度对比

影响因素	趋势线特征	影响程度分析	可信度
酵母代数	$y=-0.394x+9.8904$，$R^2=0.4233$	负影响，影响程度大	高
氨基氮	$y=0.0309x+4.0060$，$R^2=0.0320$	正影响，影响程度较大	低
满罐时间	$y=0.0653x+7.3472$，$R^2=0.1706$	正影响，影响程度较大	一般
酵母峰值	$y=1.8060x+1.8548$，$R^2=0.0158$	正影响，影响程度大	低
双乙酰还原时间	$y=-0.026+14.5530$，$R^2=0.0806$	负影响，影响程度小	低
降温时间	$y=0.0148x+7.2718$，$R^2=0.0567$	正影响，影响程度小	低
主酵时间	$y=-0.004x+8.9624$，$R^2=0.0008$	基本无影响	极低
冷贮时间	$y=-0.0005x+8.7725$，$R^2=0.0004$	基本无影响	极低

二、啤酒中风味成分的主成分分析

主成分分析法是多元统计分析技术中一种应用较为广泛的方法。它是将多个性状指标经正交变换转化为较少个数的综合指标，而这些综合指标彼此既互不相关，又能综合反映多个性状指标的主要信息，即主成分，并通过主成分体现原来变量绝大部分的变异。对于成品啤酒的品评，目前均是通过品评专家进行人工的感官品评的。由于每个人都有不同的感官喜好，所以感官品评具有一定的片面性和主观性。而通过气相色谱对不同基因改良的酵母酿造而成的10种啤酒样品进行风味物质检测后，得到大量的数据。如何对这些数据进行准确分析。主成分分析法很好地解决了主观随意性问题，可在总体上对啤酒的风味成分进行对比分析。通过对不同基因改良的酵母发酵制成的10种啤酒样品进行综合评价，得到不同改良酵母的对应特征风味物质。

应用PE色谱仪分析啤酒中的风味物质含量，色谱条件为：进样口温度为200℃，出样口温度为230℃，色谱柱为DB-WAX（0.53mm×30m），载气为高纯氮气，纯度为99.999%以上，氮气流速为8mL/min。升温程序为35℃保温3min，10℃/min升温到60℃，20℃/min升温到220℃。

啤酒风味物质含量见表5-3，主要检测的风味物质有：乙醛、DMS、甲酸乙酯、乙酸乙酯、乙酸异丁酯、正丙醇、异丁醇、乙酸异戊酯、异戊醇、己酸乙酯、辛酸乙酯。

表5-3　　　　啤酒样品的风味物质含量　　　　单位：mg/L

	乙醛	DMS	甲酸乙酯	乙酸乙酯	乙酸异丁酯	正丙醇	异丁醇	乙酸异戊酯	异戊醇	己酸乙酯	辛酸乙酯
样品1	3.70	0.04	0.04	6.77	0.05	5.46	8.66	1.20	37.62	0.12	0.21
样品2	5.66	0.03	0.03	4.84	0.02	6.97	7.16	0.24	35.33	0.06	0.07
样品3	4.61	0.03	0.03	5.73	0.04	7.94	6.78	0.27	41.30	0.10	0.12
样品4	4.66	0.03	0.04	5.89	0.02	8.37	7.07	0.28	38.72	0.05	0.07
样品5	5.13	0.03	0.05	6.05	0.00	5.61	8.77	1.00	32.19	0.08	0.09
样品6	5.43	0.03	0.03	5.82	0.16	5.34	8.61	0.29	37.42	0.07	0.11
样品7	4.62	0.03	0.04	5.76	0.15	7.86	6.76	0.27	35.31	0.06	0.18
样品8	4.86	0.04	0.04	4.94	0.03	8.42	7.05	0.05	38.66	0.10	0.06
样品9	5.18	0.03	0.03	6.01	0.03	7.01	7.18	0.75	35.29	0.04	0.04
样品10	5.30	0.03	0.03	6.62	0.03	5.54	8.73	0.28	31.98	0.05	0.03

我们对10个样品中所有的风味物质进行了统计分析，通过主成分分析，得到主成分得分图5-6。这是经过降维后10个样本在二维空间分布的情况，图中横坐标表示每个样本的第一主成分得分值，纵坐标表示每个样本的第二主成分得分值，其中主因子1解释了总变异的81%，主因子2解释了总变异的14%。从得分图上可以看出10个样本位置分布的聚类情况，从图5-6可以看出，样本的聚类情况明显，样品3、4、8聚为一类，样品2、7、9聚为一类，样品1、6

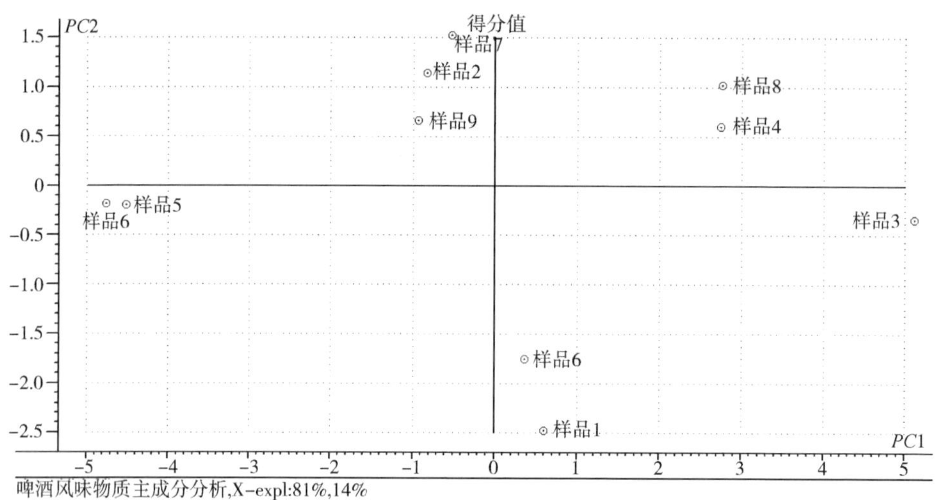

图 5-6　啤酒风味物质主成分分析得分图

聚为一类，样品 5、10 聚为一类。

每一个主成分都是原变量的线性组合，这些组合的系数称为载荷，用 *X-loading* 表示，载荷反映的是变量与主成分的相关性，它代表了在主成分中，原来各个变量的权重，载荷的大小可以表明各变量的影响程度，把全部载荷用一个图形表示出来则组成载荷图 5-7。从图 5-7 可以看出，异戊醇在主因子 1 上的载荷最大，主成分 1 以异戊醇和正丙醇含量为主，与异戊醇和正丙醇均为正相关。主成分 2 以正丙醇和酯类为主，与正丙醇为正相关，与酯类为负相关。

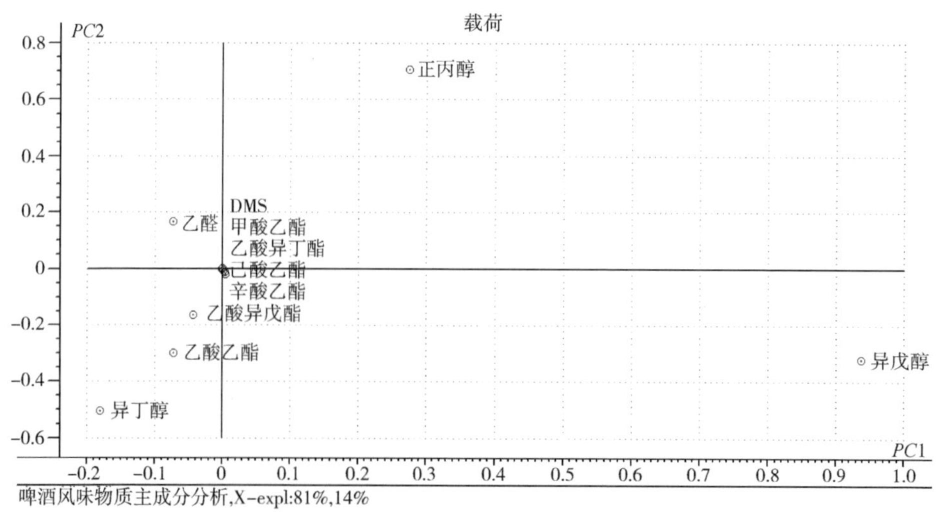

图 5-7　啤酒风味物质主成分分析载荷图

经分类分析，样品 3、4、8 以异戊醇等醇类为主，酯香味较弱；样品 2、7、9 以正丙醇为主，酯香味很弱；样品 1、6 以酯香味为主，异丁醇味较突出；样品 5、10 以异丁醇味为主，异戊醇味较弱。本批样本分析结果表明，异戊醇和正丙醇为特征醇。

第六章　啤酒发酵过程中酯类的工业调控

发酵过程中，酿酒酵母生成大量风味活性物质，这些风味活性物质有六种：有机酸、高级醇、羰基化合物、含硫分子、酚类组分和挥发酯。虽然挥发酯只是这些风味活性物质的微量成分，它却是最重要的风味活性组分。在啤酒工业中，挥发酯之所以被关注，是因为它们能产生水果味、糖果味、香水味，是啤酒的主体香型的贡献者。酯类一般在啤酒中具备较低的风味阈值。因为大部分的酯由酿酒酵母产生于发酵期间并且其浓度在各自阈值左右波动，这些次级代谢物的微小变化都会对啤酒感官质量产生很大的影响。因此，了解酯生成机制是为了更好地控制最终产品的酯水平，也是工业化的目标之一。

酯合成的生物化学背景已经被深入研究，人们发现，酯形成速度依赖于三个因素：两个共底物浓度（乙酰 CoA 和醇），酶活性（包括其合成和水解活性）。因此，凡是影响底物浓度或者酶活性的因素均可能影响酯的生成。在啤酒中有两类风味活性酯，一种是乙酸酯类，一种是乙酯类。在这两类酯中，乙酸酯类的乙酸乙酯受到最广泛的关注，因为它的浓度更高，更容易检测，而且它的合成基因也是首先被报告发现的。相对而言，到目前为止人们对乙酯类的产生知之甚少，只知道它们具有令人愉快的苹果样气味。最新进展已经鉴定了几个合成它们的基因并且描述了其生化途径。这些活性酯通过发酵酵母在细胞内形成，由于是脂溶性的，乙酯类如中链脂肪酸乙酯（MCFA ethyl ester）能通过细胞质膜扩散到发酵培养基中。乙酸酯类可以在培养基中迅速和完全地扩散，而乙酯要转移到发酵培养基中依赖于它们的组成。随着脂肪酸链长度增加，其扩散速度剧烈下降。MCFA 乙酯在酵母和啤酒之间的分布受到酵母类型的影响。拉格酵母（*Saccharomyces pastorianus*）细胞内保留较多的 MCFA 乙酯。而且，MCFA 乙酯在酵母和啤酒之间的分布有赖于温度的高低，较低温度下，酵母细胞内保留较多酯，反之则较少。

酯的合成需要两种物质：醇和羧酸。酯类能通过化学反应形成但酯化反应的速度太慢不足以在啤酒中形成足够数量的酯。1962 年，研究者发现酯类是通过酰基转移酶（或酯合成酶）催化的细胞内过程形成的。反应需要来自酰基辅酶 A（CoA）辅底物的硫酯键提供的能量。最丰富的酰基 CoA 是乙酰 CoA，它既能通过丙酮酸的氧化脱羧形成，也能在 ATP 的作用下直接通过乙酸激活。大多数的乙酰 CoA 通过丙酮酸的氧化脱羧形成，其他的大多数乙酰 CoA 通过酰基 CoA 合成酶（脂肪酸代谢）的催化作用下经自由 CoA 的酰基化生成。

现代啤酒工业遇到并需要迫切解决的问题是：①高浓度发酵（产生不成比例的乙酸乙酯和乙酸异戊酯）；②大规模的锥底发酵罐的应用（减少了酯的生成）；③生产低酒精度啤酒（风味物质的缺乏）。影响啤酒酯合成的参数有许多，有大量文献研究啤酒酯风味水平的影响参数。影响酯合成的因素可以分为三类：酵母特性，麦汁组成和发酵条件（见表 6 - 1）。

表 6 - 1　　发酵过程中影响酯生成的参数一览表

酵母特性	麦汁组分	发酵条件
菌株（类型、纯种）	脂质	温度
生理状态（使用代数等）	溶解氧	压力
接种率	添加剂（水平和组成）	搅拌
	自由氨基氮	发酵罐设计
	锌	发酵工艺
	固体悬浮物	

啤酒工业涉及的参数涉及糖化、充氧和发酵的各个环节。麦汁组成包括溶解氧、脂质、浸出物浓度、FAN、锌等；发酵条件包括发酵温度及压力（液位高度或背压）。研究这些工业参数的变化对酯类形成的影响是十分有意义的，特别是对新型啤酒酿造如高浓发酵稀释甚至超高浓度发酵稀释工艺具有良好的指导意义。现代啤酒工业普遍采用大型发酵罐，如 500m^3 以上的圆柱锥底发酵罐。物理化学和工艺参数对酯合成的综合影响汇总于表 6 - 2。

表 6 - 2　　培养基和发酵条件对乙酸乙酯合成的影响

参数	对酯合成酶的影响	对乙酸乙酯的影响
麦汁组分		
增加溶解氧	抑制酯合成酶	减少
增加脂质	抑制酯合成酶	减少
增加浸出物浓度	增加醇共底物水平	增加
增加 FAN（ > 200mg/L）	很少影响酵母生长	无影响/很少影响
锌	刺激高级醇生成	增加
发酵条件		
增加发酵温度	增加酯合成酶活性	增加
增加液位高度或背压	抑制脱羧反应	减少
增加搅拌	刺激酵母生长	减少
多加入麦汁法	提高酯合成酶活性	增加

第一节　酵母特性对酯类合成的影响

酵母菌株的选择是非常重要的。酯的形成在很大程度上与酵母菌种的遗传特性有关，上面酵母较下面酵母产生的酯多。另外，也与酵母的活性有关，健康酵母的代谢作用，有利于合成更多的酰基 CoA，从而也有利于形成较多的酯。酵母合成酯的潜力与 AATase 的活性相关，而且不同酯的生成比例与绝对数量也因酵母菌株的不同而不同。

一、酵母菌株的选择

不同酵母菌株产生不同量的酯类，因为不同酵母菌株产生的啤酒醇酯比率不同，有些酵母能够产生比其他菌多得多的酯。菌株酵母因含有更高比例的胞质 AATase（占总 AATase 活性 20%，负责体内的乙酸乙酯生产）而具有更高酯合成的潜力，可溶性的 AATase 决定着酵母菌株的酯合成能力。

酵母菌株的选择是控制啤酒中酯水平的最重要的准则。一般认为，由于受到温度的影响，每个不同菌株能产生不同范围的乙酸酯。酵母合成酯的潜力与在主发酵末期测得的 AATase 的最大特异活性有关。由于高水平的酯类通常发现存在于爱尔啤酒中，导致形成了爱尔酵母（*S. cerevisiae*）能产生比拉格酵母（*S. carlsbergensis*）更多的酯的结论，当然这也是在较高温度下发酵的结果。由于爱尔酵母与拉格酵母产酯水平的巨大变化，在其他条件保持不变的情形下，并没有明确的证据证明爱尔酵母能产生更多的酯。因此，在同样的发酵条件下，已经观察到爱尔酵母趋向于产生低水平的风味组分（表 6 -3）。

表 6 -3　　拉格（L）和爱尔（A）酵母生成的风味物质

	A -1	A -2	A -3	L -1	L -2	L -3
酵母计数（$\times 10^6$）/mL	255	230	227	214	187	211
高级醇/（mg/L）						
异丁醇	14	23	21	30	55	33
异戊醇	66	84	75	124	237	147
苯乙醇	4	6	3	22	25	19
酯/（mg/L）						
乙酸乙酯	44	54	44	62	55	44
乙酸异戊酯	2	3	2	5	11	5
乙酸苯乙酯	痕量	0.1	痕量	0.3	0.4	0.3

培养基：8%（质量体积分数）葡萄糖，2% 酵母抽提物，8mg/L 溶解氧，15℃。

絮状酵母要比非絮状酵母生成更多的酯。不同菌株产生酯类的量及酯类间比例也是有差异的。发酵参数如溶氧和温度，对不同菌株的影响效果不一样。研究者将菌株间产生酯类的差异主要归结为菌株 AATase 酶的活力不同。从理论上看，为实现不同工厂酯类的优化，只要从不同特性的酵母库中选取最合适的菌株就可以了。但在实际生产中，啤酒厂家很少通过更换菌种来实现酯类的优化，而是通过调节发酵参数进行产品质量调控，除非是为了生产新风格的啤酒。同一菌株在连续的发酵和传代过程中基因也可能发生变化，所以，如想保证品质的完全一致，应周期性进行基因指纹图谱检测和菌株的标准化发酵试验，以判定所用菌株的遗传物质是否发生了变化。

基因修饰可以有效改变菌种产酯特性。敲除 *ATF*1 基因可以降低乙酸异戊酯 80%、乙酸乙酯 30%。敲除 *ATF*2 基因，也会降低酯类的合成但降幅较小。研究者使工业酿酒酵母中 *ATF*1 基因过量表达，结果啤酒中乙酸乙酯的产量较野生菌株高 5 倍；而使 *ATF*2 过量表达，可少量增加乙酸异戊酯的含量，但对乙酸乙酯的含量没影响。*ATF* 的过量表达对酯类形成的影响显著，进一步试验表明，在啤酒厂中决定酯类形成的决定因素是 AATase 酶活的高低，即 *ATF* 基因表达的水平，而非高级醇和酰基 CoA 的含量。

二、接种率

目前为止并没有关于接种率对酯形成影响的直接研究证据。现有的研究报告认为很可能存在一个理想的接种率，但需要对酵母菌株进行系统化的研究，诸如酵母的生理状态、培养条件以及麦汁组成（氧，脂，FAN）等。

一般认为，为了得到理想的酯类分布，25°P 高浓发酵的适合接种量为 35×10^6 个/mL，而 12°P 发酵的适合接种量为 15×10^6 个/mL。另外，采用添加高泡酵母工艺，即将新鲜麦汁（多数不充氧）分批加入活化酵母工艺中，可提高酯类产生，因为在工艺条件下，酵母的 AATase 酶活力高且高活力保持时间长。

有的研究发现，接种率提高四倍会造成部分酯类形成减少，而如果接种率只增加 2 倍的话，这些酯只会发生轻微的变动。这可能是因为接种量低，酵母增殖多，新酵母多，活性强，因此强壮，代谢力强，所以产酯量多。然而，较大的接种量将引起酵母增殖代谢的减少，根据 Dufour 模型，乙酰辅酶 A 池将流向酯生成通道，提高总酯的生成量；较小量的接种将使酵母生长代数增多，造成总酯生成减少（表 6－4）。

由表 6－4 可见，随着接种量的增加，啤酒中乙酸乙酯、乙酸异戊酯、癸酸乙酯的含量增幅缓慢，当接种量增大至 15 倍时，增幅较为明显。乙酸异丁酯、乙酸苯乙酯的含量随着接种量的增加而降低，而其他酯的含量基本保持不变。当接种量增大 10 倍时，总酯的生成量受显著的影响。实际情况是，大多数厂的接种量大多控制在（1.0~2.0）×10^7个/mL的范围内，酵母的接种量过大，麦汁营养在短时间内消耗，这样酵母的繁殖少，新增的酵母数低，容易造成酵母营养不足，发生自溶。接种量过低，发酵周期延长，也不利于啤酒的风味。

表6-4　　接种量对酯生成的影响

酯含量/（mg/L）	接种量（×10^7个）/mL			
	0.5	1.5	5	7.5
乙酸乙酯	6.54	6.75	8.65	9.78
乙酸异丁酯	0.17	0.13	0.14	0.13
乙酸异戊酯	0.71	0.81	0.83	1.03
己酸乙酯	0.31	0.32	0.34	0.20
辛酸乙酯	0.11	0.12	0.18	0.17
癸酸乙酯	0.02	0.01	0.01	0.01
乙酸苯乙酯	0.61	0.42	0.41	0.32
总酯	8.47	8.56	10.56	11.64

三、酿酒酵母的基因和生理不稳定性

基础研究发现，酿酒酵母的表现总是容易出现不同程度的变化，酵母特性（如发酵状态、絮凝特性、挥发性风味组分的产生等）可能通过不断的液体发酵或者在琼脂斜面上连续固体培养发生改变。当然这些改变可以通过发酵条件和酵母管理进行诱导，比如通过压力和温度等物理因素进行调控。但是，其中一些固有的规律却是不变的，比如乙酸异戊酯/乙酸乙酯的比率能区分依赖于工艺因素的短期变化和反映由于酵母菌株管理引起的长期缓慢变化。图6-1、图6-2显示了乙酸乙酯和乙酸异戊酯总的形成量和对应的乙酸异戊酯/乙酸乙酯比率。

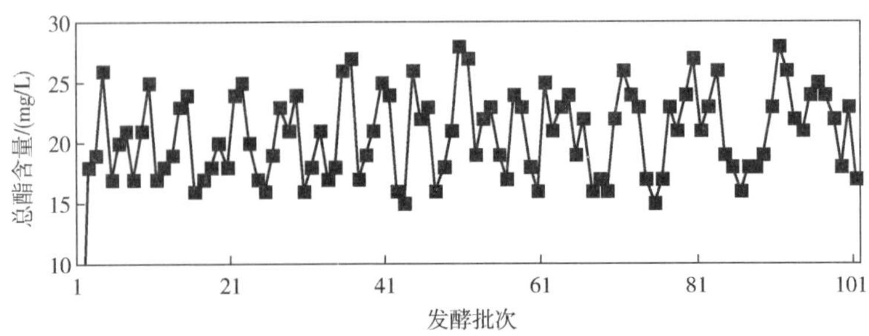

图6-1　啤酒发酵总酯含量

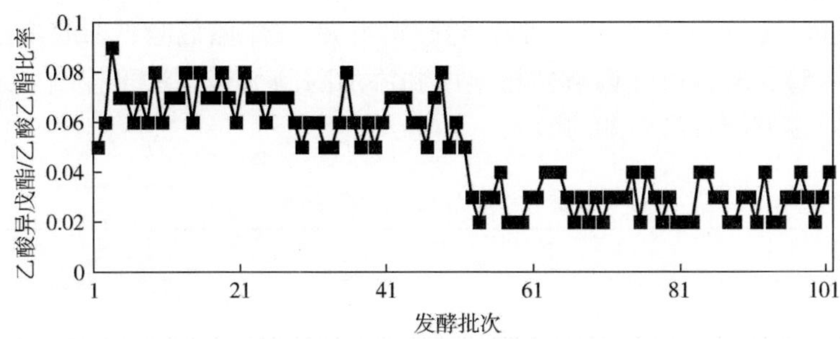

图 6－2　两株啤酒酵母发酵乙酸异戊酯/乙酸乙酯比率

观察发现，采用两种酵母菌种进行啤酒发酵实验，前 50 批是菌种 I 号，后 50 批是菌种 II 号，两种酯的总量水平并未发现明显变化，而乙酸异戊酯/乙酸乙酯比率却存在明显分类界线。有时这些改变的规律是永久性的，这同时也是基因改变的结果。从这方面看，纯种酵母的应用相当重要。通过控制纯种发酵，可以检测不同的风味特性以确保产品品质的统一性。

第二节　麦汁组成的工业调控

麦汁中的营养成分决定着酵母的生长，因此也影响酵母的代谢过程，当然也影响酯类的形成。麦汁浓度差异对发酵中酯类的含量影响很显著，11°P 与 14°P 麦汁发酵相比较，后者发酵末期所产生的酯类是前者 3 倍。这表明麦汁浓度差异对啤酒生产过程中酯类含量起主导作用。这就产生了一个问题，即用高浓度麦汁发酵后稀释，由于麦汁稀释倍数与酯类稀释倍数差距较大，所得啤酒中的酯类含量偏高。这种啤酒的风味就不能和低浓度麦汁制得的啤酒风味相匹配，使两种啤酒存在风味上的差别，因此，高浓度糖化后稀释的啤酒生产大都采用不超过 15% 浓度的麦汁发酵。

此外，可发酵的碳水化合物与可消化氮的比（C/N）是一个重要的判断基准。麦汁的组成中，全麦麦汁的碳氮比是最合理的，添加辅料的麦汁则在碳氮比上存在缺陷。在全麦啤酒发酵中，C/N 比值较低，酵母生长旺盛，即使当氧气耗尽时，由于过剩 N 源的刺激，仍可促进乙酰辅酶 A 的继续合成，因而全麦芽汁啤酒中的酯含量较高。当添加辅料时，C/N 比值提高，N 源减少，在这种情况下，一方面由于酵母生长受到限制，乙酰辅酶 A 的合成减少；另一方面由于在 N 源不足的情况下需要吸收肽类予以补充，此时不饱和脂肪酸积累在细胞内，促进肽的吸收，而细胞内不饱和脂肪酸的积累直接抑制酯类合成酶的活性，因而减少酯的形成。

另外由于麦汁的 pH 对酯类形成的影响不大，pH 偏低时，酯的生成量也稍低（表6－5），所以通过调节糖化温度和添加酶制剂等方法可控制 α－N 的生成，从而控制啤酒发酵中酯的形成。

表6－5　　麦汁 pH 对酯生成的影响

酯含量/（mg/L）	pH			
	4.4	5.0	5.6	5.9
乙酸乙酯	6.03	6.53	7.74	7.21
乙酸异丁酯	0.10	0.12	0.29	0.23
乙酸异戊酯	0.57	0.52	1.12	0.59
己酸乙酯	0.11	0.16	0.25	0.28
辛酸乙酯	0.18	0.17	0.29	0.04
癸酸乙酯	0.02	0.01	0.01	0.01
乙酸苯乙酯	0.60	0.42	0.41	0.29
总酯	7.61	7.93	10.11	8.65

有研究报道，在游离氨基氮种类及含量相同的情况下，选择麦芽糖、葡萄糖和果糖三种不同碳源培养基进行试验，结果表明在含有麦芽糖的合成培养基中产生的挥发性物质（如酯类）比其他两种都低。这可能是由于用麦芽糖发酵，使酵母的质膜受到改变而抑制挥发物质从细胞排出，导致产生更低的挥发物质。另一种可能性是麦芽糖代谢产生更低的乙酰 CoA，这样，由于缺乏底物而导致酯类合成量很低。再者，发酵期间酯类的生产与脂代谢相关，生长在麦芽糖中的细胞产生的酯合成酶（如酯酶和酰基转移酶）较低也导致这些挥发物质含量低。同时，在高麦汁浓度发酵中发现，加入30%高麦芽糖辅料替代部分麦汁发酵产生的酯类明显比全麦汁发酵要少。因此，采用含有高于正常麦芽糖含量（占总碳水化合物70%）的麦汁进行发酵，将产生更低含量的挥发物质。在高浓麦汁浓度的实际酿造中，可以通过改变麦汁中可发酵麦芽糖的含量更好地控制风味化合物的产生。目前这方面的研究将主要集中在对高浓度麦汁补加麦芽糖量，以便后道工序稀释后获得与低浓麦汁同样水平的挥发物质（如酯类），以此解决原先高浓啤酒发酵后稀释过程中酯含量过高的问题。

一、麦汁浓度对酯形成的影响

麦汁组成能够影响酯合成，尤其在高麦汁浓度酿造中更为明显。高麦汁浓度发酵比正常麦汁浓度发酵产生的酯类要多。

目前，多数拉格啤酒是通过高浓酿造生产的，容易出现啤酒风味图谱的不谐调，最突出的问题是酯类过高，形成溶剂味和过浓水果味的啤酒。研究发现，20°P 麦汁较 10.5°P 麦汁发酵出的啤酒的乙酸乙酯和乙酸异戊酯的含量均增加了 4 倍。一般观点认为，原麦汁浓度提高 1 倍，不同乙酸酯类增加幅度在 4～8 倍。这意味着将高浓啤酒稀释成 5% 酒精度的啤酒的乙酸酯类浓度较普通麦汁酿造出的啤酒至少高一倍以上。不过，高浓酿造时乙酸酯类增加的幅度与菌种特性有关，不同菌种产生的酯类增幅不同。

不仅原麦汁浓度对酯类形成有影响，麦汁的糖谱组成对酯类的形成影响也比较大。一般来说，葡萄糖和果糖含量高的麦汁比麦芽糖含量高的麦汁发酵容易产生更多的乙酸酯类，葡萄糖和果糖比麦芽糖更容易被酵母吸收利用。与全麦芽麦汁相比，使用 30% 的高麦芽糖糖浆（70% 麦芽糖）为辅料的麦汁发酵产生的乙酸乙酯会低 10%、乙酸异戊酯会低 40%。所以，高麦芽糖糖浆适合用于高浓酿造，以适当降低高浓稀释啤酒的酯类含量。关于葡萄糖和麦芽糖使细胞产生酯类能力不同的机理尚不清楚。第一种可能是，葡萄糖和果糖先于麦芽糖被利用。第二种可能是，葡萄糖和果糖会产生较多的乙酰 CoA，从而提高乙酸酯类的含量。第三种可能是，在富含葡萄糖和果糖的培养基中，酵母容易产生更多的高级醇，从而提供更多的底物用于酯类合成。第四种可能是，葡萄糖或果糖提高了 *ATF*1 和/或 *ATF*2 的表达，从而提高了酯类合成酶的活性。

一般情况下，麦汁浓度愈高，酯的形成愈多（表 6－6）。12°P 以下的麦汁发酵，一般不存在酯多的问题，超过一定限度（如 >20°P），即便麦汁的溶解氧和接种量也按比例增加，由于代谢产物特别是乙醇含量增加，酵母增殖明显受到抑制，无法按浓度增长的比例增长，从而使脂肪酸的合成减少，乙酰 CoA 池流向酯的生成，使得酯的形成增加。高浓度稀释啤酒较同浓度发酵的啤酒含有较多的酯类，会造成高浓度稀释啤酒的风味缺陷。当然，通过适当控制高浓度麦汁的通风量（分批通风），可以相应地提高酵母的生长，从而降低酯含量。另外通过膜处理，使乙醇选择性地透过，可以解决其对酵母生长的抑制作用。

表 6－6　　麦汁浓度对酯生成的影响

酯组分/（mg/L）	麦汁浓度/°P		
	8	10	12
乙酸乙酯	6.15	8.23	10.79
乙酸异戊酯	0.61	0.92	1.21
己酸乙酯	0.19	0.24	0.25
辛酸乙酯	0.11	0.13	0.15
癸酸乙酯	0.01	0.02	0.02
乙酸苯乙酯	0.17	0.28	0.49
总酯	7.34	9.94	13.06

二、可发酵糖与可同化氮问题

全麦汁发酵时，碳水化合物与可同化氮的比值（C/N）处在较低水平，在酵母有氧增殖时成为生长的限制因素，由麦汁的氧含量决定酵母的生长量，直到耗尽。尽管此时生长停止了，但含氮化合物还是丰富的，代谢物包括乙酰CoA仍在合成。因此，细胞内过量的乙酰CoA刺激了酯合成。

其他可发酵糖取代部分麦汁对发酵的影响。全麦芽麦汁中加入部分其他可发酵性糖取代部分麦汁，会抑制某些呼吸酶的合成，使三羧酸循环趋弱，形成克拉勃垂效应，即较高浓度的葡萄糖（包括果糖）使酵母的有氧呼吸受到一定程度的抑制。即使在好气条件下，大量的糖也将抑制酵母生长，同时也减少了酯的形成，如表6－7所示。

表6－7　　麦汁成分对酯形成的影响

酯组分/（mg/L）	麦汁组成/（mg/L）	
	全浸麦汁	40%葡萄糖取代同量麦汁
乙酸乙酯	6	4
乙酸异戊酯	0.61	0.30
乙酸异丁酯	0.03	0.01
己酸乙酯	0.02	0.02
丁酸乙酯	0.01	0.01
接种量/（g/L）	2.5	2.5
酵母回收量/（g/L）	22.2	18.0

含氮物质对酯类形成的影响更为复杂。

首先，乙酰CoA受制于氮源，最终影响酯类合成。在C/N低的时候，溶解氧是酯类形成的限速因子。低氧会造成细胞的生长停滞，但此时，乙酰CoA和高级醇的形成仍在继续，却不能用于细胞生长，这就会引起酯类的增加。如果在使用辅料时，C/N升高，此时氮源成为限制因子。氮源缺乏造成细胞生长停滞，就会导致乙酰CoA等形成的下降，引起酯类的减少。

其次，氮源对酯类形成的影响是通过含氮物质代谢与高级醇形成之间的链接来实现的。外添加缬氨酸、亮氨酸和异亮氨酸可以增加相应的高级醇——异丁醇、异戊醇和戊醇的产生，进而影响到酯类的形成。理论上，可以通过控制麦汁中氨基酸的含量影响高级醇的含量，进而改变酯类形成的水平。实践证实，在实际生产中添加亮氨酸和异亮氨酸可以改变或轻微改变乙酸异戊酯的最终含量。

第三，氮源通过影响 *ATF*1 基因的转录来实现对酯类物质的调控。

全麦芽麦汁中以可发酵糖取代同量麦汁，意味着降低了麦汁中可同化氮的比例，酵母生长和酯的形成均受到抑制，如果加糖的同时补充可同化氮（如甘酪素水解液），使可发酵糖/可同化氮仍然维持原全麦芽麦汁中的比例，则酵母生长与酯的合成均与全麦芽麦汁者相似，如表 6－8 所示。由此说明可发酵糖/可同化氮对酵母生长和酯形成的重要性。

表 6－8　　可发酵糖/可同化氮对酯形成的影响

酯组分/（mg/L）	麦汁组成		
	全浸麦汁	40% 葡萄糖取代麦汁	40% 葡萄糖及甘酪素水解液取代麦汁
乙酸乙酯	34	25	40
乙酸异戊酯	3.0	2.2	4.3
乙酸异丁酯	0.03	0.01	0.03
己酸乙酯	0.03	0.07	0.05
丁酸乙酯	0.01	<0.01	<0.01
酵母回收量/（g/L）	25.3	20.9	26.7

当麦汁中添加辅料时，C/N 增高，酵母生长停止时没有过量氮。因此，没有过量的乙酰 CoA，酯合成也就减少了。研究者在进行辅料添加实验时发现，在添加辅料的麦汁中，酵母在发酵期间虽然尽可能吸收更多的氮，但却不能正常吸收补充的多肽。在此条件下，酵母会在细胞膜上积累不饱和脂肪酸以促进肽类的吸收。与此同时，不饱和脂肪酸的积累可以直接抑制酯合成的酶活性。

早期的啤酒均是以全大麦为原料进行生产的，由于大麦只是辅粮，因此对人类粮食并未造成影响。随着啤酒生产规模的日益扩大，大麦的种植规模也不断扩大，但仍未能满足啤酒生产的需求。这就造成了大麦麦芽价格的不断上升，生产企业为了降低成本，不得不加大辅料的用量。在麦汁制备过程中添加一定比例的玉米、大米、糖浆等辅料有助于降低成本。以大麦麦芽为主料不变，大米、玉米、木薯等淀粉为辅料，制备麦芽汁时，辅料的比例为 30%、40%、50%，其他发酵因素不变。发酵结束后，测定啤酒中的酯含量，结果见表 6－9。

由表可见，随着糖化工艺中辅料的比例增加，啤酒发酵过程中产酯量明显不同，麦汁辅料比从 0% 增加到 50%，乙酸乙酯、乙酸异戊酯、己酸乙酯和乙酸苯乙酯的降幅明显，分别达到 50%～60%。而例外的是，癸酸乙酯却增加了 100%（中链脂肪酸乙酯）。在总酯含量方面，全麦芽汁啤酒中的总酯含量随着辅料比的提高呈线性降低。辅料比过大，酯类含量降低十分明显。提高辅料比，可以使得麦汁中氨基氮的含量下降，酵母可利用的氮源减少，影响酵母的增殖。在辅料比例过高的麦汁中，即使酵母在发酵期间尽可能吸收更多的氮，但不能正常吸收补充的多肽等物质。酵母细胞膜上积累的不饱和脂肪酸虽然能促进多肽的吸收，但作为细胞毒素的不饱和脂肪酸的积累还会直接抑制醇乙酰基转移酶的酶活力。

表 6－9　　辅料比例对酯生成的影响

酯含量/（mg/L）	辅料比例/%			
	0	30	40	50
乙酸乙酯	13.26	12.43	9.65	7.45
乙酸异丁酯	0.15	0.12	0.11	0.12
乙酸异戊酯	1.12	0.98	0.72	0.45
己酸乙酯	0.29	0.28	0.25	0.14
辛酸乙酯	0.12	0.15	0.12	0.10
癸酸乙酯	0.01	0.01	0.01	0.02
乙酸苯乙酯	0.53	0.43	0.40	0.27
总酯	15.48	14.41	11.26	8.55

三、麦汁溶氧对酯生成的影响

通氧或者空气一向被认为是降低啤酒酯水平的因素之一。向培养基连续地通气显示了对酯合成强烈的抑制。在分批发酵中，麦汁溶氧对酯合成的影响取决于何时充氧与充氧时间的长短以及酵母菌株。

接种时调整麦汁溶氧水平是调控啤酒酯水平的常用操作。当然，接种前酵母的空气溶解与充氧对酯的合成的影响有相似之处，都是抑制酯的合成。但是，在发酵初始条件下，麦汁中最优的溶氧却可以刺激酯的生成。这一影响已经被归因于溶氧可以促进酵母的最优生长，创造最优产酯条件。因此，实践证明，充氧条件的微调可以使酯的生成最大化。在啤酒发酵形成起发的后续阶段，充气影响酯合成的结果是非常明显的。充氧的即时影响与延时影响均导致酯合成减少。发酵初始充空气或充氧将刺激必要的甾醇和不饱和脂肪酸（UFA）的合成，随之刺激酵母的生长。由于乙酰 CoA 优先被用来合成基本脂质，因此，充氧不当（如过多）就会使酯生成受抑，可以认为氧抑制剂影响酯合成也与胞内乙酰 CoA 耗尽有关。

已经证实充空气或充氧抑制酯合成与 AATase 特异活性的下降有关。由于

UFA 合成速度的增加，可以假设氧对酯合成的影响与 UFA 合成有关，随后将其归于 UFA 的影响（酶合成的抑制）。研究发现，通气和 UFA 二者均在接触 1h 内引起 *ATF*1 基因（此基因编码醇乙酰基转移酶）转录抑制，但在相同通气时间内并不会引起酵母细胞膜脂肪酸组分的显著变化。这表明氧介导的抑制通过独立改变膜 UFA 水平的机制进行。

麦汁的溶氧量不仅是酵母生长必不可少的，而且在固醇和不饱和脂肪酸的生物合成中也是非常重要的。酵母生长会产生对乙酰 CoA 的需求，即利用乙酰 CoA 合成自身所需的脂，这样，可用于酯合成的乙酰 CoA 就减少。因此，为了控制酯类的形成，甚至可以在发酵期间低速通氧以增强对酯合成的抑制。例如，在高浓发酵期间通氧 18h，乙酸乙酯含量由 51mg/L 降至 21mg/L，乙酸异戊酯由 5.3mg/L 降到 2.0mg/L，效果非常显著（图 6 - 3）。

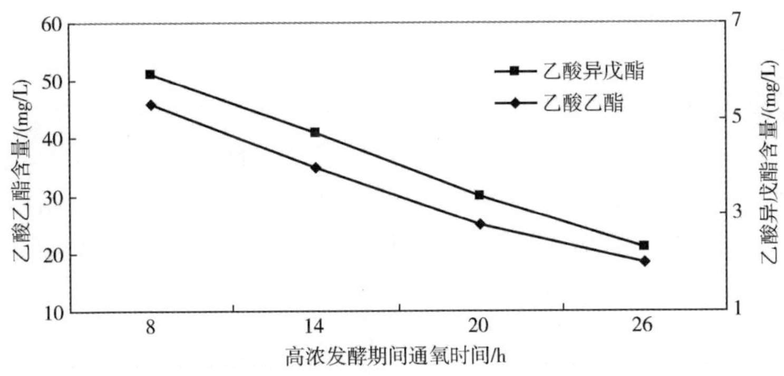

图 6 - 3　高浓发酵期间通氧与酯生成关系

发酵液中的酯类形成受高溶解氧抑制。有的学者认为，溶解氧是通过影响细胞的生长和改变乙酰 CoA 的含量来实现的。但是，近来的研究表明，溶解氧能抑制酯类合成酶 AATase 的编码基因 *ATF*1 和 *ATF*2 的表达，这就是说，只要麦汁中存在溶解氧，将不会形成酯类合成酶。另一方面，如果麦汁中的溶解氧极低（1mg/L），酯类合成会因为细胞生长不充分而降低。因而，酯类的形成在某个特定的溶解氧浓度条件下会达到最大，而在溶解氧浓度略高或略低时则会引起酯类合成的下降。可见，在实际生产时，调整麦汁充氧是调整酯类形成的有效途径之一，尽管在实际生产中并不倾向于或不易实现充氧工艺的频繁调整。

麦汁溶氧是影响 MCFA（中链脂肪酸）乙酯生成的重要参数。MCFA 乙酯的生成与麦汁的氧浓度有直接关系。充氧麦汁很大程度上减少了辛酸乙酯、癸酸乙酯和月桂酸乙酯浓度，但对己酸乙酯却没有影响（表 6 - 10）。另一方面，当接种麦汁的氧含量处于极低的条件时（ <1mg/L），MCFA 乙酯浓度也会下降，

因为酵母生长不良。事实是，溶氧是 MCFA 乙酯生成的负面调控因子，可以由 Dufour 的理论完整地诠释。

表 6－10　　发酵过程中麦汁充氧对 MCFA 乙酯形成的影响

组分	对照麦汁/（mg/L）	溶氧麦汁/（mg/L）
己酸乙酯	0.04	0.04
辛酸乙酯	0.36	0.04
癸酸乙酯	0.15	0.01
十二酸乙酯	0.13	痕量

四、脂质影响酯合成

麦汁中脂含量影响最终产品的酯浓度。麦汁加入不饱和脂肪酸（如油酸、亚油酸和亚麻酸）可以减少酯合成。这可能是由于这些脂肪酸的加入引起膜的物理状态发生改变，或者直接影响合成酶活性。各种饱和与不饱和脂肪酸在麦汁中的添加对酯合成酶活性的影响：麦汁中添加饱和脂肪酸（如硬脂酸、软脂酸），AATase 活性没有变化，而添加不饱和脂肪酸（如油酸、亚油酸和亚麻酸），AATase 活性明显减少，从而导致总酯水平降低。除亚油酸以外，大多数不饱和脂肪酸在发酵期间促进酵母生长，因此，也降低了获得酯合成所需 CoASH 的能力。

不饱和脂肪酸也是通过直接抑制酯类合成酶 AATase 编码基因 *ATF*1 和 *ATF*2 的表达实现酯类调控的。脂肪酸尤其是不饱和脂肪酸含量的控制可以在糖化过滤过程中通过控制麦汁浊度来实现。浑浊的麦汁不饱和脂肪含量高，可以考虑通过提高高浓酿造麦汁的浊度来降低酯类的生成，当然这样容易给啤酒带来风味稳定性差的负面影响。大多数麦汁脂质与浑浊物有关，浑浊物中仅有自由 UFA 碎片能抑制酯的合成。经酯化的 UFA（磷酯、甘油三酯）对酯的合成没有影响，然而自由饱和脂肪酸和甾醇能刺激酯类的生成。接种前酵母吸收的饱和与不饱和脂肪酸分别导致相似的对酯合成的刺激和抑制的影响，这个抑制现象比发酵过程中添加 UFA 要更明显。当浑浊物水平增加并超过最优水平时，酯的合成减少。通过酵母的最优生长增加酯的合成有必要同与它们生成产物相关的酶（AATase）关联起来。

与其他的酵母酶一样，AATase 在酵母生长过程中生成。研究发现，异戊醇乙酰基转移酶（IATase）的活性在酵母生长的对数期迅速增加，并在稳定期的开始达到峰值，随后酶活性开始迅速下降（图 6－4）。

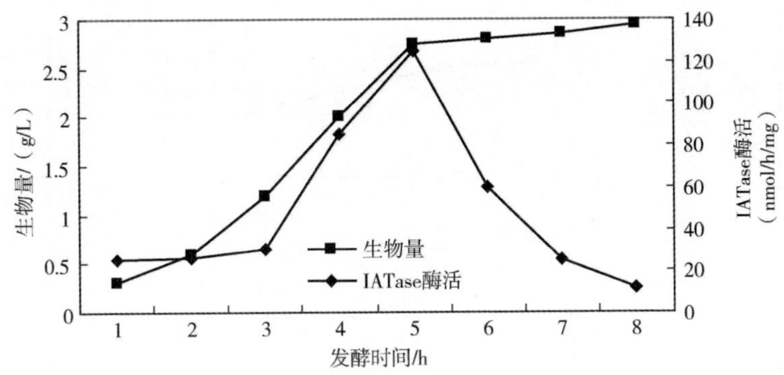

图 6-4　啤酒发酵过程酵母生长与醇乙酰基转移酶活性关系

在添加 UFA 导致酯合成减少的解释中，有几个因素涉及在内，包括细胞质膜渗透性的修饰和酯的排泄速度或者可供酯合成的乙酰 CoA 利用率的减少等。UFA 的抑制作用有可能是因为 UFA 酯化为脂质（磷脂、甘油三脂）消耗了过多的乙酰 CoA，也有可能是 UFA 直接抑制 AATase 酶活性。

UFA 的真实目标由 Dufour 最早揭示，他的研究认为酯合成受到酶合成或加工的抑制—诱导调节，调控子极有可能与酵母脂质代谢相关。这一猜想已经被其本人通过分子生物学技术证实了。

麦汁中的饱和脂肪酸与不饱和脂肪酸（UFA）分别对 MCFA 乙酯的生成有不同的影响。饱和脂肪酸在发酵培养基中的添加能减少 MCFA 乙酯的生成（表 6-11）。

表 6-11　在发酵培养基中添加饱和脂肪酸对己酸乙酯形成的影响

饱和脂肪酸/（0.25mmol/L）	己酸乙酯/Δ%	饱和脂肪酸/（0.25mmol/L）	己酸乙酯/Δ%
豆蔻酸（$C_{14:0}$）	-37	硬脂酸（$C_{18:0}$）	-57
棕榈酸（$C_{16:0}$）	-65		

UFA 对 C_6 ~ C_{10} 乙酯形成的影响目前尚不十分清楚。浓度在 0.5mmol/L 的油酸抑制 MCFA 乙酯的生成，但更高浓度的油酸却会刺激 C_6 ~ C_{10} 乙酯的生成，特别是对不溶于水的 C_{10} - 和 C_{12} - 乙酯具有更强的刺激效果。浓度低于 0.5mmol/L 的油酸抑制 MCFA 乙酯的形成的现象可以用 Dufour 的模型来解释。

在一项混合不饱和脂肪酸对麦汁中链脂肪酸乙酯的影响的研究中，采用油酸、亚油酸、亚麻酸以 1∶5.4∶1.5 比例混合 UFA 以不同量添加入发酵麦汁中，可以观察到中链脂肪酸乙酯随着 UFA 添加量的增加而减少（图 6-5）。

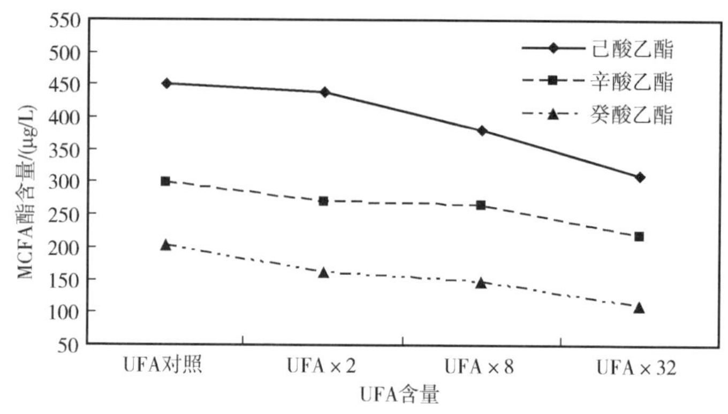

图 6-5　不同 UFA 含量条件下工业爱尔酵母发酵过程中乙酯的生成

五、浑浊物及微量元素锌对酯生成的影响

麦汁中存在浑浊物会影响酯的产生。凝固物的组成是变化的，除了前文提及的 UFA 外，锌也能刺激酵母生长。浑浊物刺激酵母生长是因为这些营养物质的存在加速酵母的生长，因此可利用的乙酰 CoA 池减少而导致酯合成的减少。添加其他固形物，比如活性炭和硅藻土，也能引起酯合成降低，但这大部分是物理影响。悬浮物可能刺激二氧化碳从发酵罐去除，因为它们能产生大的表面积使二氧化碳释放。这种现象对酵母很重要，因为二氧化碳是酵母生长的抑制剂。通过减少二氧化碳含量，这些固形物刺激酵母生长，因而酯合成获得的乙酰 CoA 就减少，因此酯含量降低。

锌是酵母重要的矿物元素，同时具有结构功能和催化功能。众所周知，必不可少的最小浓度水平的锌是为了维持酵母最基本的生长和发酵。在代谢产物方面，锌同样刺激高级醇和它们对应的酯的生成。研究显示，锌刺激高级醇和它们相关酯合成的机制是通过刺激 α-酮酸的分解而实现的。

锌离子会影响挥发物的产生，在发酵过程中，Zn^{2+} 能够促进挥发性物质如挥发酸、高级醇和酯的生成，缩短发酵时间，使啤酒口味谐调柔和（表 6-12）。进一步的研究发现，在发酵期间当麦汁中补加锌时乙酸异戊酯增加是高级醇增加的结果，而不是由于锌对 AATase 活性的直接影响。在研究锌对乙酸乙酯生产的影响的试验中也发现，在发酵期间当麦汁中补加锌时乙酸异戊酯增加是乙醇增加的结果，而不是锌对 AATase 活性的直接影响。由于锌并不对 AATase 活性产生影响，因此可以认为其对酯类生成的刺激并非关键因素。从表 6-12 可见，并非添加越多锌越好，在超过最适添加浓度后，总酯及单个酯水平反而出现下降趋势。

表 6-12 Zn^{2+}添加量对酯生成的影响

酯组分/（mg/L）	Zn^{2+}添加量/（mg/L）				
	0	0.2	0.4	0.6	0.8
乙酸乙酯	7.99	8.28	9.85	7.51	6.91
乙酸异戊酯	0.07	0.10	0.17	0.13	0.08
己酸乙酯	0.08	0.12	0.20	0.17	0.13
辛酸乙酯	0.12	0.14	0.20	0.10	0.08
癸酸乙酯	0.01	0.01	0.01	0.01	0.01
乙酸苯乙酯	0.27	0.28	0.39	0.18	0.11
总酯	8.93	9.38	11.36	8.42	7.59

酵母营养因子也影响酯类的产生。如提高促进乙酰 CoA 合成的泛酸盐含量，可以提高酯类的形成量。不过，该结论是基于小试验的结果，尚未进行大试验验证。

第三节 发酵条件（参数）的影响

一、搅拌

培养基的搅拌刺激酵母的生长，因为增强了传质，增加酵母对营养的获取而且降低了二氧化碳的过饱和度。因为刺激了酵母的生长，高级醇的合成也受到刺激，然而酯合成却恰恰相反，酯生成减少使啤酒少了水果风味，这可能与搅拌有助于酯的挥发有关。在实验室规模上对常规浓度麦汁和高浓度麦汁分别进行搅拌发酵，啤酒的酯水平分别是降低和提高，见图 6-6，可见酯的生成与

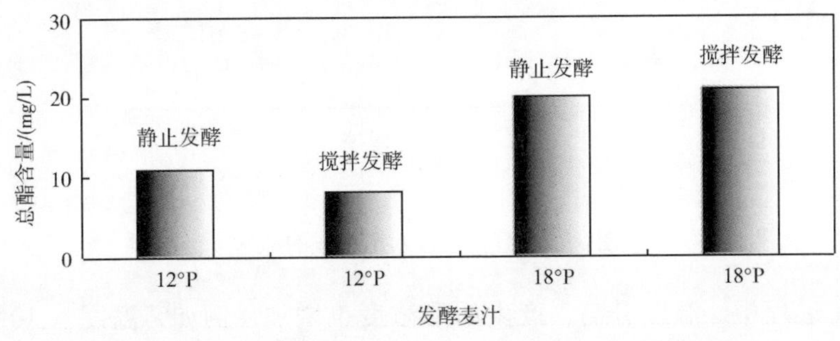

图 6-6 搅拌发酵对常规浓度麦汁和高浓度麦汁酯含量影响

麦汁浓度相关性要大。搅拌的影响在实验室小罐规模和工业化大发酵罐上是非常不同的。在实验室和中试发酵罐中，发酵罐的尺寸有利于顶部空间的氧气溶入麦汁中，而工业罐则不容易产生这种现象。

搅拌连续发酵的酯含量较间歇法发酵的酯含量高，提高的程度随酵母菌种的不同而异。酵母在发酵中的代谢作用是十分复杂的，有时会出现一些目前难以解释的现象。有时麦汁中加入不饱和脂肪酸，酯的形成反而减少。可能的解释是酵母细胞膜的渗透性发生变化，妨碍了酯的分泌；或者是多余的乙酰 CoA 用于其他代谢途径，减少了对合成酯的供应。

总之，啤酒发酵中，酯类的合成与酵母生长与可同化氮的供给有关。控制啤酒中酯类含量的措施，主要是根据麦汁中可同化氮的供给情况，以供氧为调节手段，来调节酵母的生长程度。

二、发酵温度对酯生成的影响

首先，糖化温度很重要，因为它影响麦汁中蛋白质的分解，研究发现，如糖化温度增高，就相应地减少了酯类的形成及酵母的生长水平。其次，提高发酵温度，酯的生成量增加。发酵时酯类的生成受到发酵温度的强烈影响，当采用下面发酵啤酒酵母时，如发酵温度由 10℃ 提高到 25℃，则乙酸乙酯的含量从 12.5mg/L 增加到 21.0mg/L，而乙酸异戊酯的含量从 0.53mg/L 增至 1.1mg/L，啤酒中酯的总量增加 75% 左右（图 6－7）。这主要是因为温度升高时，细胞膜的流动性增加，更多的酯便可以通过细胞膜扩散到发酵液中；另一原因是温度升高时，AATase 的活性增加。

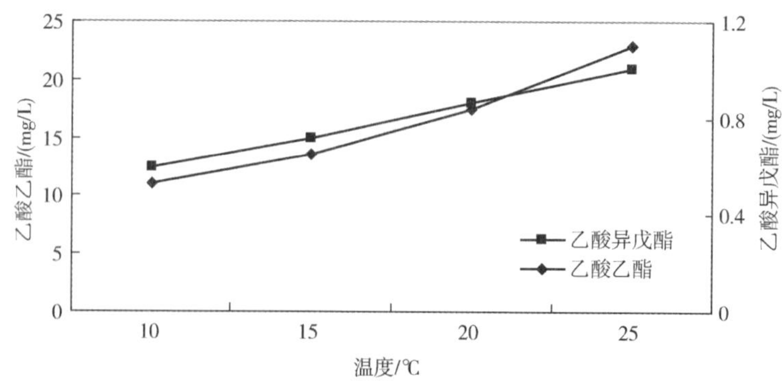

图 6－7　发酵温度对酯生成的影响

发酵过程中，温度升高，产生的酯浓度也增加。例如，温度从 10℃ 升到 25℃ 能够使酯浓度增加 70%。温度增加，膜更易流动（易改变），因而影响

AATase 活性。如果它是膜结合的，膜的流动性增加可允许更多的酯分散到培养液中。一般情形下，AATase 在高温下是不稳定的，酶活性也会受到一定程度影响，但是较高的温度可以增加酶的活性。有学者提出相反意见，在正常麦汁氧水平下，发酵温度对乙酸乙酯形成的影响与底物生产的刺激有关，而不直接影响 AATase 活性，而乙酸异戊酯与异戊醇的关系是不受发酵温度控制的。

三、二氧化碳压力及液体静压的影响

有关压力对酯形成的影响的情况相对复杂一些，文献得出的结论也经常相左。基于二氧化碳的压力一般是指罐顶空间的二氧化碳形成的压力（也称背压），液体静压则表示发酵液装液高度对底部形成的压力（图 6－8）。有人曾经报道增加二氧化碳压力能明显减少酯的浓度。于是，研究者提出，当压力增加，乙酸乙酯的合成则减少。但是从理论上看，当压力增加，酵母的生长也减弱，那么酯合成应该获得更多乙酰 CoA，酯水平应该升高。事实是，已经有人观察到增加压力能引起乙酸乙酯的降低但乙酸异戊酯和乙酸苯乙酯有所增加。但是，一般应用压力会抑制总酯合成同时降低酵母生长。

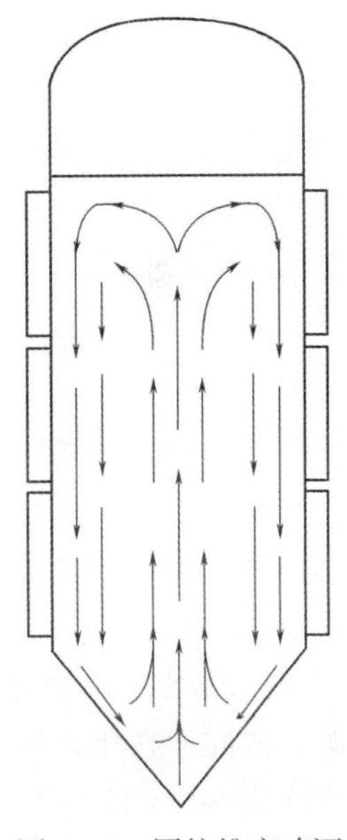

图 6－8　圆柱锥底啤酒发酵罐示意图

传统发酵罐是敞口形式的（图 6－9），不存在气体背压，而且由于罐体偏矮，液体静压基本可以忽略不计。现代发酵罐多为圆柱锥底罐（图 6－8），液体静压力的增加是不可小视的。这时二氧化碳在发酵液中的溶解量增加，抑制酵母生长同时减少酯的合成。这种影响能通过丙酮酸（乙酰 CoA 的前体物）酶的脱羧作用和胞内 pH 的下降来解释。增加二氧化碳压力因此将给啤酒带来较少的水果风味。二氧化碳压力的增加在酵母稳定期的开始阶段抑制酯的合成，但对高级醇合成影响不大。这与我们观察到的大多数高级醇是在酵母生长对数期生成的结果是一致的。当增加二氧化碳压力时酯的合成减少的将比高级醇合成的更多。这样的结果是值得期待的，比如高浓啤酒发酵用以控制总酯水平的提高。中链脂肪酸（MCFA）酯的合成受到高二氧化碳压力的影响与乙酸乙酯的合成是不一样的。部分 MCFA 酯水平在二氧化碳压力下有升高趋势，这个现象可以通过中链酰基 CoA 中间物，即 MCFA 前体物的积累来解释。

发酵罐的液体静压很大程度上增加了发酵液中二氧化碳的溶解。发酵液中高浓度的二氧化碳对 MCFA 乙酯形成的影响目前仍不清楚。有人认为高浓度的

图 6－9　啤酒发酵传统工艺：敞口发酵

二氧化碳可以刺激 MCFA 的生成。而有的学者则发现在压力条件下发酵，乙酸乙酯和辛酸乙酯含量减少。按照 Dufour 的模型，二氧化碳压力减少酵母生长繁殖，对应地积累 MCFA，将导致更多 MCFA 乙酯的生成。

（一）CO_2影响酵母的生长

从脂肪酸合成途径看，CO_2除以底物形式参与酿酒酵母脂肪酸合成外，还能促进合成的进行，使脂肪酸积累，最终形成脂肪酸酯。鉴于长链饱和脂肪酸抑制脂肪酸合成关键酶乙酰辅酶 A 羧化酶活性，同时 CO_2对羧化反应具有催化效应，可以推测 CO_2主要作用位点可能在乙酰辅酶 A 羧化酶。

研究发现，酵母在无氧条件下，以葡萄糖为碳源发酵时，CO_2提供 6.5% 的碳源，故此，在压力 0～0.02MPa 时，低浓度的 CO_2刺激酵母的生长，但压力上升到 0.03～0.05MPa 时，CO_2浓度增加，酵母生长受到抑制。用密封的发酵罐进行发酵实验可以发现，当压力上升到 0.25～0.3MPa 时，酿酒酵母的生长被完全抑制。酵母在有氧的条件下，同样以葡萄糖为碳源时，以 CO_2代替通入空气中的 N_2，发现高浓度 CO_2影响酵母的生长，当 CO_2通风含量达 80% 时，酵母产量下降 50%，同时也说明，影响酵母生长的并非压力，而是发酵液中的 CO_2浓度。

CO_2对酵母生长代谢的影响途径有两类。一类是直接作用：CO_2使丙酮酸（乙酰辅酶 A 的前体）脱羧反应受到反馈抑制进而抑制酵母的生长；CO_2能降低基质 pH 和酵母胞内 pH，后者能调节对能量的需求影响生长代谢。HCO_3^- 和 CO_2 改变细胞膜的流动性和膜电势，膜结构的维持对能量的需求以及由于膜结构变化导致的物质流的改变等会影响生长代谢。另一类是代谢模式改变：有研究发现一些酶蛋白上可能存在一个特定的阴离子敏感位点，它们会受到 HCO_3^- 的抑制，使代谢方向发生改变。如在一定压力范围内，随着外加 CO_2分压的上升，将使丙酮酸脱羧酶系的平衡向丙酮酸方向移动，使得有更多的丙酮酸作为反应底物通过生成乙醛转化成酒精（见下式）。

酒精←（模式Ⅱ）丙酮酸 $\xleftrightarrow[\text{丙酮酸脱羧酶}CO_2\text{介入}]{}$（模式Ⅰ）抑制生成乙酰 CoA→抑制酵母

近年从分子水平研究 CO_2 对酿酒酵母的影响有了一些新发现，Nagahisa 通过 DNA - Microarry 分析认为 CO_2 使酵母胞浆乙醛脱氢酶基因 *ALD*6 表达下调，导致酵母细胞组分缺失，影响其生长。Aguilera 利用同样技术进行了全基因组转录表达的响应研究，发现了对高浓度 CO_2 有较强转录响应的基因，如编码碳酸酐酶，催化 CO_2 的水合反应的 *NCE*103；编码 PEP 羧化酶，催化糖异生代谢的 *PCK*1；编码次黄嘌呤脱氢酶，催化各种嘌呤的合成的 *IMD* 等。其中基因 *NCE*103 研究较为深入，该基因最早于 1996 年被发现，该基因编码的碳酸酐酶，被认为是酿酒酵母在 CO_2 环境下生长的必不可少的生物合成酶，其作用是催化 CO_2 水合及碳酸水解（$CO_2 + H_2O = H_2CO_3$），一旦缺失 *NCE*103，酿酒酵母将无法在无氧环境下生长。

（二）CO_2 影响酯的形成

压力和温度是啤酒发酵的物理参数，温度提高可以缩短发酵时间，而增加压力可以改善由于升温引起的负面风味物质的影响。CO_2 对细胞数量和酯生成速度以及最终浓度有消极的影响，CO_2 对高级醇产生有抑制作用，即使相同的麦汁和菌种，利用温度和压力的共同作用，控制酯的生成，也可以生产出风味不同的啤酒。改变发酵压力和温度，可以对酵母生长、CO_2 产生量、高级醇和酯的最终浓度和生产动力学产生一定的影响，形成一个和谐统一的发酵条件，使酿造的啤酒具有特殊的香气。

有观点认为，主发酵采取加压发酵，酒液中饱和的 CO_2 增加，将抑制活性酵母的增长，有利于酯的形成。然而，有研究结果表明，在 16℃温度下，CO_2 浓度上升 20%，酵母生长速率下降了 3 倍，总酯生成速率同时也下降 3 倍，未见促进总酯的生成。这里有一个合理的解释：由于 CO_2 压力改变了酵母细胞膜的通透性，使酯无法透过细胞膜。事实是，CO_2 压力对酯的生成与其种类有关。酿酒酵母在全封闭的环境下发酵，观察到总酯水平减少，乙酸乙酯减少，而癸酸乙酯和邻苯二甲酸二异辛酯大量增加的情况，见图 6 - 10。

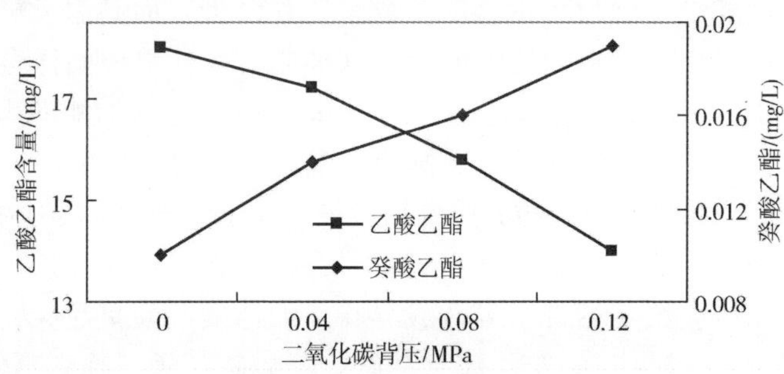

图 6 - 10　二氧化碳背压对酯生成的影响

（三）CO_2影响一般酯的形成机理

增加压力和CO_2浓度可以引起氨基酸吸收模式的转化，最终导致改变风味物质如酯的形成。CO_2可以归类为一种像乙醇的游离因子，起到类似环境胁迫的作用，引起基因转录表达水平的变化，从而改变酶的合成量。较高的溶解CO_2含量不影响乙酰转移酶活性，但会使细胞内乙酰辅酶A含量下降，使乙酸乙酯合成减少。CO_2增加使乙酸乙酯合成减少已基本形成共识，但其发生机制、对代谢通量的影响还缺少相关的量化证据。通过加压发酵与常压发酵的代谢通量分析比较，可以发现CO_2抑制酯合成的关键作用位点。

（四）CO_2影响中链脂肪酸乙酯（MCFA ethyl ester）的形成机理

虽然CO_2能使总酯水平减少，主要是乙酸乙酯水平减少，但是个别酯如中链脂肪酸乙酯反而随着CO_2浓度增加而增加。这是因为中链脂肪酸乙酯的合成受到CO_2压力的刺激作用，压力使酵母生长受到抑制却促进了中链脂肪酸乙酯的形成。乙酰辅酶A在乙酰辅酶A羧化酶的催化下形成丙二酰辅酶A，进而形成六碳酰基辅酶A、八碳酰基辅酶A、十碳酰基辅酶A，最终形成长链饱和酰基辅酶A，其前驱物长链饱和脂肪酸（只能留在胞内）参与细胞膜的组成，同时迅速抑制乙酰辅酶A羧化酶活性，使大量乙酰辅酶A从脂肪酸合成途径中释放出来，与中链脂肪酸进行酰基化合成。中链脂酰辅酶A得以积累，与乙醇经AATase催化形成中链脂肪酸乙酯。

第四节　酯生成的控制

啤酒中酯的含量不仅与酵母特性有关，而且受到生产工艺条件、啤酒中脂肪酸的直接影响。一切能导致酵母强烈发酵的措施，如强烈通风、搅拌、不断追加麦汁都会使酵母发酵过程中酯的生成量明显降低。而高温发酵则会使酯生成量增加。带压密闭发酵，酯的形成会受到抑制。麦汁组成同样会影响到酯的生成量。麦汁中α-氨基氮含量过高（>250mg/L），会增加酯的生成量。长时间、高浓度、低温贮存，能赋予啤酒愉快的酯香气。酵母发酵时产生酯的代表物是乙酸乙酯。乙酸甲酯、乙酸异戊酯均微量存在于啤酒中。其他酯类如β-乙酸苯乙酯、已酸乙酯等也微量存在。而啤酒香味及香气往往受这些微量物质的影响。超过其阈值会给啤酒带来异香或异味，如乙酸乙酯呈甜味，辛酸异戊醇具有强烈的果香味，2-乙酸苯乙酯呈酸味、苹果味，赋予啤酒不愉快的香味，将会使啤酒风味失去谐调性。

一、麦汁溶氧调控

氧气对于甾醇和不饱和脂肪酸的生物合成来说是必需的，结果引发了酵母的生长。酵母的增殖导致了对酰基辅酶A的额外需求，又导致了较低的酯合成。在发酵过程中，即使较低的通氧量也会强烈抑制酯的形成。

麦汁的溶氧量不仅是酵母生长必不可少的，而且在固醇和不饱和脂肪酸的生物合成中也是非常重要的。促进酵母生长，酵母会产生对乙酰CoA的需求，即利用乙酰CoA合成自身所需的脂，这样，可用于酯合成的乙酰CoA就减少。因此，为了控制酯类的形成，甚至可以在发酵期间低速通氧以增强对酯合成的抑制。从工艺技术角度来说，通过增加通风量改变发酵环节的溶氧是工业调控酯含量的一个方向。

脂肪酸合成和酯的合成，对酰基CoA存在竞争，通风量较正常通风量（6～8mg/L）少，增殖的酵母减少，形成的酯就增多，如表6-13所示。加大通风量，促进了酵母生长，酵母需合成较多的不饱和脂肪酸，消耗较多的乙酰CoA，酯类的合成也随之减少。

表6-13　通风量与酯含量的关系

酯组分/（mg/L）	通风量/（mgO_2/L）		
	3	7	10
乙酸乙酯	20.5	17.2	14.3
乙酸异戊酯	1.4	1.1	0.9
己酸乙酯	0.14	0.12	0.11
辛酸乙酯	0.27	0.19	0.15
癸酸乙酯	0.03	0.02	0.01
乙酸苯乙酯	0.44	0.33	0.28
总酯	22.78	18.96	15.75

二、温度调控

发酵温度将影响酯的数量和组成，较高温度下大部分酯浓度增高。通常情况下，乙酸乙酯随着温度升高而增加，但MCFA酯却不受影响。很可能乙酸乙酯水平的增加与高级醇的合成量（酵母在较高温度下快速生长的结果）和AATase的活性有关。酵母在较高温度下生长的刺激将会阻止酰基CoA的任何积累并且不会导致 MCFA 酯的任何增加。在发酵末期增加温度可以期待生成更多水果风味的啤酒。与高级醇不同，酯类的显著比例在这个阶段仍然合成，同时 AATase 的活性的刺激将进一步增加它们的合成。

一般来说，高温发酵有利于酯的形成（表 6－14）。发酵温度由 12.5℃提高到 25℃，乙酸乙酯的浓度增加 60%，乙酸异戊酯增加 30%。上面发酵的温度高于下面发酵温度，其接种量虽低于下面发酵，酯含量却高于下面发酵。不同的酯受酵母菌种和温度的影响也不相同。

表 6－14　　主发酵温度对酯生成的影响

酯组分/（mg/L）	主发酵温度/℃		
	9	12	15
乙酸乙酯	7.18	8.65	9.73
乙酸异丁酯	0.11	0.26	0.19
乙酸异戊酯	0.91	1.36	1.49
己酸乙酯	0.17	0.34	0.55
辛酸乙酯	0.14	0.19	0.14
癸酸乙酯	0.103	0.07	0.015
乙酸苯乙酯	0.11	0.11	0.17
总酯	8.72	10.98	12.29

研究发现，乙酸乙酯和乙酸苯乙酯在 20℃发酵时产生最多，而乙酸异戊酯和辛酸乙酯的最高产生温度是 15℃。当然，最高反应温度因菌株而异，不是所有菌株的酯类形成特性都与报道的一致。还应注意的是，酯类的形成不仅仅决定于主酵温度，还受整个发酵过程的温度曲线影响。在起始温度较高的发酵初期酯类形成多，当二氧化碳形成速率达到最大时，酯类形成出现下降。温度对酯类形成的影响机理尚不清楚，一般认为，温度变化影响了 AATase 的活性。当然，当温度升高时，高级醇含量也会升高，从而可以从提高酯类合成底物的角度来解释高温引起的酯类升高。有一点值得注意，人们在考虑酯类含量的时候，往往会忽略一个重要因素，即挥发。尤其是高温时，挥发会加剧，在发酵接近结束时，挥发显得更为重要，因此，此时的酯类浓度较高但形成的量相对较低。

发酵温度对 MCFA 乙酯的形成没有大的影响。辛酸乙酯和癸酸乙酯随着发酵温度的升高而增加，而己酸乙酯却减少。在一定的温度区间内，如 20～26℃（一般指上面发酵），乙酸乙酯保持一定浓度水平不变，而辛酸乙酯和癸酸乙酯浓度则轻微上升。可以判定，发酵温度高于 20℃仅影响辛酸乙酯和癸酸乙酯水平，而对乙酸乙酯没有影响。

三、啤酒发酵压力、CO_2水平及高浓发酵调控

酯的含量随发酵压力的升高而增加。目前，高浓度（high - gravity brewing，HGB）和超高浓度（very high - gravity，VHG）啤酒发酵技术广泛地应用在啤酒工业生产上。特别在大型罐的啤酒发酵中，发酵罐体积越大，则对流强度越大，发酵速率越快。罐越高，罐各段温度差愈大，酵母在罐内分布密度差愈大，对流随之加速，使发酵过快，增加高级醇生成，强烈对流造成挥发酯挥发损失。同时，啤酒酵母承受压力（液位和罐顶压力之和）也会随罐高增加，造成高级醇升高。

在不影响酵母细胞增殖和发酵速度的条件下，提高发酵液中溶解CO_2浓度会抑制乙酸酯如乙酸乙酯、乙酸异戊酯的产量。与此同时，溶解的CO_2对酵母细胞生长、细胞体积、酶活性产生抑制作用。另外，溶解的CO_2能够导致对各种氨基酸利用的改变。

高浓发酵于1950年开始在美国发展。目前该项技术已广为传播，尤其是生产比尔森型啤酒，普遍采用高浓发酵。浓缩麦汁被发酵为高浓度啤酒，并在包装前进行稀释。高浓发酵主要的优点是不需要增加额外投资就可增大发酵能力。一般认为，采用高浓发酵后，现有工厂的生产能力增加20% ~30%。

普遍认为，鉴于对乙酰辅酶A池的利用，酵母的繁殖与酯的形成两者之间存在着一定的竞争关系，而这种关系又在进行高浓度麦汁发酵时更明显一些。即在高浓发酵时，当酵母繁殖不足时，会产生多量的酯。其原因是如果酵母不能充分利用大量的氨基酸进行组成代谢，那么这些氨基酸就有可能较多地形成酸及高级醇，进而形成酯。所以在高浓度发酵技术中，首先要加强酵母的繁殖性能，消耗大部分的氨基酸，其次是控制高浓麦汁不要含有过量的氨基酸，才能不致于产生过量的酯。

在低浓度麦汁中按比例增加添加葡萄糖浆有助于减少乙酸乙酯的生成数量（表6 -9），同时酵母类脂量却增加了。此外，添加不饱和脂肪酸，如油酸或亚油酸也有助于减少乙酸乙酯的数量。小麦的类脂物有75%是由不饱和脂肪酸（C_{18}）组成的，因此用类脂物含量较高的小麦代替5%左右的麦芽制备高浓度麦汁，将会有益于减少酯的数量。

然而，在高浓啤酒发酵中，一个极为显著的现象是麦汁浓度超过15°P导致啤酒中酯水平呈指数增长。而且，用更高浓度的麦汁将减慢和推迟发酵并形成低活力酵母群。这些影响曾经被推测是酵母菌对乙醇毒性和高渗透压的反应结果。现在认为，对酵母菌和发酵的影响正好相反，高浓麦汁对酵母菌的生长和发酵的影响是营养的缺乏，这种缺乏正是因为糖浆辅料稀释麦汁而引起的。普通12°P麦汁需要最少自由氨基氮（FAN）浓度为160mg/L。高浓度麦汁（18°

P）要正常发酵并在啤酒产品稀释后达到正常水平需要提供至少280mg/L的FAN。24～30°P麦汁要顺利发酵，必须保证酵母接种率、麦汁溶氧浓度和FAN水平按比例提高。针对超高浓度的麦汁发酵（超过24°P），可能需要补充酵母营养，包括可同化氮、金属离子（特别是镁）和不饱和脂肪酸。提供这些营养物就能进行发酵证明，酿酒酵母并不缺乏抗渗透或耐受酒精机制。

四、发酵方式对酯形成的控制

（一）常压发酵

传统的啤酒发酵工艺是常压主发酵，即在主发酵阶段不加压，只是在双乙酰还原时封罐加压升温。主发酵采取发酵池进行常压发酵，酵母增殖较快，消耗过多营养能量物质，使酯合成所需的乙酰辅酶A不足。同时，由于酯的挥发作用，造成酯含量有所降低。

常压发酵通常的控制方式是将释压阀完全打开，在主发酵快结束时再将其关闭。由于发酵液与大气相通与传统的敞口发酵相似，因此泡盖现象明显。通过泡盖观察进行啤酒主发酵的调控是传统啤酒发酵的手段之一。

（二）加压发酵

现代的啤酒工艺如一罐法，也就是主发酵和后发酵在同一罐内进行的工艺，采用加压主发酵，只是保压较低，入罐前期保压0.05MPa，直到进行双乙酰还原才将压力升高并保持在0.1MPa，双乙酰还原结束后，调整压力为0.05MPa。加压太高会使酵母下沉，失去发酵活力。为了抵消加压带来的负面作用而采取相对高温发酵，会缩短发酵周期，但是会对酵母寿命造成一定影响，同时影响后期的降糖。所以加压发酵，尤其是较高压力下的酵母发酵是值得研究的课题。

研究发现，加压发酵的主要目的是可以降低高级醇和酯类的形成，使啤酒在较高的温度下发酵，既能达到提高发酵速度的目的，又可控制酒内高级醇和酯类含量不致过高（图6－11），在有利于保证啤酒质量的条件下缩短酒龄。但是酵母在加压的情况下，受高浓度二氧化碳的抑制，容易衰退。酵母繁殖和发酵速率也会受到影响，所产的酒在口感上也与不加压酒有所区别。

压力对酵母细胞个体形态也有一定影响。同时，压力对啤酒酵母发酵性能是否有影响，研究报道的并不多。啤酒发酵过程中压力过高，将对酵母细胞的发酵速度、耗糖率、乙醇生成量、双乙酰的生成和还原速率以及风味物质的生物合成等产生较大影响。主发酵采取加压发酵，酒液中饱和的CO_2增加，将抑制活性酵母的增长，同时会抑制酯的形成。加压发酵使发酵液中饱和二氧化碳的浓度增加，酵母α－氨基氮的同化作用受到抑制，阻碍了酵母的代谢和生长。在

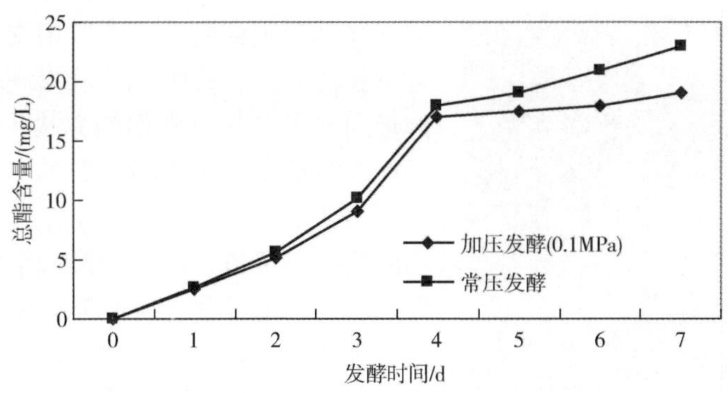

图 6－11　常压发酵与加压发酵产酯情况对比

发酵温度较高时，采用加压主发酵可防止酵母过量繁殖。同时，啤酒的最终发酵度也可以得到有效控制。

双乙酰是啤酒发酵过程中的重要代谢产物，是酵母细胞内生物合成缬氨酸合成途径的中间产物。其含量高低是衡量啤酒成熟与否的标志。压力发酵时，酵母的发酵活力不强，代谢过程生成双乙酰量就较少。也有的文献说压力对双乙酰的形成具有明显的抑制作用，在压力升高时，抑制作用增强；同时，加压发酵对双乙酰还原有利。加压发酵时，由于双乙酰峰值降低，还原速度快，可节省平均还原时间。

提高发酵压力，一方面可抑制麦汁中氨基酸经转氨脱羧还原成高级醇；另一方面可抑制酵母对麦汁中糖的发酵，减少生成高级醇的中间产物——丙酮酸的分解量，从而抑制高级醇类的生成。压力发酵由于 CO_2 浓度的提高，还可抑制酵母代谢形成过量的酯。

（三）固定连续发酵

用于啤酒发酵的酵母固定化方法，主要有两大类：吸附法和包埋法。载体材料主要有硅藻土、聚乙烯、聚氯乙烯、多孔砖、多孔玻璃等，主要是依靠带电的微生物细胞和固相载体之间的静电相互作用力（范德华力），以及细胞表面的氨基或羧基之间的吸附作用而形成的络合物。吸附法与包埋法相比，吸附法操作简单，固定后酵母细胞的酶活性几乎不受影响。酯类的生成与常规方法没有什么区别，如果是按常压发酵，酵母增殖较快，消耗过多营养能量物质，使酯合成所需的乙酰辅酶 A 不足。同时，由于酯的挥发作用，造成酯含量较低。吸附法的缺点在于，酵母细胞由于新陈代谢过程所引起的 pH 变化，能够影响细胞和载体之间的吸附作用，而使酵母细胞与载体脱离。发酵介质的流动也会形成剪切力，影响酵母与载体的吸附。

包埋法的载体材料包括多糖类载体，如琼脂、海藻酸盐、卡拉胶、果胶；

图6－12　塔式连续发酵罐

蛋白类载体，如明胶、骨胶原等。包埋过程中，酵母细胞或酶分子本身不参与反应，而且可获得活性较多的固定化酵母聚合物，是酵母细胞固定化最常用的方法。酵母细胞本身在水溶液中是不溶的。细胞在发酵、合成过程中，从原理上只是提供了由底物合成产物的酶。据报道，用于发酵啤酒的固定化酵母细胞，使用寿命达到了3个月以上。但是，采用包埋法固定化酵母进行啤酒主发酵是比较困难的。由于只有固定在载体表面的酵母与氧接触，繁殖旺盛，而溶解氧在载体内外的交换不彻底，使包埋在载体内面的酵母与氧的接触少。同时因酒精在载体内的积累，使酵母繁殖受到抑制，因而酵母对 α－氨基氮的同化率低，发酵不旺盛，酯的合成能力也减弱，并且双乙酰还原不理想。主发酵完毕的酒液存在着游离 α－氨基氮和双乙酰含量过高的质量问题，不易解决。

不管是在开放的还是封闭的均相发酵系统中均生成过量的酯是因为在麦汁中含有高水平的细胞浓度和高水平的高级醇。非均相发酵系统通过建立一个发酵梯度，让酵母处在一个与间歇发酵系统非常相似的生理状态中，从而阻止了过量酯的积累。作为主发酵的固定化酵母反应器依赖于不同型式的发酵系统和操作条件产生不同数量的酯类。生成的乙酸乙酯水平和乙酸异戊酯水平分别为7.5～33.3mg/L和0.02～2.8mg/L。在固定化程序中，麦汁充氧和酵母被固定化前的生理条件是优化酯合成所要考虑的主要因素。两步生物反应器系统，由连续搅拌罐和填充床反应器构成，用于快速主发酵。目前该系统经试验已达到与传统发酵相似的风味平衡。虽然啤酒风味与传统发酵产品相似，但却不能在6个月后保持操作稳定。有研究者用两步填充床式系统进行啤酒主发酵，得到的风味平衡产品能在数周内保持稳定。

用固定化酵母反应器生产啤酒在后熟过程中有酯的水解现象，其中乙酸异戊酯比乙酸乙酯更容易发生水解。证据显示，引起上述水解的是酵母酯酶。啤酒发酵过程中，酯类在酵母细胞内生成并通过细胞膜扩散到发酵液中，在扩散过程中受到细胞膜的阻碍，同时还要穿过包埋材料，更容易受到酯酶水解。

五、添加糖化酶的作用

近年来世界各地制造啤酒，酿造者多在糖化时添加糖化酶，将麦汁中大部分糊精水解为葡萄糖，其对酵母代谢的影响，相当于在可同化氮未变的情况下，增加了一部分可发酵糖的高浓度麦汁发酵，酵母的生长和酯的合成均较原全麦芽麦汁有所增长，如表6－15所示。

表6－15　啤酒发酵时添加糖化酶对合成酯的影响　单位：mg/L

酶组分	全浸麦汁	添加糖化酶	全浸麦汁加2.5g/L葡萄糖
乙酸乙酯	6	10	9
乙酸异戊酯	1.41	2.0	2.19
乙酸异丁酯	0.05	0.07	0.09
己酸乙酯	0.02	0.04	0.05
丁酸乙酯	0.02	0.03	0.03

啤酒中酯的最终水平主要由发酵期决定。主要的限制因素是酵母的高级醇水平和酯合成酶潜力，其次受到酵母菌株和发酵条件的强烈影响。

不同的酵母菌株在同样麦汁中发酵将产生不同的酯类含量。改变发酵参数，如增加接种量、麦汁含氧量、压力、麦汁凝固物和降低麦汁浓度及发酵温度将导致酯类生产减少；提高麦汁中α－氮、不饱和脂肪酸和金属离子含量也能减少酯合成量。与葡萄糖和果糖相比，选择麦芽糖为碳源能产生更低的酯类。总之，酯类的合成与酵母生长和营养物质的供给有关，啤酒中酯类含量的控制，主要根据麦汁中营养成分供给情况，通过供氧来调节酵母的生长程度，使酯类赋予啤酒有利的风味。

在不太影响其他风味组分的情况下，限制酯的生成比增加其生成要容易。在高浓度麦汁发酵，采用较高温度和多次加入麦汁技术是刺激酯形成的非常有效的方法。麦汁充氧或采用浑浊麦汁将会抑制酯的生成。酵母在接种前的充氧与麦汁充氧的适当平衡将会合理地满足酵母对氧的需要，当提供的时候意味着更有效地控制啤酒风味。当使用大型圆柱锥底发酵罐时，酯的合成也会受到抑制。二氧化碳的超压力的应用抑制乙酸乙酯的生成，而对MCFA影响不大，甚至会轻微刺激MCFA乙酯的形成。有证据显示，酵母酯酶活性可能在决定最终啤酒产品如膜过滤啤酒和瓶装再发酵啤酒的酯水平中起到至关重要的作用。

在实践中，比较可取的减少酯类形成的途径有提高罐压，必要时可结合略微降低发酵温度、降低麦汁α－氮含量、降低葡萄糖含量、提高麦汁充氧或脂肪酸的含量等措施。要注意的是，不能过多降低α－氮含量和提高麦汁充氧，否则会因为酵母的胁迫效应而降低酵母的发酵性能。提高酯类的方法比较复杂，最简便的选择是提高充氧和降低背压。当然，也可以考虑使用富氮和高葡萄糖的麦汁、降低接种率等工艺来实现。尽管基因改良可以提高酯类控制的精准度，但出于食品安全的考虑，该技术尚不能被实际生产采用。值得关注的是，目前对酯类研究较多的是乙酸酯类，而对辛酸乙酯和己酸乙酯等形成机理的研究尚未开展。

六、酵母代数对酯、高级醇等风味代谢物的影响

啤酒酵母虽然应用于啤酒酿造工业多年，但是基于对啤酒酵母生长代谢的影响因素众多，尤其是工业调控参数众多，控制复杂，因此人们对酵母产生的代谢产物的认识是沿袭以往的习惯和经验。这样会对啤酒生产的稳定性和质量提高形成很大的障碍。要使啤酒生产更易于调控，生产出合格风味的啤酒，首先要提高酵母的代谢性能，才能使其主产物、副产物生成更加稳定，使啤酒的风味得到保证。采用不同代数的酵母为菌种接入麦汁，在同一条件下发酵 168h 后，取样用气相色谱的方法检测其中的风味物质并进行对比，结果如表 6－16 所示。

表 6－16　经 168h 发酵后各代酵母生成风味代谢物的含量　　单位：mg/L

风味代谢物	0 代酵母	1 代酵母	2 代酵母
甲酸乙酯	0. 32	0. 36	0. 26
乙酸乙酯	5. 22	15. 13	6. 18
乙酸异戊酯	0. 54	1. 64	0. 48
正丙醇	4. 26	5. 16	4. 13
异丁醇	3. 56	5. 28	2. 49
异戊醇	26. 27	38. 19	22. 34
乙醛	21. 32	20. 16	21. 78

发酵方法：糖化车间取 12°P 麦汁，加热沸腾后经回旋沉淀槽回旋沉淀 30min，薄板换热器凉酒至 100L 发酵罐。酵母添加量为 0. 6%，酵母代数分别是 0、1、2 代，麦汁充氧量为 8mg/kg，主发酵温度为 10℃。

样品处理：取一洁净、干燥的 100mL 量筒准确量取 50mL 样品（液温 20℃）于 150mL 蒸馏瓶中，再加几颗沸石，连接冷凝器，以洁净、干燥的量筒或容量瓶作接收器（外加冰浴）。开启冷却水，缓慢加热蒸馏。收集馏分 48mL。于 20℃水域保温 30min，补水至刻度，混匀，备用。

气相色谱测定甲醇和高级醇的含量：色谱条件：进样口温度：200℃；检测器温度：250℃；色谱柱：DB－1701 毛细管气相色谱柱（30m × 0. 32mm × 1. 0μm）；程序升温：40℃，2min → 10℃/min → 270℃，1min；载气流量：1. 0mL/min；分流比：100∶1；尾吹：25mL/min。

表 6－16 显示，除了乙醛外，甲酸乙酯、乙酸乙酯、乙酸异戊酯、正丙醇、

异丁醇、异戊醇等啤酒主风味物质生成均以1代酵母为最高，0代酵母次之，2代酵母最少。说明酵母代数对发酵风味物质的影响是很明显的，相关分子生物学机制有待进一步研究。

酵母的高级醇合成可调节细胞内氧化还原的平衡，包括 NAD^+ – NADH 平衡和 $NADP^+$ – NADPH 的平衡。同时通过逸出 α – 酮酸，有助于细胞内 pH 的控制。2代酵母生成 α – 酮酸的过程都要通过酮酸脱羧酶及乙醇脱氨酶的作用，酵母由于其生理代谢能力受到一定的削弱，使得这两种酶的活性降低，从而导致高级醇生成的中间体 α – 酮酸积累量降低，所以其高级醇生成量比0代和1代要低。

酯类的合成与酵母的生长没有直接关系，主要与高级醇、酰基辅酶A以及存在于酵母细胞膜上的酰—醇转移酶的活性有关，由于2代酵母已经过了2个发酵周期，生理状况受到了一定的影响，酰—醇转移酶活性可能有所降低，从而影响了酯类的生成。

啤酒的关键风味物质的多少和平稳与否直接影响啤酒质量，要严格控制啤酒中关键风味物质的形成，确保在激烈的市场竞争中占据质量的高地。

七、酯的工业调控要点

实际生产过程中的注意事项：菌种选择：更换菌种不仅要考虑对酒整体风味的影响，还要考虑酵母的降糖速度、双乙酰峰值、双乙酰还原时间等，这些性能会影响啤酒的发酵周期，酵母的凝聚性还会影响啤酒的过滤等，所以更换菌种要慎重。

风味谐调性：酯类物质是啤酒风味的重要组成物质，是啤酒香味的来源，如果含量过低，会导致啤酒香气不足，如果含量过高，则啤酒会出现异香。要合理控制发酵过程中酯类物质的生成，保证啤酒各种风味之间的谐调性。

醇酯比：很多啤酒厂均开始关注啤酒中的醇酯比问题，啤酒中的高级醇含量高容易造成“上头”。近期的研究发现，适当提高啤酒的酯含量不仅可以提高啤酒香气和谐调性，并且高级醇和总酯的比例是衡量啤酒饭后感的一个十分重要的指标，适当的醇酯比可以降低啤酒“上头”的感觉。通过对国内外一些优秀啤酒的风味物质分析，醇酯比例基本维持在（4～5）∶1，而国内大部分啤酒的醇酯比偏高。

充氧量要减少：减少充氧量，一方面要保证麦汁中有足够的氧，供酵母生长；另一方面要使进入大罐的麦汁混合均匀。充氧量过大，会造成酯含量的下降，但是充氧量过低，可能造成酵母起发慢、发酵缓慢等问题。根据各厂的实际情况，应合理选择充氧量和充氧方式。

高浓稀释：使用高浓酿造时，发酵过程中产生的酯含量会明显增加，这也是高浓酿造能得到广泛应用的基础，但是稀释后，成品酒中的酯含量也被同步稀释。

第七章　现代啤酒发酵工艺设备及对啤酒醇酯比的影响

经过数百年的发展，特别是19世纪以来大规模啤酒生产在全球的兴起，啤酒发酵工艺日趋成熟。现代啤酒发酵的典型特征是采用锥形发酵罐进行主酵和后熟。虽然在西欧部分国家许多大型啤酒厂仍使用传统工艺生产啤酒，但以中国为代表的世界主流产能的大多数现代化工厂均采用圆柱锥底发酵罐生产啤酒。各个企业生产工艺不尽相同，主发酵温度可以分为低温主发酵和高温主发酵，后熟温度可以分为低温后熟和高温后熟，压力可以分为敞口发酵和带压发酵，浸出物浓度可以分为低浓发酵和高浓发酵。各种工艺分类可以两两组合，各种工艺的应用要满足于质量的要求，同时要有相应的设备提供技术支持和保障。比如低温主发酵可以与低温后熟组合，也可以与高温后熟组合；高温主发酵可以与低温后熟组合，也可以与高温后熟组合。虽然工艺不尽相同，但啤酒产品的质量是衡量工艺实施效果的唯一标准。

在上述的涉及发酵参数的工艺调整变化中，所谓的高温低温是相对而言的，压力的变化同样是在酵母存在活力的范围之内的，其绝对值变化并不算太大。因此，这类新工艺可以很好地控制啤酒成品质量。在涉及糖化参数工艺调整的发酵过程中，糖度的高低成为决定啤酒品质的唯一主因。针对高浓发酵甚至超高浓发酵的工艺改进不单单是发酵，还涉及糖化工艺和稀释工艺。现代啤酒发酵设备在采取多位点监测技术和多区冷却夹套技术后，在压力控制、温度控制、溶氧控制等方面均可以满足新工艺的精细操控的要求。锥形发酵罐技术的进步使啤酒发酵技术不断大型化、一罐化、高浓化，同时为啤酒产品保持与传统产品的一致性提供了技术支持。

第一节　现代啤酒发酵工艺

由于设备的改进，现代啤酒发酵工艺大大缩短了传统的主发酵和低温后贮时间。在节约生产成本、缩短生产周期的同时，保证了啤酒质量的稳定。发酵工艺的改进主要基于控制生产成本的需要，比如高浓发酵稀释工艺；相对而言，传统工艺改进的空间要小得多。然而，由于近年来人们对传统啤酒主发酵和后熟的进一步认识，使发酵参数的控制不断理想化，比如双乙酰生成量较低，并能快速还原；控制高级醇、乙酸酯和中链脂肪酸乙酯的含量，构成合理醇酯比，使啤酒在风味上呈现多元化；利用现代设备进行精确温控和调压操作，确保后酵过程精确统一，使大罐啤酒品质均一。传统啤酒发酵的两个主要工艺环节是主发酵和后发酵，其操作过程随时代变迁发生了巨大变化。同传统卧式敞口式发酵罐相比，锥形发酵罐工艺发展迅速。首先是单罐体积巨大，生产效率高，这也对设备强度提出了较高要求；其次是操作工艺简便化，由二罐法演变为一罐法，省却了过罐环节，减少了与空气接触，确保了啤酒品质。

由于现代啤酒酿造设备的技术支持，啤酒工艺得以实现更为精细化的操作。比如在具体的主发酵、后熟和冷贮环节，已出现了各种各样加速啤酒后熟的新工艺，其中有低温主发酵—低温后熟工艺、低温主发酵—高温后熟工艺、高温主发酵—高温后熟工艺、带压主发酵工艺等。

一、低温主发酵—低温后熟工艺

该工艺（图7－1）仍采用传统的低温发酵，麦汁的接种温度为6～7℃。满罐后酵母的接种量要达到（1.5～1.7）×10^7个/mL。接种后自然升温至发酵的最高温度，约为10℃，保持此温度持续发酵。在发酵过程中，除了外观参数监测外，实际发酵度是决定发酵进程的最重要指标。一般7d左右达到最终发酵度之后不冷却降温，通过自动控温系统始终保持在9℃，直到双乙酰被还原至0.2mg/L以下为止。一般来说，酵母在7d发酵后活力降低，耗糖速度减慢甚至

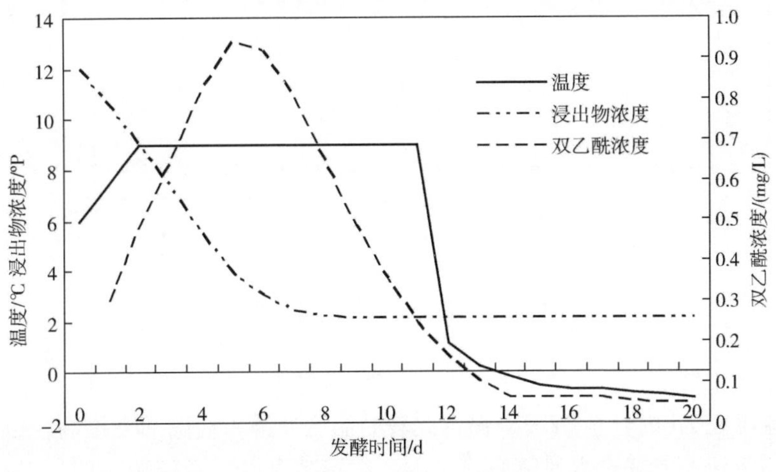

图7－1　低温主发酵—低温后熟工艺

不耗糖。为耗糖彻底，可以在发酵后期排出旧酵母，添加高泡酒，酵母细胞数为 4×10^6个/mL 左右。然后在 3d 内降温至 -1℃，进入冷却贮藏阶段，保持 7～10d。后熟阶段是啤酒风味成熟的过程，为了防止酵母自溶产生异味，在后熟过程中应间歇排出部分酵母。

根据啤酒品质的需求，可以不添加高泡酒。待发酵进入冷却贮藏阶段后，温度降至 -1℃。此阶段应每天通入 CO_2进行冷藏洗涤 1h，以形成酒液对流混合，避免上、下层酒液温差过大。注意控制 CO_2流量，酒液混合均匀即可，5～7d 结束冷贮。此工艺总周期为 20d 左右。

二、低温主发酵—高温后熟工艺

与低温发酵啤酒较柔和相比，高温发酵总会带来许多发酵副产物如高级醇、酯、醛类等。前 3～4d 的低温主发酵与后 5～9d 的高温后熟可以形成类似低温发酵啤酒的特点，由于后 5～9d 啤酒酵母的活力不足，不会产生太多的代谢副产物。6℃接种自然升温至 9℃并维持 2d 的低温主发酵由于条件温和，形成的发酵副产物不是很多，而基于啤酒酵母在较高温下代谢活力的提高，从 9℃自然升温至 12℃并维持 4d 的高温后熟，使前期产生的发酵副产物如双乙酰等得到快速的分解（图 7－2）。

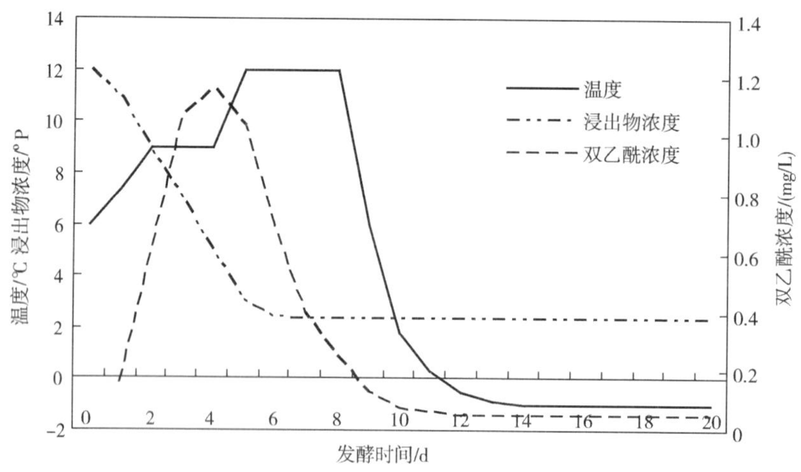

图 7－2　低温主发酵—高温后熟工艺

在低温主发酵工艺中，主发酵的发酵度到达 50% 左右后关闭发酵罐冷却装置，使温度在 1d 内升至 12℃，保持此较高温度使酵母代谢活力提高，以利于进行双乙酰快速还原并进入风味后熟阶段，后熟结束以后降温至 -1℃，将酒液过罐至贮罐中并进行低温贮藏。

三、高温发酵—高温后熟工艺

啤酒发酵根据类型的不同分为高温发酵和低温发酵。上面发酵多为高温发酵，下面发酵多为低温发酵。中国啤酒企业多采用下面发酵，因此一般来说均为低温发酵。为了加速啤酒主发酵和后熟，人们往往采用高温发酵——高温后熟工艺。高温下乙酰以及其他发酵副产物生成量较高，生成速度较快。此工艺接种温度为8℃，然后关闭发酵罐温度控制，使发酵罐温度自然上升到12℃，此时发酵旺盛，泡盖迅速形成，同时大量形成的还有双乙酰及其他发酵副产物。保持在12℃温度下并维持9d使酵母代谢活力得以保持，可以迅速还原双乙酰并分解其他代谢产物。

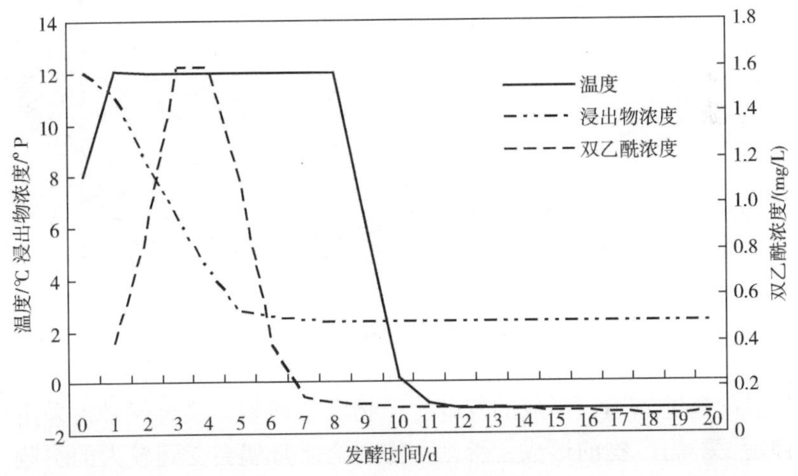

图7-3　高温主发酵—高温后熟工艺

双乙酰被还原降至0.1mg/L后，将温度降至贮酒温度-1℃，并在此温度下低温贮藏。

此工艺的特点是：

（1）接种温度高，发酵温度高，双乙酰增加速度快。

（2）耗糖速度较快，可较快地达到最终发酵度。

（3）双乙酰还原快，而且较彻底。

（4）高级醇含量较低温发酵高，由于在阈值范围内，质量符合要求。

四、带压发酵工艺

现代啤酒工业均采用圆柱锥底发酵罐，这是一种金属耐压罐。酵母在发酵过程自产的CO_2会在罐内形成压力，利用这个压力可以调节发酵进程。压力发酵是当今缩短生产周期最常用的方法之一。发酵温度的升高不可避免地会导致某些发酵副产物含量的上升，从而影响产品质量。但高温造成的不利影响可通过施加压力的方法加以克服。压力发酵不仅限制了高级醇含量的形成，而且也抑制了某些酯特别是乙酸异戊酯和乙酸苯乙酯的合成。但其他酯的含量仍会随温度的升高而增加。基于质量的考虑，采用过高的主发酵温度也是不妥的。因为酯含量的上升必然会影响啤酒的感官质量。

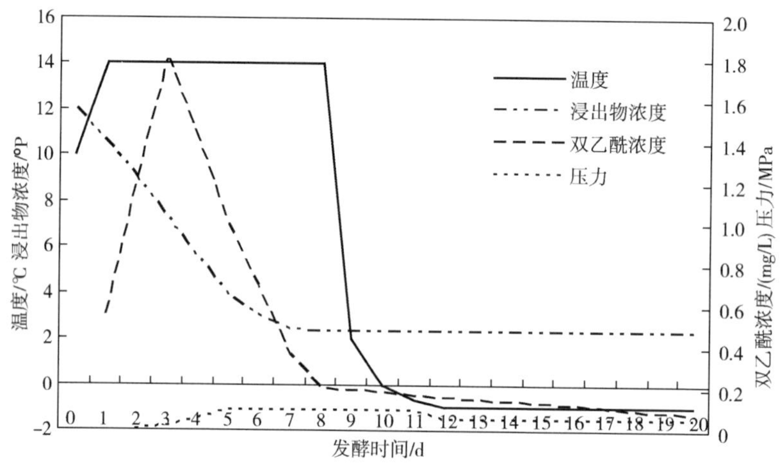

图7－4　带压主发酵—后熟工艺

如果温度超过20℃，形成的发酵副产物就会增多，这时就必须采用较高的压力去抑制发酵副产物的形成，否则，啤酒的质量就会受到较大的影响。采用此工艺的前提是，发酵罐能承受较高的压力。

压力发酵的接种温度为10℃，自然升温至最高温度14℃。保持此温度至双乙酰被还原。为了限制发酵副产物的过量形成，采用的温度要与施加的压力相适应，这种压力可以分段或根据经验在某一阶段直接建立起来。实际生产中，通常是当外观发酵度达到50%～55%时使压力上升至规定的压力，一般为0.05～0.1MPa，压力的增加必须平缓，不得忽高忽低，使发酵系统处在不稳定的状态。此压力一直保持至后熟阶段结束，然后冷却至－1℃，并调整压力至工艺要求的贮酒压力约0.1MPa。

采用压力发酵虽然可使主发酵和后发酵加快，加快的原因主要还是因为发酵温度较其他工艺高，而对啤酒的质量却具有不利的影响。首先压力发酵不利于酒液pH的稳定，啤酒的pH明显地高于传统方法生产的啤酒。其原因是，在后熟和贮酒过程中，由于酵母内容物质的分泌而使pH升高。其次是压力发酵过程不利于挥发性代谢副产物的逸出，造成诸如硫化物和醛类等杂质的积累。与压力发酵相反，组合的高温主发酵——低温后熟和低温主发酵——低温后熟方法却能够实现正常的发酵和理想的后熟。

上述四种工艺均具有各自特点，是缩短传统啤酒生产周期最有效的方法，且对成品啤酒的质量和感官影响不大。

第二节　啤酒发酵工艺设计实例

一、糖化醪的制备

（一）糖化工艺选用

糖化方法有浸出糖化法和煮出糖化法，其中煮出糖化法又可分为一次、二次和三次煮出糖化法。浸出糖化法：不经煮沸，单靠酶的作用浸出各种物质，糖化时间长，必须采用质量很好的麦芽。一次糖化法：适于蛋白质分解良好、糖化能力高的麦芽，原料利用率低。二次糖化法：灵活性较大，该法适用于各种性质的麦芽和制造各种类型的啤酒，比较经济，原料利用率高。三次糖化法：原料利用率高，利于酶的作用，适用于浓色啤酒，耗热能多，生产周期长。

采用双醪二次煮出糖化法，具有二次煮出糖化法的优点，在糖化锅进行蛋白质休止，淀粉分解，辅料在糊化锅中糊化，制成的麦汁色浅，发酵度高，适于制造淡色啤酒。同时根据最近的研究进展，在糖化过程中，外加酶进行糖化，这样可以用大麦等谷物代替部分麦芽，同样可将原辅料淀粉和蛋白质分解，以便达到节省麦芽提高辅料用量和降低成本的目的，并将有助于啤酒质量的稳定。

在糖化锅中加入78℃水，边搅拌边投料，混合后的温度为35℃。在糊化锅投料前20min加入78℃的麦汁冷却水，边搅拌边投料，混合后的温度为50℃，保持60min。同时，取部分醪液加入糊化锅内，后经15min加热至100℃煮沸，保持30min，然后合醪到糖化锅内，使温度保持在63～70℃ 30min，至碘液反应基本完全，取部分醪液至糊化锅，再次经10min进行加热煮沸，保持30min，最后打回糖化锅，使醪液温度升至76～78℃，使其黏度降低，利于过滤，然后送至过滤槽。

（二）麦汁的过滤工艺选用

目前国内有传统过滤槽法、压滤机过滤槽法和快速过滤槽法三种，三种方法比较如表7－1：

表 7 –1　　传统过滤槽法、压滤机过滤槽法和快速过滤槽法比较表

项目	传统过滤槽法	压滤机过滤槽法	快速过滤槽法
麦芽粉碎度要求	严格	不严	较严
过滤流速	慢	较快	快
辅料用量	25% ~40%	30% ~50%	30% ~50%
日糖化次数	6 ~7 次	8 ~9 次	11 ~13 次
原料利用率	98% ~98.5%	99% ~99.3%	97.5% ~98%
麦槽含水量	75% ~80%	60% ~70%	80% ~90%
劳动强度	大	小	较小

从表 7 –1 比较可得出，因为快速过滤槽法兼具传统过滤和压滤机过滤的优点，用滤管代替滤板，大大增加了单位容积内的过滤面积，另外，用泵抽吸可以加快过滤速度，得出的麦汁清，占地少，故采用快速过滤槽法。

过滤前先用热水预热过滤槽，待麦汁进入过滤槽后，开动泵抽滤麦汁、回流，待过滤槽流出的是清亮麦汁后，再打入煮沸锅进行煮沸，当过滤完毕时，用热水洗槽，同时洗槽水也进入煮沸锅，剩下的麦汁进入麦汁缓冲槽，经螺杆泵进入麦槽贮罐。

（三）麦汁煮沸

采用夹套内加热方式煮沸，麦汁经过过滤槽之后进行煮沸，经过煮沸加热后的麦汁进入回旋沉淀槽进行沉淀。

（四）麦汁冷却工艺选用

常用的冷却方法有：沉淀槽法、冷却盘管法、开放式冷却法、套管冷却法以及薄板冷器法。沉淀槽法：不易洗刷，杀菌不彻底，工艺较复杂，占地面积大。冷却盘管法：占地面积大，建筑费用高，难于控制，不易采用自动清洗，损失大。开放式冷却法：冷却用水量消耗大，制冷效率低，占地面积大。套管冷却法：结构复杂，维修、清洗困难，设备费用高。

薄板冷却器法：传热效率高，处理量大，易清洗杀菌，占地面积小，操作、维修清洗方便，冷却时间短，卫生条件好，设备灵活性大，适应性强，故选用此法。

煮沸锅出的热麦汁，用泵压入砂滤器，除去没有分离掉的固形物，以避免堵塞薄板换热器。热麦汁经过两段冷却，第一段用冷却水进行冷却，第二段用 –8℃的冰盐水进行冷却，使麦汁冷却至 6℃，用泵泵入发酵罐进行发酵。去酵母培养室的麦汁不经过冷却，直接用泵泵入酵母培养室的麦汁暂贮罐。

二、发酵工艺

（一）发酵工艺选用

啤酒发酵方法主要有以下几种方式：连续发酵法，上面发酵法，下面发酵法，一罐发酵法。

连续发酵法。连续发酵主要有多罐式连续发酵和塔式连续发酵，这几种连续发酵系统都可大大缩短发酵周期，提高设备利用率，降低了投资，减少了酒损，降低了蒸汽、劳力和洗刷费用，提高了酒花利用率，且生产的成品啤酒质量稳定。但是这几种连续体系也各有不足：多罐式系统需搅拌，动力消耗大。塔式系统对酵母要求高，使用的酵母不仅要求发酵度高，而且要求凝聚性强。并且塔式罐造价高，不适于小规模生产。更重要的是，连续发酵法啤酒从风味上品评与间歇法啤酒差别较大，难以被消费者接受。

1977 年，我国上海啤酒厂率先进行了塔式连续发酵生产下面啤酒的中型试验，取得了成功。曾进行过连续发酵工业生产试验的厂家还有山东济南、文登、齐河、辽宁等啤酒厂。八十年代后，锥形罐发酵取代了传统发酵，生产周期得到了缩短，而连续发酵由于污染和风味（特别是双乙酰）控制的困难逐步停止了使用。

上面发酵法。上面发酵是在较高的温度（15～20℃）下进行的，酵母起发快，接种量可以减少，因此形成的酵母新细胞较多。发酵终了，大部分酵母浮在液面，酵母使用代数大大增加，长久没有衰退现象，但酵母回收工作较下面发酵复杂。上面发酵的麦汁接种温度为 14～16℃，比较高。发酵三天左右，当酵母升至液面时，为发酵旺盛阶段，此时应开始降低液温，可采用 12～14℃冷水冷却，并在酵母形成泡盖时立即撇去，发酵 4～6d 即行结束。发酵结束，酵母成紧密的一层浮在波面上，厚 3～4cm。优良的酵母，其酵母层应具有皱褶状的外观。上面发酵在发酵过程中通风时间长，目的是使酵母悬浮发酵液中，对凝集性强的酵母通风尤属必要。

上面发酵一般不采用后发酵，主发酵的发酵度接近最终发酵度，下酒后，加胶澄清，贮藏一阶段，采用人工充 CO_2，使达饱和。若上面发酵采用后发酵工艺，下酒时酒液中应保留部分残糖，继续发酵，产生的 CO_2 饱和在酒中。上面发酵配制的啤酒成熟较快，设备周转快，啤酒有独特风味，但保存期短。上面发酵技术条件见表 7－2。

表 7－2　　上面发酵技术条件

项目	技术条件	项目	技术条件
麦汁接种温度/℃	14～16	主发酵终了浓度/%	3.5～4.0
酵母添加量/%	0.15～0.30	下酒时可发酵糖浓度/%	0.5～1.0
酵母增殖时间/h	8～16	下酒时温度/℃	11～12
主发酵最高温度/℃	18～20	升温温度	要求平稳防止骤升骤降 升温：1℃/h，降温：1℃/8h
冷却水温/℃	12～14		
发酵室室温/℃	15 左右	通风（撇去法）	发酵 12h 后至撇沫前， 每 3h 通风 10min
发酵室空气	无菌过滤		
主发酵时间/d	4～6	麦汁溶解氧/（μL/L 麦汁）	5～10

综合以上可得出上面发酵虽然产品风味独特，发酵周期短，设备周转快，但酵母回收工作复杂，啤酒不易澄清，保存期短。

下面发酵法。传统的下面发酵法，发酵容器安置在空气过滤、绝热良好和清洁卫生的发酵室内，并保持室温 5～6℃，采用开放式或密闭式，圆形或方形的发酵容器。

下面发酵的特点：采用下面酵母，主发酵温度较低，发酵进程比较缓慢。主发酵完毕后，大部分酵母沉降在容器底部。下面发酵啤酒的后发酵期较长，酒液澄清良好，酒的泡沫细致，风味柔和，保存期较长。下面发酵技术条件见表 7－3。

表 7－3　　下面发酵技术条件

项目	技术条件	项目	技术条件
麦汁接种温度/℃	5～7	主发酵时间/d	8～12
酵母添加量/%	0.4～0.6	主发酵终了温度/℃	4.0～5.0
酵母增殖时间/h	20	下酒时可发酵糖浓度/%	0.5～1.0
主发酵最高温度/℃	7.5～9.0	发酵终了时的 pH	4.2～4.4
冷却水温/℃	0.5～1.5	酵母使用代数	不超过 7 代
发酵室室温/℃	6～8	麦汁溶解氧/（μL/L）	6～8
发酵室空气	无菌过滤		

下面发酵法虽然发酵时间长，但可以通过与一罐法配合缩短发酵时间，用此法生产出来的酒液澄清，啤酒泡持性良好，风味柔和。

一罐发酵法。随着啤酒工业的发展，现有啤酒厂已普遍采用一罐法发酵工艺，即麦汁的主发酵、双乙酰还原、降温以及贮酒阶段在同一个露天发酵罐中进行。一罐法工艺有以下优点：清洗消耗少，因只有一个容器必须清洗；转入空罐时 CO_2 损失少；酒损少，因没有了管道中残酒的损失；所需的工作时间少，因不用倒罐；节约能源，因不用倒泵，没有氧侵入的危险。

（二）啤酒酵母的选择

酵母菌种的选用决定着啤酒的风格、特点及产品质量。性能优良的酵母菌种在整个发酵过程中要求发酵速度快、发酵度高、凝聚性适中、沉淀坚实、双乙酰峰值低、还原速度快、最终代谢产物赋予啤酒以良好的风味。选用啤酒酵母为 APK，其实验依据是扬州大学生物科学和技术学院的余晓红等人对 APK 和 APV 两种啤酒酵母的发酵性能比较分析得出的结论，其结论总结如下：

（1）发酵过程中 APV 菌种最高增殖数达到了 6 倍，而 APK 菌种则控制在 4 倍，因而 APK 菌种控制了较适合的成品啤酒的高级醇含量和双乙酰含量。

（2）在啤酒酵母逐级扩大培养期，APV 菌种在转接培养 24h 时，出现了双乙酰峰值 0.91mg/L，而 APK 菌种在转接培养 24h 时也出现了峰值 0.23mg/L，其峰值明显较 APV 菌种降低了许多，更符合双乙酰的还原。

（3）在发酵过程中，APK 菌种较 APV 菌种提前 2d 出现峰值，且经还原后成品啤酒双乙酰的含量低于 APV 菌种，同时双乙酰含量没有反弹现象，符合淡爽型啤酒的要求。

（4）在酵母凝聚力测定中 APK 酵母的凝聚力较 APV 酵母的凝聚力要高，这就表明在啤酒发酵结束后，更有利于发酵液的澄清。

（5）在高级醇含量变化中，两种菌种都表现出由少到多的增长趋势，并趋于平缓，但是，APK 菌种高级醇含量所达到的恒定量要较 APV 菌种低，故而，APK 菌种更适合生产淡爽型啤酒口味的要求。

（三）发酵流程简述

本发酵工艺采用圆柱锥形底罐一罐法低温生产，步骤如下：

（1）麦汁处理　麦汁经回旋沉淀槽去热凝固物和经薄板热交换器冷却后，再经硅藻土过滤、离心机分离或浮选法去除冷凝固物。

（2）酵母添加量　0.5%～1.0%。

（3）满罐方式　开始几批麦汁温度为5℃，少加酵母和少量通风，最后一批麦汁将酵母全部加入，正常通风满罐后的温度不超过 7℃。

（4）发酵最高温度　9℃，并维持此温直到 60% 发酵度。

（5）末期升温　发酵末期，发酵度距最终发酵度为 10% 左右时，升温至 12℃，压力升至 90kPa。

（6）发酵时间　6d 左右，达到最终发酵度，第 7d 排除酵母（12℃）。

（7）冷却　在 2～3d 内，将酒温降至 -1.0℃。

（8）CO_2洗涤，充气　低温保持10d，在此期间，继续排放酵母2～3次，并进行CO_2洗涤，最后充气至要求的CO_2含量。

三、啤酒过滤工艺选用

啤酒过滤工艺有：滤棉过滤、硅藻土过滤、微孔微膜过滤。滤棉过滤：用此法制取滤饼时比较费工时，不易实现自动化，劳动生产率低，费用高，且滤棉对人体有害。微孔微膜过滤：主要用于无菌过滤，设备费用高。

硅藻土过滤：易实现自动化，过滤效果好，速度快，杂菌清洗容易，维修方便，过滤能力可通过加减滤板框数调节，多选用此法。在硅藻土过滤后再利用板框过滤机进行精滤，可提高硅藻土过滤机的生产能力和满足产品的要求。

第三节　啤酒发酵设备——圆柱锥底发酵罐

圆柱锥底发酵罐（cylindroconical vessel，CCV）最早是由Nathan于1930年于瑞士设计并推广应用的，其目的是为了改进传统拉格酵母的发酵效果，因此也称其为Nathan罐。1960年以后，这种发酵罐渐渐成为欧洲的主要发酵设备并开始在全世界其他国家应用。在这几十年间，许多国家为了创立国内和国际啤酒市场的知名品牌而增加产能，建设数量较少而大型的啤酒集团，这就产生了对大型分批发酵容量的迫切需要。与此同时，大型不锈钢发酵容器的材料成本与制造成本下降，这种对大型设备的需求与经济可靠性为圆柱锥底罐和其他相关类型的大容量发酵容器的开发应用铺平了道路。开始应用的时候，圆柱锥底发酵罐受到一些企业的抵制，主要的原因是普遍观点认为这种发酵罐并不适合于爱尔酵母的上面发酵生产，而是只适合于拉格酵母的下面发酵生产。对于拉格啤酒发酵通常要比爱尔啤酒发酵能更有效地利用发酵罐的有效容积，因为爱尔啤酒发酵一般要求在较高的温度下完成，这将会促进发酵过程产生更多的泡沫，要求发酵罐留下更多的顶部空间（净空）来容纳这些酵母产生的大量泡沫。经过多年实践及技术改良证明，圆柱锥底罐无论对上面发酵还是下面发酵都是适合的，而且目前已经是应用最广泛的高容量发酵罐。

发酵罐体积越大，则对流强度越大，发酵速率越快。罐越高，罐各段温度差越大，酵母在罐内分布密度差越大，因此使对流随之加速，发酵过快，增加高级醇生成。罐越大，啤酒酵母承受压力（液位和罐顶压力之和）也会增加，也是造成高级醇升高，挥发酯降低的原因。罐顶压力的存在本身对啤酒发酵品质是一项重要影响因素，再加上液位压力，啤酒风味参数将变得更难控制，因此国外现在推广无罐顶压力的发酵，目的是减少啤酒杂醇味、调节醇酯比。因此，研究现代大罐发酵，可以揭示为什么高级醇增加、挥发酯降低及醇酯比的分类与大型罐结构的关系。

一、圆柱锥底发酵罐的结构及安装

圆柱锥底发酵罐的结构是由圆柱体的罐身和锥形底组成，一个理想化 CCV 的代表结构如图 7-5 所示。

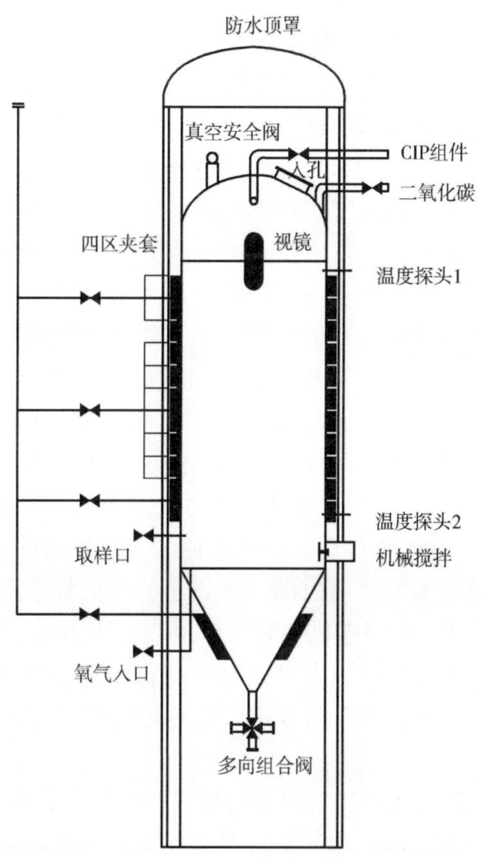

图 7-5 圆柱锥底发酵罐

CCV 罐结构特点：首先是具有锥底，罐体的内表面被高度抛光以减少摩擦力，以便于酵母的收集和移除。主发酵后回收酵母方便，所采用的酵母也应该是凝聚沉淀型的酵母菌株。最终沉积在锥底的酵母，可打开锥底阀门排出罐外，部分酵母留作下次待用。不同的 CCV 罐设计针对其不同的用途。那些仅仅用来进行啤酒主发酵的 CCV 罐通常趋向于较高的高径比率同时具备更倾斜的锥底。

1984 年投入使用的最普遍的 CCV 罐大约容积为 15 万 L，罐身高度 12 ~ 13m，直径 4.0 ~ 4.2m，锥底夹角为 70°。这样的设计十分有利于发酵酒液的充分混合同时相对倾斜的角度将使酵母的收获更为有效。依据同样的原理，这些发酵罐具备良好的排水性能；其次，CCV 罐具有相当高度，凝聚力较强的酵母可以沉淀，凝聚性差的酵母就需要离心分离。CCV 罐适用于下面发酵，也适用于上面发酵，但应用于上面发酵，需选择凝聚沉淀型上面酵母，便于回收；其三，CCV 罐是密闭罐，既可以作发酵罐，也可以作贮酒罐。由于是密闭罐，可以回收二氧化碳，CO_2气体由罐顶排出罐外并收集。为了在啤酒后发酵过程中饱和 CO_2，在罐底装有净化的 CO_2充气管，CO_2则从充气管的小孔吹入发酵液中；其四，CCV 罐本身具有冷却夹套，冷却面积能够满足工艺上的降温要求。一般在圆柱体部分，视罐体高度，可分设 2 ~ 3 段冷却，锥底部分设有一段冷却，有利于酵母沉降和保存。目前对罐子的相关技术改进主要是在实时监测技术和控制技术方面，相对而言，罐体结构改变较少。CCV 罐处理过程通过将主发酵和冷却贮藏组合到同一个罐中从而改善了下面发酵生产的效果，这也是其本身的工艺特点，用现代的话说，就是联合罐操作模式。现代圆柱锥底罐从本质来说与原始 Nathan 设计的罐是一致的，它们均可用于主发酵和冷却贮藏。然而，在大多数啤酒工厂主发酵与冷却贮藏操作却是分开的，其间涉及从一个罐到另一个罐的中间操作过程。设计相对简单些的罐仅用于主发酵，其他的用于冷却贮藏。

CCV 罐如同之前描述的那样既能适应完成主发酵又能完成冷却贮藏功能，特别是配备一些专用零部件，可以辅助上述功能的实现。罐顶附件有上升管（CO_2、压缩空气、CIP）、气液分离器、压力安全阀（过压阀）、高速乳化罐真空安全阀、喷头、CIP 清洗附件等，CCV 罐除了上述零部件外，罐身和罐盖上均装有人孔，以观察和维修发酵罐内部，罐身还装有取样管和温度计接管，还要安装压力、温度传感器，以便微机控制。罐顶装有压力表、安全阀和玻璃视镜。由于配备了各种控制组合，使用者可以对其进行局部和全面的功能化操作，比如可以专门用来制冷、主发酵、后发酵、贮藏等，因此也可以说是一种选项式的操作。

大型号圆柱锥底罐的运输和安装是一项艰巨的任务，如图 7 – 6 所示。最早期的 Nathan 罐是用铝制成的。由于铝的易腐蚀性、化学性质不稳定性等不少的缺点使 Nathan 罐最初的声誉受到很大影响。随后，衬有环氧树脂的低碳钢被广泛用于充当制造材料，目前大部分已被不锈钢取代。Nathan 罐在外观上改变的最主要的特征是用锥底代替了浅碟底。

罐子一般可以安装在室内或室外。如果是选择安装在室外，则必须考虑安装风雨顶棚。接着，发酵罐要集中安装以便锥底和附属设施可以封闭在专门设计的洁净房间内。在房间的屋顶要为每个发酵罐设置联接通道提供机械支持以及在罐身的圆柱基础区域外围设置通道以便啤酒发酵时取样。图 7 – 6 展示了一

图 7－6　安装中的圆柱锥底发酵罐

个安装实例：一个未安装保温层的发酵罐正在一个冷冻车间上进行直立安装施工，随后进行主发酵温度控制系统安装。

二、CCV 罐的结构用途

1. CIP 喷淋清洗

传统的喷淋球从 20 世纪初问世至今，仍是最常用的清洗装置。它可以将清洗液喷洒到罐壁，进行固定的简单清洗。喷淋球主要用于冲洗罐壁，球体上有很多的喷水孔，清洗液从喷水孔喷到罐壁的同一位置，由于喷口的尺寸及压力限制，每一喷水孔喷射到罐壁的力量都很有限，而没有冲击到的点的清洗液量实际上为零。这就意味着：为了达到所要求的清洗效果，必须采用大量的、高浓度的化学清洗剂或高温清洗液，进行长时间的清洗。近年来，旋转喷射清洗越来越多地被采用，它以清洗介质作为驱动力，清洗喷头按照事先设计好的运行轨迹旋转，在特定的清洗时间内运行轨迹可含盖整个球面，可以做到对整个罐体内壁的覆盖。由于所使用的清洗介质具有一定的压力和流量，加之设计好的喷射驻留时间，形成对喷射点的冲击清洗。360 度球面覆盖、对喷射点的冲击清洗确保罐体内壁的彻底清洁；由于其对清洗液的利用率高，清洗液的使用量也最少，清洗时间更短。

利用高压回转多孔喷射器，使喷出的清洗液集中在窗口的某一表面，并循环维持一定的时间，可以起冲击摩擦作用。采用机械清洗法，泵的传送能力、管路的规格和距离、清洗液的温度都应考虑在内。清除发酵罐内的啤酒石，可采用 EDTA 碱性洗涤剂。在操作过程中，发酵罐子和辅助管道组通过专用的 CIP 进行自动消毒。

2. 麦汁过罐及稀释

已充氧和接种的麦汁通过清洗干净的管道组输送到发酵罐中。充氧及接种操作均可在管道中进行以便于进行自动控制。接着，将在管道中使用自动调节系统用发酵液对麦汁进行稀释，以达到一个理想的麦汁浓度。现代啤酒生产多采用辅料添加工艺，比如将淀粉糖浆作为辅料应用到啤酒中替代麦芽发酵。国外已有成熟的经验，美国早在20世纪50～60年代就开始研究啤酒用糖浆。一些较大的玉米深加工企业均生产啤酒用糖浆辅料，这种糖浆不仅含有葡萄糖，而且更多的是麦芽糖、麦芽三糖、麦芽四糖以及低聚糖等不同组分。在英国使用糖浆主要用来稀释麦汁中的氮，此外还用以缩短发酵时间，改善过滤，并易于分离酵母。如美国、日本都用淀粉糖浆作辅料，2000年日本麦芽糖浆在啤酒中的用量就达20万t。这些辅料与麦汁的混合稀释是生产啤酒的关键步骤。麦汁稀释的方法有两种，管道稀释和发酵容器稀释。如果采用前一种操作方式，应该将稀释用水和浓麦汁的流量及流速合理配比，在管道设备内增设湍流装置，比如回流半开板交错安装、大小孔变径、多孔板使用等。如果是使用了后一种操作方式，要注意混合均匀化是非常重要的。利用气体从发酵罐底部逸出上升带动液体流动形成搅拌效果是一种均匀化的方式，此外还可以增加搅拌装置，使混合达到更好的效果。用气流上升带动发酵液搅拌的方法会带来不可避免的风险，主要是对麦汁溶氧初始浓度造成影响，所以，这是一种对发酵最终结果产生不可控制影响的方法。因此，如果采用压缩空气或者氮气、二氧化碳等脱氧气体进行发酵液搅拌，在搅拌后就必须进行初始溶解氧的补充，使其上升到适当水平。

如果采用机械搅拌装置，则必须在CCV罐的底部侧向安装一搅拌装置，以实现稀释过程的麦汁浓度均匀化。事实证明，这种方式是比较受欢迎的。但是在发酵罐中增加了搅拌装置会对罐内洁净程度的保障以及日常CIP清洗造成一定的影响。发酵罐的尺寸要经过精确计算，使其有效装量麦汁容积为稀释啤酒提供基础计量数据。一些传统的计量设备如人工可视玻璃液位计或倾斜板装置已被安装于发酵罐上游的在线流量计所取代。

3. 精确的阀门组与温度自动控制

物料无论是进入发酵罐还是流出发酵罐均是经由锥底的唯一管道。这种进出管道的简单设计需要配套一个复杂的阀门组，使物料能顺利地直接到达合适的目的地。在安装啤酒输送管道的过程中，只要将其按输送需要平行摆放安装到位，大量的发酵罐就可以由这个共同的管道组提供输送作用。这样安装发酵罐徒然增加了更多复杂的阀门组合和重复的输送管道组，虽然在啤酒发酵的操作上提供了更好的灵活性，却增加了投资费用。近几年来，在啤酒发酵监测和控制设备方面进行了多项改良。在其使用功能方面比如温度监测、二氧化碳的收集、二氧化碳的背压操作等均对设备有了更高的要求。

在啤酒的发酵过程中，发酵罐内部麦汁温度升高的主要原因是内部反应所放出的热量，所以发酵过程的升温速度是不可以控制的，所能控制的只有降温的速度。啤酒发酵温度控制系统是通过绕在啤酒发酵罐内壁上的蛇形管中的冷却液的循环流动来实现的，冷却液的流量和速度决定了降温的速度，因此可以通过控制冷却液的流量来控制温度，从而达到控制酒体温度的目的。为了实现发酵罐若干个位置的温度同时得到监控，可以在一个采样周期中循环检测几路温度，并在一个控制周期内向这几路控制通道输出需要的控制量。针对非线性特性的管道制冷系统，采用电磁阀作为整个控制系统的执行器件。在对冷却液流量的控制中，通过改变一个控制周期内阀门的开度，达到了较好的使酒体冷却和保温的目的。

嫩啤酒通过圆柱锥底罐外部的热交换器进行热循环交换保证了啤酒冷却所需的低温。在大多数的发酵罐安装中，温度控制通常是通过外壁冷却夹套来实现的。这是一层隔绝外部环境的环形外壳，用来减少发酵环境内温度的过度集中。温度控制探头安装在发酵罐内部，侦测信号输出并通过向冷却夹套内注入冷却剂来自动控制温度。温度控制探头的数量以及安装位置取决于其对发酵罐的不同作用。在提供一个小型机械搅拌的情况下，发酵罐内啤酒液的搅动将会放大。在偶然情况下，启用循环系统能使罐内发酵液从罐子的底部出口流出并从顶部入口重新回到罐内。这个循环系统同样可以作为一个与热交换结合的补充形式甚至取代冷却夹套。除此之外，后期充氧气/空气系统的安装也将使发酵液易于混合。

4. 发酵方式与酵母回收

在发酵末期，啤酒酵母会沉积在发酵罐锥底部，方便收获，此时的酵母呈泥浆状，通常被转移至贮藏罐中。贮藏罐中的酵母通常被保留下来，并作为下一批啤酒发酵的菌种，或者在第一次回收夹带的啤酒后被处理掉。如果发酵容器仅仅是用于主发酵，嫩啤酒将会被转移至下一步骤的后熟罐中。大部分的悬浮酵母经离心机分离后被移除，剩下的部分澄清啤酒将在第二个冷冻的贮藏罐（圆柱锥底罐）中进行冷却操作。换一种发酵方式，即主发酵和冷却贮藏在同一个发酵罐中进行操作，在这个操作模式下，嫩啤酒在主发酵完成后被冷却至2～4℃（也可能是更高温度条件的阶段）以使酵母发生沉降。在啤酒酵母被离心移除后，发酵罐中的啤酒被冷冻至调控温度（通常低于0℃），在此条件下保持适当时间使啤酒风味进一步成熟同时使其中胶体保持稳定性。

那些同时用作主发酵和冷却贮藏的发酵罐趋向于具备较大的容量，较小的高径比，通常较浅的锥底。这些参数的不同相关于发酵罐的制造费用与容量。当仅用一个发酵罐进行多用途操作的时候，总的发酵罐数量是较少的，这个时候最合理的选择是尽可能选用最大容量的罐子，这也是与发酵工厂的生产需求和容量需求一致的。

三、圆柱锥底发酵罐的发酵液循环及冷却

单一罐制造费用降低与否取决于罐身的高径比，在相同的容积情况下，瘦长的罐比矮胖的罐耗费更多的材料，因此高径比小的发酵罐制造费用较低。同时浅锥形的锥底制造费用比陡角的锥底更少。在另一方面，高径比小的发酵罐减小了外壁冷却可利用的冷却面积，而且浅锥底影响了酵母的收集效率，增加了湿重损失。外壁冷却夹套同时可以加强发酵罐身的结构强度。通常使用的冷却夹套结构是微凹或者半管设计，这取决于冷却剂的使用类型。前者适用于恒温制冷剂如氨，而后者适用于非恒温制冷剂如丙二醇等。氨作为制冷剂有如下几个优点：无乙二醇转化阶段、在压缩机内形成更高的温度、更小的泵、节能30% ~40%、更小的制冷管、更精确和机动的温度控制。

单一罐发酵和双罐发酵必须在制冷设计上迎合其需求，这将反映夹套在发酵罐的安装数量和位置上。制冷的作用是：

（1）在最大的产热阶段进行温度调控（主发酵阶段即接种后3 ~4d） 此阶段的主要作用是保证自然升温不超过特定的温度值，并按工艺要求加以保持3 ~4d。

（2）在主发酵的末期快速冷却（急冷1）到2 ~4℃，并在此温度下进行调节温度以沉降酵母 慢速降温达不到快速冷却的工艺要求，同时酵母沉降不彻底，使分解工序受到影响。

（3）冷却（急冷2）到贮藏温度 -1℃，以利于澄清啤酒，排除杂质 慢速降温达不到急冷的要求，不利于啤酒澄清，残留过多杂质。

（4）调节贮藏温度 贮藏过程是啤酒后熟的关键，温度的控制尤其重要，保持低温后熟是拉格啤酒发酵工艺的重点。

有几个因素决定了针对上述几种对温度不同需求的情况所提供的冷量。合理的基本考量是为了确保制冷的有效和降低成本。

上述四个作用受到罐子的几何尺寸影响，特别是高径比、容量、发酵罐数量、冷却夹套的配置与其表面积、冷却剂的温度与流速。此外，还有用于制造罐体的材料导热性、隔热材料的隔热效果与周围环境的因素。在主发酵期间，产热的主要部分受制于控制酵母生长速度及程度的因素：麦汁浓度、初始溶解氧分压、酵母接种率和所需控制的温度。对于急冷来说（不论是急冷1还是急冷2），在可接受的最小时间内使温度下降到所需幅度对发酵结果是有影响的。对于两罐法发酵，降低嫩啤酒温度至贮藏温度（急冷2）可在转罐时采用管路冷却的方式来完成。在这种情况下，第二个发酵罐仅需要设计一个维持贮藏温度的能力就行了。相反，对于单一罐发酵，或者嫩啤酒转罐时没有管路冷却系统来制冷，其冷却容量必须同时满足将啤酒温度下调至贮藏温度和维持贮藏温度

的能力。

采用不同的主酵温度，发酵液的醇酯比发生了变化。随着主发酵温度的升高，发酵液的酯含量表现出下降的趋势，而高级醇含量有上升的趋势，因此醇酯比不断增加。10℃进行主酵的发酵液高级醇含量最低，醇酯比也最低，而采用12℃进行主酵的发酵液高级醇含量最高，醇酯比最高。这是由于提高主酵温度，增强了酵母活性及酒液的对流速度，提高了酵母与麦汁的接触几率，酵母生长越活跃，对酯的积累越不利。因此要想降低大容积发酵罐啤酒的醇酯比，应该降低主发酵温度。

热量从嫩啤酒向制冷剂转移包括对流和传导的组合。这是可以通过热传导公式进行量化的：在最大的产热阶段进行温度调控（主发酵）；在主发酵的末期快速冷却（急冷1）到2~4℃，并在此温度下进行调节温度以沉降酵母；冷却（急冷2）到贮藏温度；调节贮藏温度。

$$Q = UA\Delta T$$

上式中　Q——热量传递速率（J/s）

U——总热量传递系数（J/（m^2·s·K））

A——夹套面积

ΔT——两种液体的平均温差

除了嫩啤酒向夹套传递热量，同时存在环境热量向夹套传递的可能，其影响同样可以通过热传递公式进行控制。对于发酵罐的构造来说，一个高效的冷却装置结构应该在外界环境与冷却剂的热交换方面使 U 值最小化；而在冷却剂与啤酒液的热交换方面使 U 值最大化。

大多数的圆柱锥底罐是由不锈钢或碳钢或者由两者制成，它们均具有高的传递系数。然而，由于受制于发酵罐的强度，金属的厚度必须达到一定的要求，因此，它并不是冷却环节的一个变量。在一个设计合理或者是清洁的发酵罐中，罐内的污垢层与夹套内的污垢层应该是微不足道的。冷却剂温度必须足够低以达到控制发酵温度达到最低点的目标，而不产生结冰。因此，极低温冷却剂是增加总传热系数的一个有吸引力的手段，但在一个绝热良好的发酵罐内不可避免地会出现啤酒结冰的现象。罐内啤酒结冰戏剧性地减少了热传递效率。如果冷却剂的温度太高，那么急冷所需要的温度将永远不能达到或者说在一个可接受的时间段内不能达到。冷却剂被泵入夹套内，在夹套内形成高速流动，这种强制形成的对流造成热传递速度相对较高。影响热传递（或增加 U 值）的最显著因素是冷却夹套总面积和发酵罐内的对流速度。圆柱锥底罐内复杂流体的混合模式是相当复杂的，至今并未完全弄清。在发酵的不同阶段会形成不同的流体。流体的形式受冷却夹套的数量和位置、发酵罐高径比、人为搅拌方法影响。正因为如此，实际的 U 值很少是通过计算得来的，制冷量的值通常是采用经验数据进行估算。所以，大多数的估算都会将冷却量高估一些也是可以理解的。

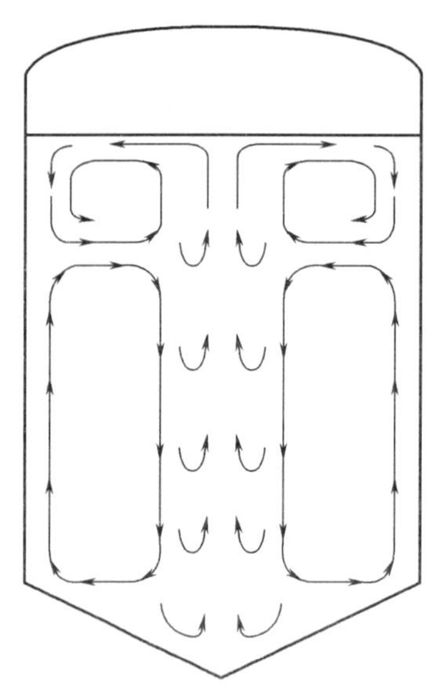
图 7-7　二氧化碳自发酵罐底逸出形成的罐内对流图

这样计算虽然有些浪费，但总比估计不足要强。Knudsen 对经验算法有过相关论述。他在有关文献中发现每单位体积发酵罐所需的热交换面积之差有 100 倍之多。液体混合的模型，以及它们与大型发酵罐的冷却的关系已经过研究和报道。确定冷却夹套和温控表所在的合适的安装位置是至关重要的。在主发酵期间，发酵罐壁的冷却造成啤酒下沉。在罐子中部的啤酒温度较高，将会上升，这个上升是在罐底的二氧化碳自下而上的形成的流体帮助下完成的。这一模式见图 7-7。

研究者称这是不可避免的，他们采用特殊装置观察搅拌模式，此时并未考虑边界流层对流体的影响。研究者认为，在小规模的模型系统所观察到的现象并不能如实地反映大型罐的真实情况，他们利用一个缩小模型在含有用亲脂性染料苏丹黑染色的悬浮有机液滴的盐水（模仿麦汁）中研究流体力学运动时发现，发酵罐锥底逸出的二氧化碳形成了搅拌。有关二氧化碳形成的搅拌模型参见图 7-7。图中两个混合区被区分开来且上半部分的流体速度总是更快一些。下部区域向上的运动速度比率与上部区域大小成正比，增加气体逸出速度可以增加下部区域的尺寸但却形成一个范围更小、翻腾更剧烈的上层区域。减小发酵罐的直径可以取得与增加气体逸出速度一样的效果。其原理可以认为是细长的发酵罐具有更高的高径比，更易于形成泡沫是因为在上部区域湍流速度更高。主发酵期间用以调控温度的夹套应该安装在上部区域以使自由对流的热量传递最大化。在另一个圆柱锥底模型系统中，研究者使用了激光装置使流体模型可视化，取得了同样的结果，同时还发现了更为复杂的流体。

在主发酵的活跃期，通常有充分的搅拌以确保发酵罐内容物的传质更彻底，同时对流热传递更加完全彻底、温控更加精确且在发酵罐任何一个位置的测温读数都是有效的。在急冷的状态下情况就不那么令人满意了。在主发酵的后期，依靠二氧化碳生成来搅拌发酵液的情形越来越少。在任何一个缺少外加搅拌的发酵罐系统中，热量传递依靠不同温控区域在啤酒中形成的密度梯度所形成的对流。研究者报告说，任何一种啤酒在某个特定的温度下对应的密度最大。当啤酒被冷却其密度增加趋于下沉。在低于最大密度（反转点）的温度下，啤酒密度减少，同时对流流体的方向开始反转（图 7-8）。研究者展示了最大啤酒密度温度（T_{MD}）可以通过公式计算：

$$T_{MD} = 4 - 0.6RE - 0.24A$$

式中 RE——真实麦汁浓度（°P）

A——酒精浓度（质量分数,%）

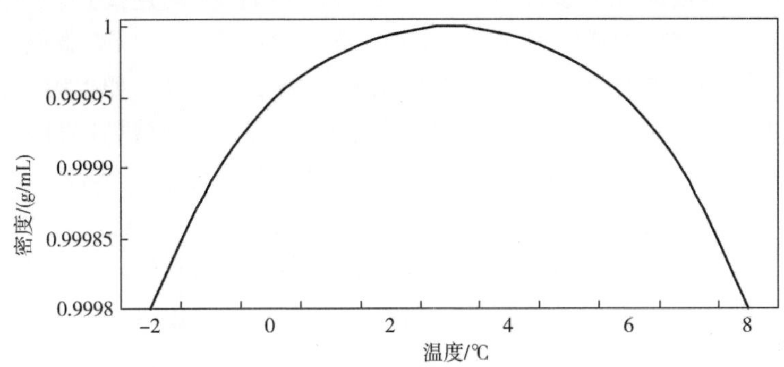

图 7-8 温度与啤酒密度的关系

对大多数啤酒来说，最大密度对应的温度范围是 2～4℃，与主发酵后沉淀酵母所需的温度相同。其中的意义可能在于令不同温度的啤酒具有相同的密度，从而仅仅依靠对流层的冷却就可以达到分层的效果。

研究者在生产规模和实验室规模发酵罐分别研究了急冷的现象。所得到的混合模型的结果自然比通常认定的要复杂得多。当啤酒保持在一定的逆转点温度下，预计会向上的流体将会在靠近冷却夹套的附近被检测到。与此同时，检测到一股同时向下流动的也是我们不希望看到流体。靠近罐壁的温度测量点测得的数据显示有几分钟快速的波动，表明存在旋涡运动。

这些研究者希望通过预测模型达到优化冷却和完善发酵罐设计的目的，然而这仍然有很长的路要走。采用单个温控点可以很直接地将控制范围覆盖到整个锥底面积以及圆柱表面积的一半以上。研究者报告就任何一个冷却系统的适合性来说不可能给出一个通用的建议，因为它包含了太多影响因素。一个合适的冷却系统应该很好地应答位置特异性的需要。尽管在理论方面还没有解决发酵罐冷却等问题，一些通过实验获取的温控点可以用于优化冷却夹套由于不同用途而对安装位置有不同需求的参考。Maule 在这一方面的研究工作价值是无法估量的。在这个研究中，使用了 1600L 的圆柱锥底发酵罐，其上安装了多种监测设备用以在发酵罐的各个位置进行温度监测和取样。经过大量的啤酒发酵，包括爱尔啤酒和拉格啤酒，得出如下结论：在主发酵期间，整个发酵罐内容物基本是均匀的。不管是爱尔啤酒还是拉格啤酒发酵，都能够达到满意的温度控制效果，只用一个夹套就可以保持 8℃ 水平。不管温度传感器是否放在锥形罐底，发酵罐的垂直圆柱外壁上方都是一个最好的温度测量位置。这种设计促成了较好的对流混合。因此，温度计一般安装在发酵罐温度最高的地方。其热交换过程是，制冷剂流入夹套，相应地，经冷却的啤酒由于密度增加向下流动。对非常高的发酵罐，特别是高温发酵如高达21℃的发酵情况来说，需要第二个夹套来加强冷却。在高发酵罐的急冷（2～4℃）环节，需要用到2～3个外壁夹套，一个位于靠近圆柱的顶部，一个紧靠在圆柱与锥底的连接处。在这种情况下，啤酒被冷却到接近逆转点温度，同时伴随发生的是，可以克服混合的缺失，可以提供所需的不论是高水平或者是低水平的冷量。此外，如果啤酒被保持在同一个罐中相对长时间的话，锥底的夹套是避免在这一领域局部过热的必需部件。（锥底夹套在贮藏阶段显示了其必需性，主要是避免锥底啤酒中的酵母局部过热。）设想在这种情况下，一旦缺少锥底冷却夹套，发酵罐主体中的啤酒温度将低于逆转点温度，使其具备了上升的趋势。沉降于锥底的酵母代谢产生的热量由于缺乏向下的对流而无法驱散。温度检测点的安装位置同样也很重要，如果没有安装锥底冷却夹套同时温度仅仅由单个安装在锥底上方的夹套所控制，那么发酵罐底层上升的温度将令外壁冷却夹套加强冷却循环，使得发酵罐主体的啤酒变得过冷。在这种情形下，最好是安装两个外壁冷却夹套，所带的测温表安装在它们之间。测温最好不要安装在罐子的顶部，因为它们会曝露在顶部空间的气体之中，使温度测量不准确，一旦出现这种情况，过冷甚至结冰都是有可能的。测温表探针必须足够长并且深入主体啤酒液当中，以避免靠近罐壁由于冷却夹套引起的冷流体。如果发酵罐只是用来冷却贮藏或者是用来灌装预冷啤酒的话，只采用发酵罐底部冷却夹套即可达到满意的冷却效果。如果啤酒是从较高温的状态进入贮藏罐，建议在发酵罐的中部安装第二个冷却夹套。针对这两个实际情况，控制温度表应该安装在发酵罐垂直外壁的中部。很显然，如果发酵罐同时被用于主发酵和冷却贮藏，就需要安装多种形式的冷却夹套组合，包括在合适的位置安装多个测温探头。这种发酵罐需要复杂的控制系统并根据哪一部分需要冷却来激活冷却夹套组合、控制测温组件。圆柱锥底罐需要的夹套数量及安装位置根据其不同的冷却需要在图7－9中总结。

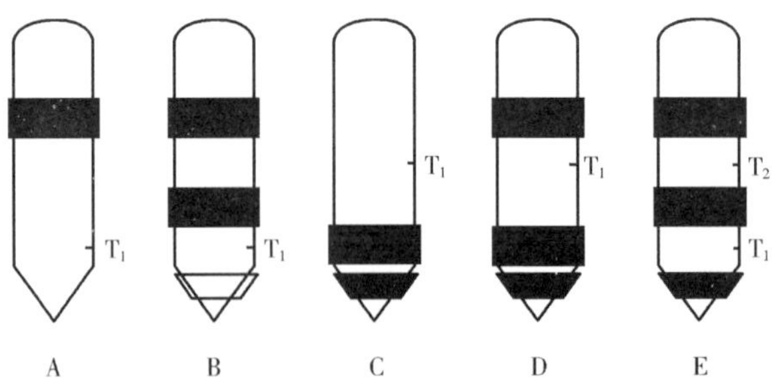

图7－9　圆柱锥底罐冷却夹套与测温点的位置图

A：用于主发酵（低温拉格啤酒发酵）　B：用于主发酵（高温爱尔啤酒发酵）　C：用于后熟贮藏（低温拉格啤酒发酵）　D：用于后熟贮藏（高温爱尔啤酒发酵）　E：用于一罐法发酵

单个夹套发酵罐特别是用于冷却贮藏的发酵罐由于缺少啤酒混合传质具有一定缺陷。这一基本缺陷可通过提供强制罐内搅拌得到改善。小型机械搅拌可以满足其搅拌功能，值得注意的是这一组件必须确保在CIP系统的清洁下可以达到洁净的效果。一个较为温和的方法是用气体搅拌。研究表明，在发酵罐底部注入二氧化碳能够形成很充分的搅拌同时可以获得与机械搅拌一样的传热速率。而且，二氧化碳的蒸发能够有助于冷却操作的进行。有实验证实，气体二氧化碳的注入使发酵罐冷却到贮藏温度的时间大大缩短。二氧化碳气体的缓慢流加形成气升的方式，可以形成近似于热对流产生的环流效果。不管这种方式是否是提高温度控制的好方法，它还是被广泛采用了。由于这种方法会带来一些缺点如碳酸过饱和化，因此需要在下一步生产环节中进一步调整二氧化碳水平。

四、双用途罐

如前所述，带陡倾角锥底的圆柱锥底发酵罐用于主发酵与后熟冷却双用途。虽然也可以用作单用途罐，但这种情况相对较少。然而仍有少数的大容量发酵罐被特别设计用来进行主发酵与后酵贮藏双用途。这是在20世纪60~70年代根据需要发展起来的，为了最少的投入获得最大生产能力并加快产出。单罐法生产啤酒的观点仍然存在争议，有很多啤酒专家认为主发酵和贮藏发酵是差别非常大的操作，它们应该在专用的发酵罐中进行。双用途罐为了迎合多种功能的需要有可能变得过度工程化。因此，贮藏发酵罐从本质上来说是非常简单的，因为它只是将嫩啤酒保持在一个较低的温度下就可以了，设备中具备的如酵母收获、二氧化碳收集、监测与控制等与主发酵相关的功能其实并不需要，而且对啤酒生产的操作是有害的。相反，双用途罐的冷却容量却必须十分充分以达到并保持在零度以下的贮藏温度水平。这个温度在主发酵的时候并不需要，在制冷剂与麦汁之间温差如此巨大会造成酵母受到热冲击的风险。而且，分开发酵的罐子热传递会更有弹性。因此，混合不同批次的分批发酵啤酒进行在线添加和在线冷却变得越来越可行了。单一罐操作具有一定优点，最重要的是，相对于两罐法减少了总的操作时间。操作弹性因素之一是不需要决定以何种比率来安排每种啤酒所需主发酵罐和贮藏罐的合适数量，而是只需要简单地基于需求的总和和单批次的容积就可以了。单罐法避免了罐到罐之间的中间传输并因此避免了氧气在这一过程中进入发酵罐中的可能性。空罐减少了一半，要清洗的罐也减少了一半。Maule报告在单罐法生产相同啤酒的过程中，冷却到贮藏温度更快，同时导致比转移后冷却更少的温差层。Fricker认为，这是与啤酒中存在的温差层有关的。因为在单罐中，当温度降低至逆转点时，二氧化碳从深层饱和层生成并向低压区域运动引起了对流。可以推测的是，在罐—罐的转移过程当中，温差层被破坏，如此，对流层将变得无足轻重。

毫无疑问，单罐处理更有利于大批量啤酒发酵并且较少影响啤酒质量。在小型啤酒生产厂，或者生产短周期啤酒以及多品种产品的工厂中，双罐法显得更灵活方便。

第四节　啤酒工厂设备设计实例

一、糊化锅

糊化锅是辅料糊化的主要设备，要求耐压耐高温，具备良好的导热性和循环特性，因此锅身钢材用料应严格选用，搅拌设计必须满足传质需求。糊化锅主要技术指标见表7－4，计算略。

表7－4　糊化锅主要技术指标

工作介质	锅内：醪液；夹套内：蒸汽
容积	全容积：20.64m^3；有效容积：16.62m^3
直径、高度	锅身：ϕ3200mm；圆柱高度：2000mm；球底半径：178mm
加热面积	夹套：17.46m^2
工作压力	锅内：245kPa；夹套内：245kPa
最高工作温度	锅内：100℃；夹套内：126.8℃
搅拌器	直径：ϕ2200mm；转速：30r/min
电动机及照明	照明：电压36V；电动机：功率5kW
材料	锅身：厚8mm；锅底：T2钢，厚12mm；夹套：A3钢，厚8mm

二、糖化锅

糖化锅主要用来进行麦汁和辅料糖化，要求具备耐高温和夹套耐高压的特性。要达到高传质的要求，通常要安装搅拌装置。锅身设计为圆底，以利于麦汁传热。糖化锅主要技术指标见表7－5，计算略。

表 7-5 糖化锅主要技术指标

容积	全容积：66.4m^3；有效容积：55.3m^3
直径、高度	锅身直径：ϕ5.2m；圆柱高度：2.6m
加热面积	夹套：48.17m^2
工作介质	锅内：醪液；夹套内：蒸汽
工作压力	夹套内：245kPa
最高工作温度	锅内：78℃；夹套内：126.79℃
电动机、照明	两个防爆白炽灯：电压36V；功率4kW
材料	锅身：厚8mm；锅底：T2紫铜，厚12mm；夹套：A3钢，厚8mm

三、麦汁煮沸锅

麦汁煮沸锅用来进行麦汁煮沸，在杀菌的同时，可以起到灭酶的作用，同时使蛋白质发生凝固，以利于回旋清除。煮沸的过程添加啤酒花，可以使啤酒花苦味质及香气物质更有效地赋予麦汁。要求煮沸锅耐受长时间高温，夹套耐受长时间高压高温。麦汁煮沸锅主要技术指标见表7-6，计算略。

表 7-6 麦汁煮沸锅主要技术指标

容积	全容积：40.44m^3；有效容积：33.7m^3
直径、高度	柱高：1.8m；锅底半径：2.31m；锅身直径：ϕ4.5m
加热面积	夹套：69.3m^2
工作介质	锅内：醪液；夹套内：蒸汽
工作压力	夹套内：245kPa
最高工作温度	锅内：120℃；夹套内：126.79℃
电动机	功率4kW
材料	锅身：厚8mm；锅底：T2紫铜，厚12mm；列管：A3钢，厚8mm

四、圆柱锥底发酵罐

罐下部为倒圆锥体，麦汁、酵母、啤酒均由锥底口进入或排出，发酵结束后回收酵母方便，所采用的酵母菌株应该是凝集沉淀性好的酵母菌种。一般认为锥底角度为60~85°最为适宜。在设计中采用锥底角度为60°，锥底表面尽可能打光，这样有利于酵母的沉降和排除。

罐内的发酵液由于罐体的高度而产生二氧化碳梯度并控制冷却方位，可以使发酵液形成自下而上或自上而下自然对流运动，对流可保证整个酒液的温度是均匀的。一般罐体越高，对流作用越强，所以罐体高度应适当控制，以免对流过盛。实践证明罐内液位高度达 20m，就会影响酵母沉淀，而且还会影响双乙酰充分还原和酯含量过小，从而影响啤酒的风味。因此，设计中采用圆筒直径与圆筒高度比为 $D:H=1:1\sim2.5$，直径可达 5～6m，可保证啤酒的质量。发酵罐的主要技术指标见表 7－7。

表 7－7　　发酵罐的主要技术指标

容积	全容积：380m^3；有效容积：316.47m^3
直径、高度	罐身直径：ϕ5.0m；圆柱高度：17.2m
换热面积	228.47m^2
工作介质	罐内：发酵液；夹套内：冷媒
工作压力	罐内：147kPa
最高工作温度	罐内：6℃
壁厚	柱体：12mm；锥底：13mm
材料	1Gr18Ni9Ti 合金钢

五、酵母培养罐

采用立式圆柱形容器，上下端球形与罐身焊接，底与身均设有夹套，以便通入冰水或冷却水，使罐保持一定的温度，以利于酵母的培养。酵母培养罐的主要规范见表 7－8。

表 7－8　　酵母培养罐的主要规范表

有效容积	0.6m^3
工作压力	罐内：98kPa；夹套内：98kPa
工作温度	发酵温度：10℃
罐身直径	ϕ840mm
夹套直径	ϕ900mm
夹套壁厚	8mm 厚钢板
罐身壁厚	8mm 紫铜钢板

第五节　圆柱锥底发酵罐容积对发酵液醇酯比的影响

发酵罐体积不同，会使酵母在发酵罐内部分布情况不同，则酵母繁殖的速度和代谢过程都会受到影响。发酵罐体积越大，酵母在大罐内部分布得就越不均匀，同时大罐的静压力也越大，会使酵母产生大量的代谢产物，造成最终的发酵液醇酯比升高，而相反小容积发酵罐的醇酯比就会比大容积发酵罐的要低，同时也比大容积发酵罐的容易控制。小容积发酵罐的高级醇含量略低于大容积发酵罐。两种罐体的高级醇最大值和最小值相比，相差不大，但是小容积发酵罐的高级醇平均值要比大容积发酵罐的低，小容积发酵罐的酯含量要比大容积发酵罐的酯含量高，因此小容积发酵罐的醇酯比低于大容积发酵罐（表7－9）。

表7－9　　大小容积发酵罐高级醇、酯含量及醇酯比

	最高/（mg/L）	最低/（mg/L）	平均/（mg/L）
高级醇含量			
500m³发酵罐	137	98	118
1000m³发酵罐	123	87	105
酯含量			
500m³发酵罐	30	16	23
100m³发酵罐	40	20	30
醇酯比			
500m³发酵罐	4.56	6.12	5.11
100m³发酵罐	3.07	4.35	3.50

发酵罐的体积对高级醇的产生量有一定的影响，但是对酯含量的影响非常显著，以至于对醇酯比的影响非常大。因此如果采用较大容积的发酵罐，如何控制其醇酯比，就成为影响啤酒质量的重要因素。对于同体积发酵罐的发酵液而言：降糖时间越短，发酵速度越快、越剧烈，因此产生的高级醇越多，导致醇酯比过高。同等条件下，小罐的发酵速度趋于缓和，大罐的发酵速度呈现较为剧烈的现象。同等酒龄下，大罐发酵液口味略显刺激，且个别罐发酵液异杂风味较为突出；而小罐的发酵液就要比大罐的柔和、干净得多。对于不同体积的发酵罐，应通过调整酵母接种量及麦汁充氧量来控制发酵速度：小罐的酵母接种量要适当高于大罐的添加量，麦汁充氧量可比大罐大一些。当然，这些参

数也要根据实际情况进行调整，只有这样，才有可能使得体积相差较大的罐酿制出的啤酒口味及风味趋于一致。目前小容积的发酵罐的醇酯比值比较稳定，一般控制在（3.5～4.5）:1。

发酵罐的尺寸和形状对酯和高级醇的合成有很大的影响。对比传统的低于3米的发酵容器，大型圆柱锥底发酵罐可以高达25m（图7－10）。有研究者认为啤酒酯水平与液柱高度存在线性负相关关系。这个现象的对应因素包括因液体静高压增加溶解的二氧化碳和特殊设计的发酵容器搅拌的增加。大容量的发酵罐已经被成功用来减少高浓度麦汁发酵过程中过多酯的生成。大型发酵罐发酵液的灌注时间和灌注方法影响发酵速率和挥发组分的合成。比如，在发酵过程中连续添加麦汁对酯类的生成有积极的影响。研究者认为如此操作延长了酵母的生长阶段的时间和促成了AATase更高的活性，进而造成了更多酯的生成。

图7－10　圆柱锥底大型啤酒发酵罐

现代工业常选用大罐发酵。对于一个典型的拉格啤酒生产，圆柱锥底的高径比为2是减少这种罐酯水平的负面影响的最佳比率。然而，当罐高达1000～12000t（视罐形而异）时会引起严重的问题。罐体过大，会造成菌体生长不良、双乙酰还原慢以及酯类形成低。大罐影响风味物质形成的最直接原因是大罐静压高，导致发酵液中二氧化碳含量过高。过多的二氧化碳存在可以抑制酵母的生长和代谢，尤其是抑制对酵母代谢起关键作用的脱羧反应，脱羧反应的减少进而影响酯类合成底物——高级醇和酰基CoA的形成，从而可以推定二氧化碳对酯类形成的影响是通过抑制合成底物的形式来实现的。在高浓或高温酿造工艺中，可通过提高罐压的形式抑制产生过多的酯类。一个利于酯控制的经验公

式是罐压 p（以 bar 为单位）=℃/10。即如果发酵温度是 19℃，其适合的发酵背压控制在 1.9bar（含 0.9bar 的静压，1bar = 10^5Pa）。与不带压发酵相比，2bar 背压发酵的二氧化碳含量翻倍，同时酯类水平降低 50%。

一、大规模生产啤酒醇酯比变化分析

（一）醇酯组分数据描述

对 30 个发酵罐发酵液进行跟踪分析，结果见表 7-10、表 7-11、表 7-12，由于数据量较大，选择满罐、封罐和贮酒三天的数据列出。从表 7-10、表 7-11、表 7-12 可见，发酵过程中酯类变化逐渐递增，到达一定的时间后基本呈平稳状态。从发酵的第 1d 到第 4d，乙酸乙酯呈快速递增，每天的增加幅度为 80%、62%、89%，从第 5d 开始缓慢上升，幅度约为 6% 左右，从第 10d 后基本不变，达到稳定状态；乙酸异戊酯的变化情况与乙酸乙酯基本类似，峰值为 1.5mg/L 左右；其他五种酯类其含量较少，甲酸乙酯、己酸乙酯、辛酸乙酯含量都低于 0.3mg/L，乙酸异丁酯和丁酸乙酯含量都低于 0.05mg/L。在总酯类方面，由于乙酸乙酯占绝大部分（90% 以上），酯类在发酵中的变化关系与乙酸乙酯一致，即前面 4d 快速增长，从第 10d 后开始基本不变，达到稳定状态。

表 7-10　　满罐（5d）状态时醇酯组分含量统计　　单位：mg/L

醇酯组分	检测数量/份	变化范围	最小值	最大值	平均值	标准偏差
甲酸乙酯	30	0.040	0.030	0.070	0.050	2.136
乙酸乙酯	30	1.040	2.240	3.280	2.790	2.635
乙酸异丁酯	30	0.000	0.000	0.000	0.000	0.000
丁酸乙酯	30	0.000	0.000	0.000	0.000	0.000
乙酸异戊酯	30	0.050	0.100	0.150	0.120	0.268
己酸乙酯	30	0.008	0.027	0.035	0.031	0.149
辛酸乙酯	30	0.005	0.065	0.070	0.067	0.057
酯总计					3.058	
正丙醇	30	0.360	4.700	5.060	4.820	0.589
异丁醇	30	0.570	2.540	3.110	2.900	1.472
异戊醇	30	3.430	15.320	18.750	16.520	3.897
醇总计					24.240	
醇酯比			7.93			

表 7－11　　封罐（10d）状态时醇酯组分含量统计　　单位：mg/L

醇酯组分	检测数量/份	变化范围	最小值	最大值	平均值	标准偏差
甲酸乙酯	30	0.003	0.097	0.100	0.099	0.024
乙酸乙酯	30	1.760	14.020	15.780	14.940	0.258
乙酸异丁酯	30	0.010	0.035	0.045	0.038	1.574
丁酸乙酯	30	0.013	0.030	0.043	0.039	0.689
乙酸异戊酯	30	0.320	1.220	1.540	1.330	0.895
己酸乙酯	30	0.020	0.140	0.160	0.150	0.353
辛酸乙酯	30	0.020	0.240	0.260	0.230	0.298
酯总计					16.826	
正丙醇	30	2.320	11.260	13.580	12.540	1.689
异丁醇	30	2.060	7.390	9.450	8.100	2.547
异戊醇	30	4.720	48.730	53.450	50.720	0.573
醇总计					71.360	
醇酯比			4.24			

表 7－12　　贮酒（15d）状态时醇酯组分含量统计　　单位：mg/L

醇酯组分	检测数量/份	变化范围	最小值	最大值	平均值	标准偏差
甲酸乙酯	30	0.040	0.090	0.130	0.110	1.484
乙酸乙酯	30	1.660	15.890	17.540	16.480	0.769
乙酸异丁酯	30	0.014	0.031	0.045	0.039	2.547
丁酸乙酯	30	0.012	0.037	0.049	0.040	1.898
乙酸异戊酯	30	0.240	1.320	1.540	1.380	1.421
己酸乙酯	30	0.020	0.140	0.160	0.150	0.155
辛酸乙酯	30	0.070	0.240	0.300	0.270	0.249
酯总计					18.469	
正丙醇	30	1.420	12.000	13.420	12.680	2.148
异丁醇	30	0.690	8.060	8.750	8.450	0.597
异戊醇	30	6.260	50.160	56.420	52.180	4.521
醇总计					73.31	
醇酯比			3.97			

醇类方面，基本和酯类的变化趋势一样，正丙醇、异丁醇、异戊醇都在发酵第5d达到峰值，而后保持稳定，其中，前面4d的增长幅度为75%、30%、

27%，可见，发酵第2d醇类的产生是最旺盛的，而后逐渐递减。总之，醇类和酯类的变化情况基本相似。

（二）发酵过程醇酯比变化

醇酯比的变化呈递减趋势，发酵前四d快速递减，降幅分别为5%、18.7%、31%，降幅最大为第三d到第四d，从第四d后缓慢下降，在第九d出现最低值，而后呈稳定状态。

针对分析的发酵液，跟踪分析了对应成品酒的醇酯比情况，成品酒的醇酯比总体平均在4.40左右，最高的为4.9，最低的为3.7，其中高于平均值与低于平均值的各占15个样品。成品酒的醇酯比较对应的成熟发酵液高0.4，这可能是由于在过滤过程中，酯的损失率比较大一些。对上述的成品酒进行了品评，综合评价，成品酒的醇酯比控制在4.0~5.0，酒体的谐调性最佳。

在发酵过程中，醇酯比的变化在发酵前四d快速递减，从第四d后缓慢下降，而后呈稳定状态。发酵成熟后，醇酯比应控制在3.5~4.5范围内，才能保证酒体的醇酯比在4.0~5.0范围内，酒体谐调性比较好。研究证明，通过发酵醇酯比的合理控制，可以有效地控制啤酒风味质量的一致性和均一性。

二、总醇和总酯的最适比率关系

总醇和总酯是啤酒中最主要的风味物质。它们之间的谐调性直接体现了酒体的口感与量化指标。由以上的一系列数学统计分析可见，醇与酯之间有着50%的转化关系，有着相应的线性回归关系，通过酒体中醇类的总量在一定程度上可以判断酯产生的总量。但是，酒体中醇类与酯类的最佳结合是一个较难研究透的问题。当然也是啤酒研究风味物质稳定性的一个共同目标。啤酒醇酯含量/比值/评酒指标对应关系，见表7-13。

表7-13　　啤酒醇酯含量/比值/评酒指标对应表

项目	样品1	样品2	样品3	样品4	样品5	样品6	样品7	样品8	样品9
总醇/（mg/L）	56.46	42.67	84.12	75.23	100.23	95.32	68.46	60.11	82.12
总酯/（mg/L）	16.97	6.09	25.67	17.89	35.64	24.16	21.19	21.69	16.45
醇/酯	3.33	7.00	3.28	4.21	2.81	3.95	3.23	2.77	4.99
评酒	谐调	一般	一般	谐调	异香	谐调	一般	一般	谐调
等级	优	良	良	优	差	优	良	良	优

不同样品之间醇酯含量差异较大。在相应的比值范围内，酒体经品尝较为谐调。其中如样品5，醇酯差异较大，引起酒体有异香，这也体现了量化指标和

品酒之间的统一性。啤酒中酯和醇之间的关系与相应的发酵状态有着一定的关系。酒体中醇酯比例的不协调将影响酒体的口味谐调性，因此，酒体中醇酯比的最佳优化作为酒体指标量化的一部分。现假定啤酒醇酯比在 3. 5 ~5. 0。酒体各方面指标在品评中为优，跟踪总结分析一段时间来酒体的情况。具体如表 7 – 14 分析。

表 7 – 14　　醇酯比为 3. 5 ~5. 0 酒样得分及所占百分比

项目	1 月	2 月	3 月	4 月	5 月	6 月	7 月	8 月	9 月	10 月	11 月	12 月
评酒平均得分	85. 2	81. 9	88. 6	84. 6	79. 8	88. 5	86. 7	88. 2	82. 5	87. 9	83. 6	89. 1
得分排序	7	11	2	8	12	3	6	4	10	5	9	1
评酒样品数	25	21	29	18	16	24	30	17	26	21	20	20
醇/酯 =3. 5 ~5. 0 个数	21	16	24	14	12	20	25	15	21	18	16	18
百分比/%	84	76. 2	82. 8	77. 7	75	83. 3	83. 3	88. 2	80. 8	85. 7	80	90
百分比排序	4	11	7	10	12	5	5	2	8	3	9	1

从我们假设的理论上来讲，总体得分越高的，啤酒醇酯比在 3. 5 ~5. 0 的百分比越大。在百分比排序和得分排序中有 4 点重合，占了总量的 50%，其中，百分比排序第1、9、11、12 与得分排序的完全重合，百分比排序 7 与得分排序 2 的相差较大，其他的各点相差不是很大。从上综合分析可见，我们假定的啤酒醇酯比在 3. 5 ~5. 0，酒体的谐调性较好的观点是可行的，也体现了醇酯比的优化范围。表 7 – 15 中的总酯控制在 12. 1 ~18. 6，总醇控制在 50. 8 ~72. 5，在允许偏差为 5. 4 的条件下，总酯控制在6. 7 ~24，按回归直线计算，总醇在 52. 4 ~71. 6。

表 7 – 15　　醇酯加权平均表

项目	1 月	2 月	3 月	4 月	5 月	6 月	7 月	8 月	9 月	10 月	11 月	12 月
总醇平均/（mg/L）	71. 8	64. 5	57. 2	55. 5	50. 8	55. 2	58. 4	52. 1	72. 5	60. 2	48. 2	51. 6
总酯平均/（mg/L）	17. 7	16. 3	16. 2	14. 3	12. 9	12. 5	15. 7	13. 4	18. 6	15. 0	12. 1	13. 4
加权平均/（mg/L）	总醇：56. 8；总酯：14. 8											

通过加权分析统计方法设计验证了啤酒中总醇和总酯之间的线性关系，从数学统计上说明了啤酒中醇和酯之间存在着相应的回归关系。同时，与实践相结合研究它们之间的最适合比例，为啤酒工艺的优化质量的控制提供了定性和定量的依据。

三、调整酵母接种量，以控制贮酒期发酵液的醇酯比

工艺条件对大容积发酵罐醇酯比的影响。前文述及，大容积发酵罐对啤酒

发酵醇酯比的影响非常大，为了改变这种状况，要将工艺条件改进使之适应大容积发酵罐的发酵进程。

将麦汁的酵母接种量由 20×10^6 个/mL 减少为 18×10^6 个/mL，同时跟踪检测发酵液中各个阶段悬浮的酵母数，注意降糖时间，到贮酒期检测发酵液的风味物质。满罐酵母数减少，使增殖倍数增加，酵母增殖倍数越高说明酵母的生长繁殖越旺盛，同时产生的高级醇越多，最终的醇酯比就会增加。由于酵母接种量在一个合适比例上对醇酯比是关键的指标，因此不能将接种量控制得太低。使酵母增殖代数得到限制，总醇会相应地降低并且总酯相对得到提高。

众所周知，超高浓酿造存在着酒精毒性、高渗透压及营养物质含量低等问题，使得酵母生长受到抑制，进而滞缓或停止发酵。大型发酵罐是否与超高浓发酵存在类似的问题，答案是肯定的。由于存在液体静压，酵母细胞相比常压发酵要具备更高的耐受性。超高浓酿造通常采用增加接种量的方法来增加酵母的耐受性，维持较高的发酵强度。然而大容量发酵罐如果也采取相同的方法即增加酵母接种量来提高耐受性是否可行呢？而且从高级醇的生成来看，满罐酵母数增加，使增殖倍数减少，酵母增殖倍数越少说明酵母的生长繁殖速度减慢，同时产生的高级醇越少，最终的醇酯比就会减少。然而，实际情况是，由于发酵罐容积大，接种酵母后未能迅速形成均匀分布（主要是沉降），使发酵罐内底部局部酵母细胞浓度过高，受制于液体静压，酵母生长受到抑制，进而滞缓或停止发酵；中上部酵母细胞浓度过低，造成高级醇的生成增加。因此通过增加接种酵母克服大型发酵罐液体静压的影响，维持其发酵强度是可行的，但是并不经济，而且不能解决高级醇生成增加的问题。

可以考虑的解决方案之一是适当减少接种量，同时利用机械搅拌等装置使沉降酵母上浮，从而提高大型发酵罐中上部酵母相对数量。酵母的增殖代数得到控制，高级醇的生成减少，醇酯比降低。

四、调整麦汁充氧量，以控制大容积发酵罐的贮酒期发酵液的醇酯比

在糖化冷麦汁泵入发酵罐过程中，进行不同程度的麦汁充氧，用氧溶解率控制麦汁充氧量的大小，充氧量的最适值用发酵过程的降糖时间和贮酒期发酵液的醇酯比来评价。

酵母接种后，开始在麦汁充氧的条件下，恢复其生理活性。然后以麦汁中的氨基酸为主要氮源和以可发酵性糖为主要碳源，进行有氧呼吸，并从中获取能量而生长繁殖，同时产生一系列代谢产物（包括高级醇和酯以及乙醛和二氧化硫等等）；麦汁中的氧被耗尽后，酵母即在无氧的条件下进行酒精发酵。本试验的目的是通过调整麦汁充氧量的大小，更好地控制降糖时间，从而降低贮酒期发酵液的醇酯比。众所周知，麦汁充氧量过大，降糖时间就会加快，就说明

发酵过于旺盛，这样酵母繁殖就会过于旺盛，同时会产生大量的高级醇，产生的酯含量降低，从而使醇酯比升高。不同麦汁充氧量对醇酯比的影响如表 7 – 16 所示。通过表 7 – 16 可以看出，空气流量不同（即麦汁充氧量不同），则最终的总高级醇和酯含量以及醇酯比均不同，应该说上述三个氧溶解率范围进行的麦汁充氧，对贮酒期发酵液产生的醇酯比范围均不同，三个范围的氧溶解率所产生的高级醇的量基本上变化不大，但是当氧溶解率在 40mg/L 范围之内产生的酯含量比其他两个范围的麦汁充氧量所产生的要高，因此以氧溶解率在 40mg/L 的麦汁充氧量是合适的，贮酒期发酵液的醇酯比是最低的，与小容积的发酵罐的醇酯比基本一致。

表 7 – 16　不同麦汁充氧量对大体积发酵罐醇、酯及其比例的影响

氧溶解率/（mg/L）	高级醇/（mg/L）	总酯/（mg/L）	醇酯比
35	112	24	4.7
40	110	32	3.4
45	118	24	4.9

五、CO_2洗涤对大容积发酵罐的贮酒期发酵液的醇酯比的影响

发酵罐满罐后，自然升温至工艺要求，当发酵罐糖度降到工艺要求时，关闭发酵罐的排气管让其保压，在发酵过程中的不同阶段进行 CO_2洗涤。所谓 CO_2洗涤工艺是指在发酵后期为了消除发酵液中的代谢副产物如醛类、硫化物等挥发性杂质采取的利用酵母自产 CO_2进行的一系列保压、排压措施。保压后，CO_2浓度升高到一定浓度，此时打开排气管进行排压，啤酒液中溶解的 CO_2被大量释放，从发酵罐各处逸出并上升至罐顶，同时带出醛类、硫化物等挥发性杂质。由于 CO_2逸出形似自下而上的气体喷淋，故称 CO_2洗涤（图 7 – 11）。在发酵后期如果酵母活力不足导致产 CO_2不足，可以采用外源 CO_2代替。通常 CO_2洗涤采用封罐时保压 0.1MPa，降温至 5℃时，释放压力至 0.06MPa。

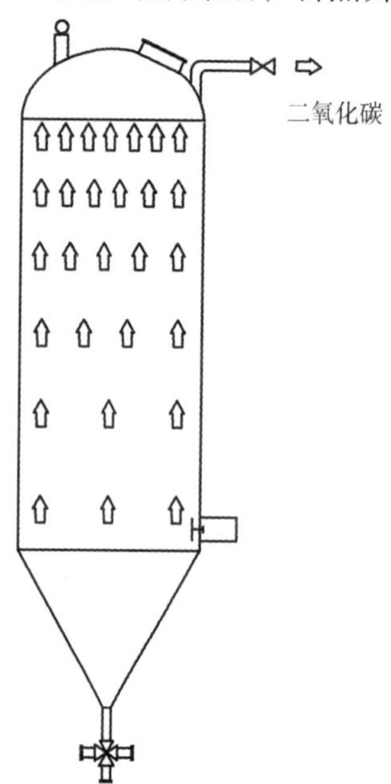

图 7 – 11　CO_2洗涤示意图

醛类是高级醇的前体物质，对于高级醇含量及其生成具有重要的作用。乙醛是啤酒发酵过程中产生的主要醛类，也是啤酒中含量最高的醛类。它是

酵母进行乙醇发酵的中间产物，是由丙酮酸脱羧基而形成的。乙醛在主发酵前期大量形成，而后很快下降。乙醛在发酵后期，伴随 CO_2 的排放，会迅速减少。硫化氢（H_2S）的生成量受酵母菌株特性、麦汁中含硫氨基酸、发酵温度的左右，在发酵时随 CO_2 的排出而减少。酵母自溶形成的酵母臭味主要是硫化氢（H_2S）形成的。可采用 CO_2 洗涤工艺来降低硫化氢（H_2S）的含量，还可以促进乙醛挥发。

通过 CO_2 洗涤把发酵过程中产生的 SO_2、乙醛等易挥发的酵母代谢产物排出发酵罐的同时，也可以将高级醇等易挥发组分带出去一部分，以此来稳定（降低）贮酒期发酵液的醇酯比。发酵液温度降到5℃时释放发酵液的压力，对发酵液中 SO_2 和乙醛的洗涤效果较为明显，两者都有明显降低。CO_2 洗涤对啤酒风味物质含量的改善比较显著，尤其是对高级醇与酯类比例的洗涤效果较明显。

六、调整发酵罐保压压力以控制大容积发酵罐的贮酒期发酵液的醇酯比

适当调整大容积发酵罐的保压范围，在试验过程中，检测各阶段的酵母数和死亡率，到贮酒期检测发酵液的风味物质。啤酒代谢产物在主酵期大量产生并形成高峰，进入发酵后期会伴随 CO_2 的排放而有所减少。同时，适当降低封罐压力可有效降低代谢产物含量。主酵压力不同，产生的高级醇量不同，通过调整主酵压力，可以更好地控制醇酯比。发酵罐的保压对乙醛含量有一定影响，0.06～0.07MPa 的保压范围所产生的乙醛含量最低，而醇酯比也是最低的（图7－12）。

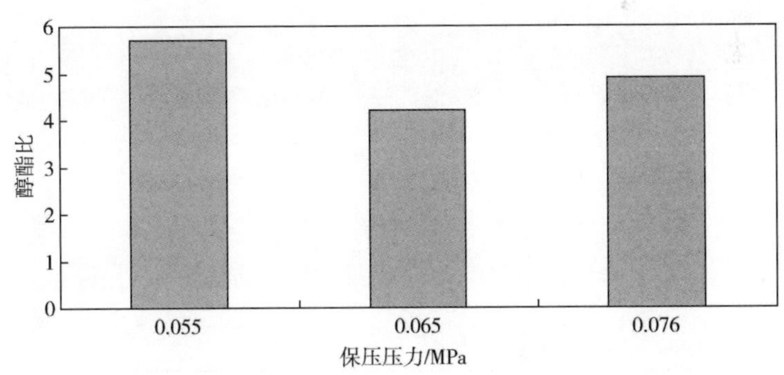

图7－12　调整发酵罐保压压力以控制大容积发酵罐的贮酒期发酵液的醇酯比

七、调整主酵温度控制大容积发酵罐的贮酒期发酵液的醇酯比

酵母生长繁殖速度随着温度的升高而加快，相应地加速了糖和氨基酸的代

谢，使中间产物的生成速度加快，并且浓度升高，其中的α－酮酸会通过分流而生成更多的高级醇。麦汁发酵罐满罐后，分别自然升温到9℃、10℃和11℃，执行不同主酵温度，其他操作方法相同，发酵液到贮酒期检测风味物质，结果见表7－17。

表7－17　大容积发酵罐中不同主酵温度对醇酯比的影响

主酵温度/℃	高级醇/（mg/L）	总酯/（mg/L）	醇酯比
9	116	28	4.1
10	128	25	5.1
11	131	23	5.7

采用不同的主酵温度，发酵液的醇酯比发生了变化。随着主发酵温度的升高，发酵液的酯含量表现出下降的趋势，而高级醇含量有上升的趋势，因此醇酯比不断增加。9℃进行主酵的发酵液高级醇含量最低，醇酯比也最低，而采用11℃进行主酵的发酵液高级醇含量最高，醇酯比也最高。这是由于提高主酵温度，增强了酵母活性及酒液的对流速度，提高了酵母与麦汁的接触几率，酵母生长越活跃，对酯的积累越不利。因此要想降低大容积发酵罐啤酒的醇酯比，应该降低主发酵温度。

附　　录

附表 1　　下面发酵啤酒工艺技术指标及基础数据表

序号	项目	名称	%
1	定额指标	原料利用率	98.5
		麦芽水分	6.0
		大米水分	13.0
		无水麦芽浸出率	75.0
		污水大米浸出率	95.0
2	原料配比	麦芽	75.0
		大米	25.0
3	发酵损失率	冷却损失	7.0
		发酵损失	1.5
		过滤损失	2.0
		包装损失	2.0
4	包装损失率	空瓶损失	0.5
		瓶盖损失	1.0
		商标损失	0.1
5	总损失率		12.5

附表 2　　啤酒生产物料衡算表

物料名称	单位	对于 100kg 混合原料	对于 100L 成品啤酒
混合原料	kg	100.00	18.96
麦芽	kg	75.00	14.22
大米	kg	25.00	4.74
酒花	kg	1.21	0.23

续表

物料名称	单位	对于100kg混合原料	对于100L成品啤酒
热麦汁	L	599. 56	113. 70
冷麦汁	L	557. 60	105. 70
发酵液	L	549. 20	104. 10
过滤酒	L	538. 20	102. 00
成品酒	L	527. 50	100. 00
湿糖化糟	kg	93. 41	17. 71
商品干酵母	kg	0. 84	0. 16
游离 CO_2	kg	16. 72	3. 17
空瓶	个	828. 50	157. 00
瓶盖	个	832. 40	157. 80
商标	张	825. 00	157. 40
湿酒花糟	kg	3. 59	0. 68

附表3　　年产15万吨啤酒物料衡算表

物料名称	单位	基准（100L啤酒）	一次糖化指标	日指标		年指标
				旺季	淡季	
混合原料	kg	18. 96	11241. 10	112411. 00	56205. 50	28102750
麦芽	kg	14. 22	8430. 83	84308. 30	42154. 15	21077075
大米	kg	4. 74	2810. 28	28102. 80	14051. 40	7025700
酒花	kg	0. 23	134. 58	1345. 80	672. 90	336450
热麦汁	L	113. 70	67411. 10	674111. 00	33705. 50	168527750
冷麦汁	L	105. 70	62667. 99	626679. 90	313340. 00	156669967
发酵液	L	104. 10	61719. 37	617193. 70	308596. 85	154298425
过滤酒	L	102. 00	60474. 31	604743. 10	302371. 55	151185775
成品酒	L	100. 00	59288. 54	592885. 40	296442. 70	148221350
湿糖化糟	kg	17. 71	10500. 00	105000. 00	52500. 00	26250001
湿酒花糟	kg	0. 68	403. 75	4037. 50	2018. 75	1009375
商品干酵母	kg	0. 16	94. 86	948. 60	474. 30	237150
游离 CO_2	kg	3. 71	2199. 60	21996. 00	10998. 00	5499000
空瓶	个	157. 00	93083. 00	930830. 00	465415. 00	232707519
瓶盖	个	157. 80	93557. 30	935573. 00	467786. 50	233893250
商标	张	156. 40	92727. 28	927272. 80	463636. 40	231818191

附表4　　**年产15万吨啤酒耗水量衡算**

项　目	水质要求	t/h	t/d	t/a
糖化用水	自来水或深井水	89.92	449.64	112411.00
洗槽水	自来水或深井水	33.70	505.85	126462.40
沉淀槽冷却用水	自来水或深井水	115.28	1152.80	288200.00
沉淀槽洗刷用水	自来水或深井水	7.00	70.00	17500.00
糖化室用水	自来水或深井水	3.00	60.00	7500.00
麦汁冷却器冷却用水	深井水	182.35	1823.50	455875.00
麦汁冷却器冲刷用水	自来水或深井水	8.00	40.00	20000.00
酵母洗涤用水	无菌水	118.60	118.60	35580.00
发酵室洗刷用水	自来水或深井水	2.67	4.00	1200.00
清酒罐洗刷用水	自来水或深井水	4.00	8.00	2400.00
过滤机用水	自来水或深井水	6.00	6.00	1800.00
洗瓶机用水	自来水或深井水	48.00		
装酒机洗涤用水	自来水或深井水	8.00	12.00	3600.00
杀菌机用水	自来水或深井水	32.00		
CIP装置洗涤用水	自来水或深井水	6.00		
CIP系统配洗液水	无菌水	20.00		
其他用水	自来水或深井水	10.00	60.00	18000.00

附表5　　**年产15万吨啤酒蒸汽用量衡算**

序号	用汽项目	蒸汽压力（绝压）/kPa	最大用汽量/（kg/h）
1	糖化	245	8151.58
2	洗瓶	245	1160.00
3	杀菌	245	3000.00
4	培养酵母	245	300.00
5	洗棉	245	684.60

附表6　　**年产15万吨啤酒耗冷量衡算**

序号	耗冷地点	介质及温度	介质需量/（kg/h）	冷量耗量/kW
1	麦汁冷却器	盐水	224724.49	1528.06
2	冰水	冰水	92743.03	215.67
3	盐水	盐水	42290.48	215.67
4	啤酒过冷却器	盐水	14240.77	72.62
5	无菌水高位槽	盐水	2870.66	14.64
6	培养酵母	盐水	4559.96	23.25

附表 7　　年产 15 万吨啤酒压缩空气用量

序号	用气项目	用气压力/kPa	用气量	
			/（m^3/h）	/（m^3/min）
1	酒花分离器	196	96.00	1.60
2	繁殖罐	196	144.76	2.41
3	清酒罐	147	58.78	0.98
4	装酒机	490	288.00	4.80
5	装桶机	147	75.00	1.25

附表 8　　年产 15 万吨啤酒糖化工段用电量衡算

糖化工段配用电机	功率/kW	数量/台	合计/kW
真空泵配用电机	30.0	6	180.0
大米粉碎机配电机	5.5	2	11.0
麦芽粉碎机配电机	5.5	2	11.0
精选机配电机	8.0	2	16.0
糖化锅配电机	20.0	1	20.0
糊化锅配电机	7.5	1	7.5
过滤槽配电机	5.5	1	5.5
循环泵配用电机	17.5	1	17.0
麦槽泵	5.5	1	5.5
洗涤泵	7.5	2	15.0
合计			288.5

附表 9　　年产 15 万吨啤酒发酵工段用电量衡算

发酵工段配用电机	功率/kW	数量/台	合计/kW
冷麦汁泵配用电机	30	3	90
冷凝水配用电机	13	2	26
无菌水配用电机	13	2	26
洗涤泵配用电机	3	6	18
啤酒离心机配用机	20	3	60
CO_2压缩机配电机	2.2	2	4.4
合计			224.5

附表 10 **年产 15 万吨啤酒包装工段用电量衡算**

包装工段配用电机	功率/kW	数量/台	合计/kW
	2.75	2	5.50
洗瓶机和输送机	5	3	15.00
	5	3	15.00
	4	6	24.00
	0.075	3	0.23
洗瓶机	0.5	3	1.50
	0.48	3	1.44
	0.25	3	0.75
验瓶机	2.75	2	5.50
装瓶机	0.75	2	1.50
中间运输带	1.375	2	2.75
	9.4	3	28.20
杀菌	2.75	3	8.25
	1.375	6	8.25
验酒机	1.375	3	4.125
贴标机输送带	3.75	2	7.50
贴标机	2.75	2	5.50
空箱运输机	1.375	2	2.75
装箱机	10.5	2	21.00
输送带	0.75	6	4.50
小计			163.24
罐装线损失（60%）			97.94
合计			261.18

附表 11 **全厂用电衡算表**

名称	总耗电量/kW
糖化工段	288.5
发酵工段	224.4
包装工段	261.2
其他设备	1875.0
照明负荷	158.9
总计	2807.9

参考文献

1. Aritomi, K., Hirosawa, I., Hoshida, H., Shiigi, M., Nishizawa, Y., Kashiwagi, S. and Akada, R. 2004. Self – cloning yeast strains containing novel FAS2 mutations produce a higher amount of ethyl caproate in Japanese sake. Biosci. Biotechnol. Biochem. 68: 206 – 214.

2. Ahvenainen, J. 1982. Lipid composition of aerobic and anaerobically propagated brewer's bottom yeast. J. Inst. Brew. 88: 367 – 370.

3. Ahvenainen, J. and Makinen, V. 1981. The effect of pitching yeast aeration on fermentation and beer flavour. Proc. Cong. Eur. Brew. Conv. 18: 185 – 291.

4. Alvarez, P., Malcorps, P., Almeida, A. S., Ferreira, A., Meyer, A. M. and Dufour, J. P. 1994. Analysis of Free Fatty – Acids, Fusel Alcohols, and Esters in Beer – an Alternative to Cs2 Extraction. J. Am. Soc. Brew. Chem., 52: 127 – 134.

5. Anderson, R. G., Kirsop, B. H., Rennie, H. and Wilson, R. J. H. 1973. The practical use of oxygenation during fermentation for the control of volatile acetate ester concentration in beer. Proc. Cong. Eur. Brew. Conv. 14: 243 – 253.

6. Anderson, R. G. and Kirsop, B. H. 1975. Oxygen as a regulator of ester accumulation during the fermentation of wort of high specific gravity. J. Inst. Brew. 81: 111 – 115.

7. Anderson, R. J. and Kirsop, B. H. 1974. The control of volatile ester synthesis during the fermentation of wort of high specific gravity. J. Inst. Brew. 80: 48 – 55.

8. Anderson, R. G. and Kirsop, B. H. 1975. Quantitative aspects of the control by oxygenation of acetate ester concentration in beer obtained from high – gravity wort. J. Inst. Brew. 81: 296 – 301.

9. Asahina, K., Pavlenkovich, V. and Vosshall, L. B. 2008. The survival advantage of olfaction in a competitive environment. Curr. Biol. 18: 1153 – 1155.

10. Asahina, K., Louis, M., Piccinotti, S. and Vosshall, L. B. 2009. A circuit supporting concentration – invariant odor perception in Drosophila. J. Biol. 8: 9.

11. Aries, V. and Kirsop, B. H. 1977. Sterol synthesis in relation to growth and fermentation by brewing yeast inoculated at different concentrations. J. Inst. Brew. 83: 220 – 223.

12. Ault, R. G., Hampton, A. N., Newton, R. and Roberts, R. H. 1969. Biological and biochemical aspects of tower fermentation. J. Inst. Brew. 75: 260 – 265.

13. Äyräpää, T. and Lindström, I. 1977. Aspects of the influence of exogenous

fatty acids on the fatty acid metabolism of yeast. Proc. Eur. Brew. Conv. 16: 507 –517.

14. Äyräpää, T. and Lindström, I. 1973. Influence of long – chain fatty acids on the formation of esters by brewer's yeast. Proc. Congr. Eur. Brew. Conv. 14: 271 –283.

15. Aznar, M., Lopez, R., Cacho, J. F. and Ferreira, V. 2001. Identification and quantification of impact odorants of aged red wines from Rioja. GC – olfactometry, quantitative GC – MS, and odor evaluation of HPLC fractions. J. Agric. Food Chem. 49: 2924 –2929.

16. Bardi, L., Crivelli, C. and Marzona, M. 1998. Esterase activity and release of ethyl esters of medium – chain fatty acids by Saccharomyces cerevisiae during anaerobic growth. Can. J. Microbiol. 44: 1171 –1176.

17. Bardi, L., Cocito, C. and Marzona, M. 1999. Saccharomyces cerevisiae cell fatty acid composition and release during fermentation without aeration and in absence of exogenous lipids. Int. J. Food Microbiol. 47: 133 –140.

18. Barker, R. L., Irwin, A. J. and Murray, C. R. 1992. The relationship between fermentation variables and flavor volatiles by direct gas chromatographic injection of beer. Tech. Q. Master Brew. Assoc. Am. 29: 11 –17.

19. Berry, D. R. and Chamberlain, H. 1986. Formation of organoleptic compounds by yeast grown in continuous culture on a defined medium. J. Am. Soc. Brew. Chem. 44: 52 –56.

20. Boulton, C. A. and Quain, D. E. 2001. Brewing Yeast and Fermentation. Blackwell Science, Oxford. 2001. 123 –140.

21. Boulton, C. A. and Quain, D. E. 1987. Yeast, oxygen and the control of brewery fermentations. Proc. Cong. Eur. Brew. Conv., Madrid, 21: 401 –408.

22. Boulton, C. A., Jones, A. R. and Hinchliff, E. 1991. Yeast physiological condition and fermentation performance. Proc. Cong. Eur. Brew. Conv., Lisbon, 23: 385 –392.

23. Breitenbücher, K. and Mistler, M. 1996. Fluidized bed fermenters for the continuous production of non – alcoholic beer with open – pore sintered glass carriers. In: Immobilised Yeast Applications in the Brewing Industry. Eur. Brew. Conv. Monograph 24. Verlag Hans Carl Getränke – Fachverlag, Nürnberg, pp: 77 –88.

24. Calderbank, J. and Hammond, J. R. M. 1994. Influence of higher alcohol availability on ester formation by yeast. J. Am. Soc. Brew. Chem. 52: 84 –90.

25. Carrau, F. M., Medina, K., Farina, L., Boido, E., Henschke, P. A. and Dellacassa, E. 2008. Production of fermentation aroma compounds by Saccharomyces cerevisiae wine yeasts: effects of yeast assimilable nitrogen on two model

strains. FEMS Yeast Res. 8: 1196 – 1207.

26. Casey, G. P., Chen, E. C. H. and Ingledew, W. M. 1985. High – gravity brewing: production of high levels of ethanol without excessive concentrations of esters and fusel alcohols. J. Am. Soc. Brew. Chem. 43: 179 – 182.

27. Cauet, G., Degryse, E., Ledoux, C., Spagnoli, R. and Achstetter, T. 1999. Pregnenolone esterification in Saccharomyces cerevisiae – a potential detoxification mechanism. Eur. J. Biochem. 261: 317 – 324.

28. Chellappa, R., Kandasamy, P., Oh, C. S., Jiang, Y., Vemula, M. and Martin, C. E. 2001. The membrane proteins, Spt23p and Mga2p, play distinct roles in the activation of Saccharomyces cerevisiae OLE1 gene expression – fatty acid – mediated regulation of Mga2p activity is independent of its proteolytic processing into a soluble transcription activator. J. Biol. Chem. 276: 43548 – 43556.

29. Cordente, A. G., Swiegers, J. H., Hegardt, F. G. and Pretorius, I. S. 2007. Modulating aroma compounds during wine fermentation by manipulating carnitine acetyltransferases in Saccharomyces cerevisiae. FEMS Microbiol. Lett. 267: 159 – 166.

30. Cowland, T. W. and Maule, D. R. 1966. Some effects of aeration on the growth and metabolism of Saccharomyces cerevisiae in continuous culture. J. Inst. Brew. 72: 480 – 488.

31. Cowland, T. W. 1967. Some effects of aeration on the continuous fermentation of hopped wort. J. Inst. Brew. 73: 542 – 551.

32. Crauwels, M., Donaton, M. C. V., Pernambuco, M. B., Winderickx, J., deWinde, J. H., and Thevelein, J. M. 1997. The Sch9 protein kinase in the yeast Saccharomyces cerevisiae controls cAPK activity and is required for nitrogen activation of the fermentable – growth – medium – induced (FGM) pathway. Microbiol – UK 143: 2627 – 2637.

33. Cristiani, G. and Monnet, V. 2001. Food micro – organisms and aromatic ester synthesis. Sci. Aliments 21: 211 – 230.

34. David, M. H. and Kirsop, B. H. 1973. Yeast growth in relation to the dissolved oxygen and sterol content of wort. J. Inst. Brew. 79: 20 – 25.

35. Debourg, A. 2000. Yeast flavour metabolites. Eur. Brew. Conv. Monograph 28: 60 – 73.

36. Devuyst, R., Dyon, D., Ramos – Jeunehomme, C. and Masschelein, C. A. 1991. Oxygen transfer efficiency with a view to the improvement of lager yeast performance and beer quality. Proc. Cong. Eur. Brew. Conv. 23: 377 – 384.

37. Drawert, F. and Tressl, R. 1972. Beer aromatics and their origin. MBAA,

Techn. Quart. 9: 72 –76.

38. Drost, B. W. 1977. Fermentation and storage. Proc. Cong. Eur. Brew. Conv. 16: 519 –532.

39. Dufour, J. P. and Malcorps, P. 1994. Ester synthesis during fermentation: enzymes characterization and modulation mechanism, p: 137 – 151. In I. Campbell and F. G. Priest (ed.), Proceedings of the 4th Aviemore Conference on Malting, Brewing and Distilling. The Institute of Brewing, London, UK.

40. Dufour, J. P., Malcorps, P. and Silcock, P. 2003. Control of ester synthesis during brewery fermentation, p. 213 – 233. In K. Smart (ed.), Brewing Yeast Fermentation Performance, vol. 2. Blackwell Publishing, Oxford, UK.

41. Dufour, J. P., Weaver, A. and Mason, B. 2000. Towards our understanding of the physiological role of ester synthesis. In: Yeast Physiology – A New Era of Opportunity. Eur. Brew. Conv., Monograph 28. Fachverlag Hans Carl, Nürnberg, pp: 83 – 91.

42. Dufour, J. P., Verstrepen, K. J. and Derdelinckx, G. 2002. Brewing yeasts, p: 347 – 388. In T. Boekhout and V. Robert (ed.), Yeasts in food. Behr's Verlag Gmbh & Co, Hamburg, Germany.

43. Dufour, J. P. and Bing, Y. 2001. Influence of yeast strain and fermentation conditions on yeast esterase activities. Brew. Digest 76: 44.

44. Einerhand, A. W. C., Kos, W. T., Distel, B. and Tabak, H. F. 1993. Characterization of a Transcriptional Control Element Involved in Proliferation of Peroxisomes in Yeast in Response to Oleate. Eur. J. Biochem. 214: 323 –331.

45. Engan, S. 1974. Esters in beer. Brewers Dig 49: 40 –48.

46. Engan, S. 1972. Organoleptic Threshold Values of Some Alcohols and Esters in Beer. J. Inst. Brew. 78: 33 –34.

47. Engan, S. and Aubert, O. 1973. Relations between wort treatment and flavour components in beer. Proc. Cong. Eur. Brew. Conv. 14: 209 –216.

48. Engan, S. 1978. Formation of volatile flavour compounds: alcohols, esters, carbonyls, acids. Proc. Conv. Inst. Brew. 5: 28 –39.

49. Engan, S. 1981. Beer composition: volatile substances. In: Brewing Science, Vol. 2, Pollock, J. R. A. (ed.). Academic Press, London, pp: 108 –121.

50. Engan, S. 1981. The role of esters in beer flavour. Proc. Conv. Inst. Brew. 7: 123 –134.

51. Filipits, M., Simon, M. M., Rapatz, W., Hamilton, B. and Ruis, H. 1993. A Saccharomyces – Cerevisiae Upstream Activating Sequence Mediates Induction of Peroxisome Proliferation by Fatty – Acids. Gene 132: 49 –55.

52. Fujii, T., Yoshimoto, H. and Tamai, Y. 1996. Acetate ester production by Saccharomyces cerevisiae lacking the ATF1 gene encoding the alcohol acetyltransferase. J. Ferment. Bioeng. 81: 538 – 542.

53. Fujii, T., Yoshimoto, H., Nagasawa, N., Bogaki, T., Tamai, Y. and Hamachi, M. 1996 Nucleotide sequences of alcohol acetyltransferase genes from lager brewing yeast, Saccharomyces carlsbergensis. Yeast 12: 593 – 598.

54. Fujii, T., Kobayashi, O., Yoshimoto, H., Furukawa, S. and Tamai, Y. 1997. Effect of aeration and unsaturated fatty acids on expression of the Saccharomyces cerevisiae alcohol acetyltransferase gene. Appl. Environ. Microbiol. 63: 910 – 915.

55. Fujiwara, D. U., Yoshimoto, H. and Sone, H. 1998. Transcriptional co – regulation of Saccharomyces cerevisiae alcohol acetyltransferase gene, ATF1 and delta – 9 fatty acid desaturase gene, OLE1 by unsaturated fatty acids. Yeast 14: 711 – 721.

56. Fukuda, K., Kuwahata, O. and Kiyokawa, Y. 1996. Molecular cloning and nucleotide sequence of the isoamyl acetate – hydrolysing esterase gene (EST2) from Saccharomyces cerevisiae. J. Ferment. Bioeng. 82: 8 – 15.

57. Fukuda, K., Yamamoto, N. and Kiyokawa, Y. 1998. Balance of activities of alcohol acetyltransferase and esterase in Saccharomyces cerevisiae is important for production of isoamyl acetate. Appl. Environ. Microbiol. 64: 4076 – 4078.

58. Furukawa, K., Yamada, T., Mizoguchi, H. and Hara, S. 2003. Increased ethyl caproate production by inositol limitation in Saccharomyces cerevisiae. J. Biosci. Bioeng. 95: 448 – 454.

59. Guth, H. 1997. Identification of character impact odorants of different white wine varieties. J. Agric. Food Chem. 45: 3022 – 3026.

60. Guth, H. 1997. Quantitation and sensory studies of character impact odorants of different white wine varieties. J. Agric. Food Chem. 45: 3027 – 3032.

61. Hammond, J. R. M. 1993. Brewer's yeasts. In: The Yeasts, Vol. V, Rose, A. H. and Harrison, J. S. (eds). Academic Press, London. pp: 8 – 67.

62. Hashimoto, N. and Kuroiwa, Y. 1966. Gas chromatographic studies on volatiles alcohols and esters of beer. J. Inst. Brew. 72: 151 – 162.

63. Hodgson, J. A. 1991. Flavour control in top fermented beers. Fermentation 12: 109 – 111.

64. Howard, D. and Anderson, R. G. (1976) Cell – free synthesis of ethyl acetate by extracts from Saccharomyces cerevisiae. J. Inst. Brew. 82: 70 – 71.

65. Hunkova, Z. and Fencl, Z. 1977. Toxic effects of fatty acids on yeast cells – dependence of inhibitory effects on fatty acid concentration. Biotechnol Bioeng 19:

1623 – 1641.

66. Inoue, T. 1988. Immobilized cell biotechnology – a new possibility for brewing? J. Am. Soc. Brew. Chem. 46: 64 – 66.

67. Jakobsen, M. 1982. The effect of yeast handling procedures on yeast oxygen requirement and fermentation. Proc. Conv. Inst. Brew., Aust. N. Z. Sect. 17: 132 – 137.

68. Jesch, S. A., Zhao, X., Wells, M. T. and Henry, S. A. 2005. Genome – wide analysis reveals inositol, not choline, as the major effector of Ino2p – Ino4p and unfolded protein response target gene expression in yeast. J. Biol. Chem. 280: 9106 – 9118.

69. Jiang, Y. D., Vasconcelles, M. J., Wretzel, S., Light, A., Martin, C. E. and Goldberg, M. A. 2001. MGA2 is involved in the low – oxygen response element – dependent hypoxic induction of genes in Saccharomyces cerevisiae. Mol. Cell Biol. 21: 6161 – 6169.

70. Karpichev, I. V., Luo, Y., Marians, R. C. and Small, G. M. 1997. A complex containing two transcription factors regulates peroxisome proliferation and the coordinate induction of beta – oxidation enzymes in Saccharomyces cerevisiae. Mol. Cell Biol. 17: 69 – 80.

71. Karpichev, I. V. and Small, G. M. 1998. Global regulatory functions of Oaf1p and Pip2p (Oaf2p), transcription factors that regulate genes encoding peroxisomal proteins in Saccharomyces cerevisiae. Mol. Cell Biol. 18: 6560 – 6570.

72. Kispal, G., Sumegi, B., Dietmeier, K., Bock, I., Gajdos, G., Tomcsanyi, T. and Sandor, A. 1993. Cloning and sequencing of a cDNA encoding Saccharomyces cerevisiae carnitine acetyltransferase – use of the cDNA in gene disruption studies. J. Biol. Chem. 268: 1824 – 1829.

73. Klopper, W. J., Roberts, R. H., Royson, M. G. and Ault, R. G. 1967. Continuous fermentation in a tower fermenter. Proc. Cong. Eur. Brew. Conv. 11: 242 – 259.

74. Knatchbull, F. B. and Slaughter, J. C. 1987. The effect of low CO_2 pressures on the absorption of amino acids and production of flavour – active volatiles by yeast. J. Inst. Brew. 93: 420 – 424.

75. Kronlöf, J., Linko, M. and Pajunen, E. 1996. Primary fermentation with a two – stage packed bed systempilot scale experience. In: Immobilised Yeast Applications in the Brewing Industry. Eur. Brew. Conv. Monograph 24. Verlag Hans Carl Getränke – Fachverlag, Nürnberg, pp: 118 – 124.

76. Kruger, L. 1998. Yeast metabolism and its effect on flavour: part I. Brew.

Guardian 127: 24 –29.

77. Kruger, L. 1998. Yeast metabolism and its effect on flavour: part II. Brew. Guardian 127: 27 –30.

78. Kruger, L., Pickerell, A. T. W. and Axcell, B. 1992. The sensitivity of different brewing yeast strains to carbon dioxide inhibition: fermentation and production of flavour – active volatile compounds. J. Inst. Brew. 98: 133 –138.

79. Landaud, S., Latrille, E. and Corrieu, G. 2001. Top pressure and fermentation control of the fusel alcohol/ester ratio through yeast growth in beer fermentation. J. Inst. Brew. 107: 107 –117.

80. Lie, S. and Haukeli, D. 1981. Production of volatiles during yeast fermentation. Proc. Conv. Inst. Brew. 7: 285 –296.

81. Lie, S. and Jacobsen, T. 1983. The absorption of zinc by brewer' s yeast. Proc. Cong. Eur. Brew. Conv. 19: 145 –151.

82. Lilly, M., Bauer, F. F., Lambrechts, M. G., Swiegers, J. H., Cozzolino, D., and Pretorius, I. S. 2006. The effect of increased yeast alcohol acetyltransferase and esterase activity on the flavour profiles of wine and distillates. Yeast 23: 641 –659.

83. Lilly, M., Lambrechts, M. G. and Pretorius, I. S. 2000. Effect of increased yeast alcohol acetyltransferase activity on flavor profiles of wine and distillates. Appl Environ Microbiol 66: 744 –753.

84. Lyness, C. A., Steele, G. M. & Stewart, G. G. 1997. Investigating ester metabolism: characterisation of the ATFI gene in Saccharomyces cerevisiae. Journal of the American Society of Brewing Chemists, 55: 141 –146.

85. Malcorps, P. and Dufour, J. P. 1987. Ester synthesis by Saccharomyces cerevisiae – localization of the acetyl – CoA isoamyl alcohol acetyltransferase. J. Inst. Brew. 93: 160.

86. Malcorps, P. and Dufour, J. P. 1992. Short – Chain and Medium – Chain Aliphatic – Ester Synthesis in Saccharomyces – Cerevisiae. Eur. J. Biochem. 210: 1015 – 1022.

87. Malcorps, P., Cheval, J. M., Jamil, S. and Dufour, J. P. 1991. A new model for the regulation of ester synthesis by alcohol acetyltransferase in Saccharomyces cerevisiae during fermentation. J. Am. Soc. Brew. Chem. 49: 47 –53.

88. Marchesini, S. and Poirier, Y. 2003. Futile cycling of intermediates of fatty acid biosynthesis toward peroxisomal beta – oxidation in Saccharomyces cerevisiae. J. Biol. Chem. 278: 32596 –32601.

89. Mason, A. B. and Dufour, J. P. 2000. Alcohol acetyltransferases and the sig-

nificance of ester synthesis in yeast. Yeast 16: 1287 - 1298.

90. Masschelein, C. 1986. Yeast metabolism and beer flavour. Proceedings of the European Brewery Convention Congress 12: 2 - 22.

91. Masschelein, C. A. 1987. New fermentation methods. Proc. Cong. Eur. Brew. Conv., Madrid, 21: 209 - 220.

92. Masschelein, C. A. 1989. Potential immobilized cell technology for application in the brewing process. Progress in alcohol and alcoholic beverage production with yeasts. 13th Int. Specialized Symposium on Yeast, Vol. 1, Leuven, Belgium, pp: 9 - 12.

93. Masschelein, C. A., Carlier, A., Ramos - Jeunehomme, C. and Abe, I. 1985. The effect of immobilization on yeast physiology and beer quality in continuous and discontinuous systems. Proc. Cong. Eur. Brew. Conv. 20: 339 - 346.

94. Maule, D. R., Pinnegar, M. A., Portno, A. D. and Whitear, A. L. 1969. Simultaneous assessment of changes occurring during batch fermentation. J. Inst. Brew. 72: 488 - 494.

95. Maule, D. R. 1967. Rapid gas chromatographic examination of beer flavour. J. Inst. Brew. 73: 351 - 360.

96. Meilgaard, M. 2001. Effects on flavour of innovations in brewery equipment and processing: A review. Journal of the Institute of Brewing 107: 271 - 286.

97. Meilgaard, M. 1975. Flavor chemistry of beer: Part I: Flavor interaction between principal volatiles. MBAA, Techn. Quart. 12: 107 - 117.

98. Meilgaard, M. C. 1975. Flavor chemistry of beer: Part II: Flavor and threshold of 239 aroma volatiles. MBAA, Techn. Quart. 12: 151 - 168.

99. Meilgaard, M. C. 1991. The flavor of beer. MBAA, Techn. Quart. 28: 132 - 141.

100. Miedaner, H. 1978. Optimization of fermentation and the conditioning at the production of lager. Proc. Conv. Inst. Brew. 5: 110 - 133.

101. Miller, A. C., Wolff, S. R., Bisson, L. F. and Ebeler, S. E. 2007. Yeast strain and nitrogen supplementation: dynamics of volatile ester production in Chardonnay juice fermentations. Am J. Enol. Vitic. 58: 470 - 483.

102. Minetoki, T., Bogaki, T., Iwamatsu, A,, Fujii, T. and Hamachi, M. 1993. The purification, properties and internal peptide sequences of alcohol acetyltransferase isolated from Saccharomyces cerevisiae Kyokai No. 7. Biosciences Biotechnology and Biochemistry, 51: 2094 - 2098.

103. Mitsui, S., Shimazu, T., Abe, I. and Kishi, S. 1991. Stimulation and optimization of aeration in beer fermentation. Tech. Q. Master Brew. Assoc. Am. 28:

119 – 122.

104. Nagasawa, N., Bogaki, T., Iwamatsu, A., Hamachi, M., and Kumagai, C. 1998. Cloning and nucleotide sequence of the alcohol acetyltransferase II gene (ATF2) from Saccharomyces cerevisiae Kyokai No. 7. Bioscience Biotechnology and Biochemistry 62: 1852 – 1857.

105. Nakatani, K., Fukui, N., Nagami, K. and Nishigaki, M. 1991. Kinetic analysis of ester formation during beer fermentation. J. Am. Soc. Brew. Chem. 49: 152 – 157.

106. Narendranath, N. V., Thomas, K. C. and Ingledew, W. M. 2001. Acetic acid and lactic acid inhibition of growth of Saccharomyces cerevisiae by different mechanisms. J. Am. Soc. Brew. Chem. 59: 187 – 194.

107. Narziss, L., Miedaner, H. and Gresser, A. 1983. Yeast strain and beer quality. The formation of esters during fermentation. Brauwelt 123: 2024 – 2034.

108. Narziss, L. 1990. Rapid fermentation and/or maturation in German lager beers. Fermentation 11: 54 – 62.

109. Neven, H., Delvaux, F. and Derdelinckx, G. 1997. Flavor evolution of top fermented beers. Tech. Q. Master Brew. Assoc. Am. 34: 115 – 118.

110. Nielsen, H., Hoybye – Hansen, I. and Ibaek, D. 1987. Pressure fermentation and wort carbonation. Tech. Q. Master Brew. Assoc. Am. 24: 90 – 94.

111. Nordström, K. 1963. Formation of esters from acids by brewer' s yeast. I. Kinetic theory and basic experiments. J. Inst. Brew. 69, 310 – 322.

112. Nordström, K. 1964. Formation of esters from acids by brewer' s yeast. II. Formation from lower fatty acids. J. Inst. Brew. 70, 42 – 55.

113. Nordström, K. 1962. Formation of ethyl acetate in fermentation with brewer's yeast III. Participation of Coenzyme A. J. Inst. Brew. 68: 398 – 407.

114. Nordström, K. 1964. Studies on the formation of volatile esters in fermentation with brewer's yeast. Svensk Kemisk Tidskrift 76: 510 – 543.

115. Nordström, K. 1964. Formation of esters from acids by brewer' s yeast. IV. Effect of higher fatty acids and toxicity of lower fatty acids. J. Inst. Brew. 70: 233 – 242.

116. Nordström, K. 1965. Possible control of volatile ester formation in brewing. Proc. Cong. Eur. Brew. Conv. 10: 195 – 208.

117. Nordström, K. 1964. Formation of esters from alcohols by brewer' s yeast. J. Inst. Brew. 70: 328 – 336.

118. Norstedt, C., Brengtsson, A., Bennet, P., Lindström, I. and Äyräpää, T. 1975. Technological measures to control the formation of esters during beer fermenta-

tion. Proc. Eur. Brew. Conv. 15: 581 -600.

119. Nykänen, L. 1986. Formation and occurence of flavor compounds in wine and distilled beverages. Am. J. Enol. Viticult. 37: 84 -96.

120. Nykänen, L. and Suomalainen, H. 1977. Distribution of esters produced during sugar fermentation between the yeast cell and the medium. J. Inst. Brew. 83: 32 - 34.

121. Nykänen, L. and Nykanen, I. 1977. Production of Esters by Different Yeast Strains in Sugar Fermentations. Journal of the Institute of Brewing 83: 30 -31.

122. Nykänen, L. and Suomalainen, H. 1983. Formation of aroma compounds by yeast. In Aroma of Beer, Wine and Distilled Beverages. Nykanen, I., and Suomalainen, H. (eds). Dordrecht, The Netherlands: Reidel Publishing Company, pp. 3 - 16.

123. Pajunen, E., Gronqvist, A. and Lommi, H. 1989. Continuous secondary fermentation and maturation of beer in an immobilized yeast reactor. Tech. Q. Master Brew. Assoc. Am. 26: 147 -151.

124. Pajunen, E. 1996. Immobilized yeast lager beer maturation: DEAE - cellulose at Sinebrychoff. In: Immobilised Yeast Applications in the Brewing Industry. Eur. Brew. Conv. Monograph 24. Verlag Hans Carl Getränke - Fachverlag, Nürnberg, pp: 24 -40.

125. Pampulha, M. E. and Loureiro - Dias, M. C. 2000. Energetics of the effect of acetic acid on growth of Saccharomyces cerevisiae. FEMS Microbiol Lett 184: 69 -72.

126. Pande, S. V. and Mead, J. F. 1968. Inhibition of enzyme activities by free fatty acids. J. Biol. Chem. 243: 6180 -6185.

127. Parkkinen, E., Oura, E. and Suomalainen, H. 1978. The esterases of baker's yeast. I. Activity and localization in the yeast cell. J. Inst. Brew. 84: 5 -8.

128. Pearlstein, K. M. 1988. Pilot - scale studies on extended aeration at fermentor fill. J. Am. Soc. Brew. Chem. 46: 108 -111.

129. Peddie, H. A. B. 1990. Ester Formation in Brewery Fermentations. J. Inst. Brew. 96: 327 -331.

130. Pfisterer, E. and Stewart, G. 1975. Some aspects on the fermentation of high gravity worts. Proc. Cong. Eur. Brew. Conv. 15: 255 -266.

131. Pfisterer, E., Hancock, I. and Garrison, I. 1976. Effects of fermentation environment on yeast lipid synthesis. J. Am. Soc. Brew. Chem. 35, 49 -54.

132. Piendl, A. and Geiger, E. 1980. Technological factors in the formation of esters during fermentation. Brew. Digest 55, 26, 28: 30 -35.

133. Pisarnitskii, A. F. 2001. Formation of wine aroma: Tones and imperfections

caused by minor components (review). Appl. Biochem. Microbiol. 37: 552 –560.

134. Pollock, J. R. A. and Weir, M. J. 1976. Adjunct fermentation: volatile substances formed during the fermentation of individual sugars. J. Am. Soc. Brew. Chem. 34: 70 –75.

135. Pollock, J. R. A. and Weir, M. J. 1973. Chemical aspects of the adjunct fermentation process. Proc. Am. Soc. Brew. Chem. 31: 1 –6.

136. Portno, A. D. 1978. Continuous fermentation in the brewing industry – the future outlook. Proc. Conv. Inst. Brew. 5: 145 –154.

137. Posada, J., Candela, J., Calero, G. Almenar, J. and Martin, S. 1977. Fermentation conditions and yeast performance. Proc. Eur. Brew. Conv. 16: 533 –544.

138. Quain, D. E. 1988. Studies on yeast physiology – impact on fermentation performance and product quality. J. Inst. Brew. 95: 315 –323.

139. Ramos – Jeunehomme, C., Laub, R. and Masschelein, C. A. 1989. The relationship of subcellular localization/ester synthesizing activity of alcohol acetyltransferase in brewery fermentations. Proc. Cong. Eur. Brew. Conv. 22: 513 –519.

140. Renger, R. S., van Hateren, S. H. and Luyben, K. C. A. M. 1992. The formation of esters and higher alcohols during brewery fermentations; the effect of carbon dioxide pressure. J. Inst. Brew. 98: 509 –513.

141. Rice, J. F., Chicoye, E. and Helbert, J. R. 1977. Inhibition of beer volatiles formation by carbon dioxide pressure. J. Am. Soc. Brew. Chem. 35: 35 –40.

142. Rodriguez – Bencomo, J. J., Conde, J. E., Rodriguez – Delgado, M. A., Garcia – Montelongo, F. and Perez – Trujillo, J. P. 2002. Determination of esters in dry and sweet white wines by headspace solid – phase microextraction and gas chromatography. J. Chromatogr. A 963: 213 –223.

143. Rodriguez – Vargas, S., Sanchez – Garcia, A., Martinez – Rivas, J. M., Prieto, J. A., and Randez – Gil, F. 2007. Fluidization of membrane lipids enhances the tolerance of Saccharomyces cerevisiae to freezing and salt stress. Appl Environ Microbiol 73: 110 –116.

144. Rolland, F., Winderickx, J. and Thevelein, J. M. 2002. Glucose – sensing and – signalling mechanisms in yeast. FEMS Yeast Res 2: 183 –201.

145. Rosi, I. and Bertuccioli, M. 1992. Influences of lipid addition on fatty acid composition of Saccharomyces cerevisiae and aroma characteristics of experimental wines. J. Inst. Brew. 98: 305 –314.

146. Rottensteiner, H., Kal, A. J., Hamilton, B., Ruis, H. and Tabak, H. F. 1997. A heterodimer of the Zn (2) Cys (6) transcription factors Pip2p and Oaf1p controls induction of genes encoding peroxisomal proteins in Saccharomyces cere-

visiae. Eur. J. Biochem. 247: 776 – 783.

147. Roy, D. J and Dawes, I. W. 1987. Cloning and characterisation of the gene encoding lipoamide dehydrogenase in Saccharomyces cerevisiae. J. Gen. Microbiol. 133, 925 – 933.

148. Ryder, D. S. and Masschelein, C. A. 1991. Immobilized yeast in brewing – a current perspective. Proc. Cong. Eur. Brew. Conv. 23: 345 – 352.

149. Saerens, S. M. G., Delvaux, F., Verstrepen, K. J., Van Dijck, P., Thevelein, J. M. and Delvaux, F. R. 2008. Parameters affecting ethyl ester production by Saccharomyces cerevisiae during fermentation. Appl. Environ. Microbiol. 74: 454 – 461.

150. Saerens, S. M. G., Verstrepen, K. J., Van Laere, S. D. M., Voet, A. R. D., Van Dijck, P., Delvaux, F. R. and Thevelein, J. M. 2006. The Saccharomyces cerevisiae EHT1 and EEB1 genes encode novel enzymes with medium – chain fatty acid ethyl ester synthesis and hydrolysis capacity. J. Biol. Chem. 281: 4446 – 4456.

151. Saerens, S. M., Verbelen, P. J., Vanbeneden, N., Thevelein, J. M., and Delvaux, F. R. 2008. Monitoring the influence of high – gravity brewing and fermentation temperature on flavour formation by analysis of gene expression levels in brewing yeast. Appl. Microbiol. Biotechnol. 80: 1039 – 1051.

152. Schermers, F. H., Duffus, J. H. and MacLeod, A. M. 1976. Studies on yeast esterase. J. Inst. Brew. 82: 170 – 174.

153. Schjerling, C. K., Hummel, R., Hansen, J. R., Borsting, C., Mikkelsen, J. M., Kristiansen, K. and Knudsen, J. 1996. Disruption of the gene encoding the acyl – CoA – binding protein (ACB1) perturbs acyl – CoA metabolism in Saccharomyces cerevisiae. J. Biol. Chem. 271: 22514 – 22521.

154. Schisler, D. O., Ruocco, J. J. and Mabee, M. S. 1982. Wort trub content and its effects on fermentation and beer flavor. J. Am. Soc. Brew. Chem. 40: 57 – 61.

155. Seaton, J. C., Hodgson, J. A. and Moir, M. 1990. The control of beer ester content. Proc. Conv. Inst. Brew. 21: 126 – 130.

156. Shantha Kumara, H. M. C., Fukui, N., Kojima, K. and Nakatani, K. 1995. Regulation mechanism of ester formation by dissolved carbon dioxide during beer fermentation. Tech. Q. Master Brew. Assoc. Am. 32: 159 – 162.

157. Spaepen, M., Vanoevelen, D. and Verachtert, H. 1978. Fatty – Acids and Esters Produced During Spontaneous Fermentation of Lambic and Gueuze. J. Inst. Brew. 84: 278 – 282.

158. Spaepen, M. and Verachtert, H. 1982. Esterase activity in the genus Bretta-

nomyces. J. Inst. Brew. 88: 11 – 17.

159. Stewart, G. G., Goring, T. E. and Russel, I. 1977. Can a genetically manipulated yeast strain produce palatable beer? J. Am. Soc. Brew. Chem. 4: 168 – 178.

160. Sumper, M. 1974. Control of Fatty – Acid Biosynthesis by Long – Chain Acyl Coas and by Lipid – Membranes. Eur. J. Biochem. 49: 469 – 475.

161. Suomalainen, H. 1981. Yeast Esterases and Aroma Esters in Alcoholic Beverages. J. Inst. Brew. 87: 296 – 300.

162. Tamai, Y. 1996. Alcohol acetyl transferase genes and ester formation in brewer's yeast. Biotechnology for Improved Foods and Flavours, ACS Symposium Service 637: 196 – 205.

163. Taylor, G. T. and Kirsop, B. H. 1977. The origin of medium chain lenght fatty acids present in beer. J. Inst. Brew. 83: 241 – 243.

164. Taylor, G. T., Thurston, P. A. and Kirsop, B. H. 1979. The influence of lipids derived from malt spent grains on yeast metabolism and fermentation. J. Inst. Brew. 85, 219 – 227.

165. Thurston, P. A., Quain, D. E. and Tubb, R. S. 1981. The control of volatile ester biosynthesis in Saccharomyces cerevisiae. Proc. Cong. Eur. Brew. Conv. 18: 197 – 206.

166. Thurston, P. A., Quain, D. E. and Tubb, R. S. 1982. Lipid metabolism and the regulation of volatile ester synthesis in Saccharomyces cerevisiae. J. Inst. Brew. 88: 90 – 94.

167. Thurston, P. A., Taylor, R. and Ahvenainen, J. 1981. Effects of linoleic acid supplements on the synthesis by yeast of lipids and acetate esters. J. Inst. Brew. 87: 92 – 95.

168. Tiwari, R., Koffel, R. and Schneiter, R. 2007. An acetylation/deacetylation cycle controls the export of sterols and steroids from S. cerevisiae. EMBO J. 26: 5109 – 5119.

169. Vadali, R. V., Bennett, G. N. and San, K. Y. 2004a. Cofactor engineering of intracellular CoA/acetyl – CoA and its effect on metabolic flux redistribution in Escherichia coli. Metab Eng 6: 133 – 139.

170. Vadali, R. V., Bennett, G. N. and San, K. Y. 2004b. Applicability of CoA/acetyl – CoA manipulation system to enhance isoamyl acetate production in Escherichia coli. Metab Eng 6: 294 – 299.

171. Van Dieren, B. 1996. Yeast metabolism and the production of alcohol – free beer. In: Immobilised Yeast Applications in the Brewing Industry. Eur. Brew. Conv. Monograph 24. Verlag Hans Carl Getränke – Fachverlag, Nürnberg, pp: 66 –

76.

172. Verstrepen, K. J. , Derdelinckx, G. , Dufour, J. P. , Winderickx, J. , Pretorius, I. S. , Thevelein, J. M. and Delvaux, F. R. 2003. The Saccharomyces cerevisiae alcohol acetyl transferase gene ATF1 is a target of the cAMP/PKA and FGM nutrient – signalling pathways. Fems Yeast Research 4: 285 – 296.

173. Verstrepen, K. J. , Derdelinckx, G. , Dufour, J. P. , Winderickx, J. , Thevelein, J. M. , Pretorius, I. S. and Delvaux, F. R. 2003. Flavor – active esters: Adding fruitiness to beer. J. Biosci. Bioeng. 96: 110 – 118.

174. Vilanova, M. , Ugliano, M. , Varela, C. , Siebert, T. , Pretorius, I. S. and Henschke, P. A. 2007. Assimilable nitrogen utilization and production of volatile and non – volatile compounds in chemically defined medium by Saccharomyces cerevisiae wine yeasts. Appl Microbiol Biotechnol 77: 145 – 157.

175. Vrieling, A. M. 1978. Agitated fermentation in high fermenters. Proc. Conv. Inst. Brew. 5: 135 – 144.

176. Wackerbauer, K. and Balzer, U. 1991. Practical experience with the high gravity surplus yeast recovery process. Brauwelt Int. 1: 37 – 46.

177. Wackerbauer, K. , Kramer, P. and Toussaint, H. J. 1980. Technologische parameter der esterbildung. Mschr. Brauerei. 3: 91 – 99.

178. Wakil, S. J. , Stoops, J. K. and Joshi, V. 1983. Fatty acid synthesis and its regulation. Ann. Rev. Biochem. 52: 537 – 579.

179. Watari, J. , Sato, M. , Ogawa, M. and Shinotsuka, K. 2000. Genetic and physiological instability of brewing yeast. In: Yeast Physiology – A New Era of Opportunity. Eur. Brew. Conv. Monograph 28. Fachverlag Hans Carl, Nürnberg, pp: 148 – 158.

180. Wakai, Y. , Yanagiuchi, T. and Kiyokawa, Y. 1990. Properties of an isoamyl acetate hydrolytic enzyme from sake yeast strain. Hakkokogaku 68: 101 – 105.

181. White, F. H. and Portno, A. D. 1979. The influence of wort composition on beer ester levels. Proc. Cong. Eur. Brew. Conv. 17: 447 – 460.

182. White, F. H. and Portno, A. D. 1978. Continuous fermentation by immobilized brewers yeast. J. Inst. Brew. 84: 228 – 230.

183. Whithworth, C. 1978. Technological advances in high gravity fermentation. Proc. Conv. Inst. Brew. 5: 155 – 164.

184. Witt, P. R. and Blythe, P. 1975. Considerations – the fermentation of high – gravity wort. J. Am. Soc. Brew. Chem. 34: 76 – 79.

185. Wohrmann, K. and Lange, P. 1980. The polymorphism of esterase in yeast. J. Inst. Brew. 86: 174 – 175.

186. Yanagiuchi, T. , Kiyokawa, Y. and Wakai, Y. 1989. Isoamyl acetate accumulation in sake mash and isoamyl acetate hydrolysis activity of sake yeast strains. Hakkokogaku 67: 419 –425.

187. Yoshimoto, H. , Fujiwara, D. , Momma, T. , Ito, C. , Sone, H. , Kaneko, Y. and Tamai, Y. 1998. Characterization of the ATF1 and Lg – ATF1 genes encoding alcohol acetyltransferases in the bottom fermenting yeast Saccharomyces pastorianus. J. Ferment. Bioeng. 86: 15 –20.

188. Yoshimoto, H. , Fujiwara, D. , Momma, T. , Tanaka, K. , Sone, H. , Nagasawa, N. and Tamai, Y. 1999. Isolation and characterization of the ATF2 gene encoding alcohol acetyltransferase II in the bottom fermenting yeast Saccharomyces pastorianus. Yeast 15: 409 –417.

189. Yoshioka, K. and Hashimoto, N. 1983. Cellular fatty acid an ester formation by brewers' yeast. Agric. Biol. Chem. 47: 2287 –2294.

190. Yoshioka, K. and Hashimoto, N. 1981. Ester Formation by Alcohol Acetyltransferase from Brewers – Yeast. Agr. Biol. Chem. Tokyo 45: 2183 –2190.

191. Yoshioka, K. and Hashimoto, N. 1984. Ester formation by brewers' yeast during sugar fermentation. Agric. Biol. Chem. 48: 333 –340.

192. Yoshioka, K. and Hashimoto, N. 1982a. Ester formation by alcohol acetyl transferase from brewer's yeast. I. Properties of alcohol acetyl transferase. Reports of the Research Laboratory of the Kirin Brewing Company, 25: 1 –6.

193. Yoshioka, K. Hashimoto, N. 1982b. Ester formation by alcohol acetyl transferase from brewer's yeast. 11. Purification of acetyl alcohol transferase. Reports of the Research Laboratory of the Kirin Brewing Company, 25: 7 –12.

194. Yoshioka, K. and Hashimoto, N. 1984. Ester formation by alcohol acetyl transferase from brewers yeast. IV. Cellular fatty acid and ester formation by brewers yeast. Reports of the Research Laboratory of the Kirin Brewing Company, 21: 23 –30.

195. Yoshizawa, K. and Ishikawa, T. 1985. Changes of lipids during saké brewing and their contribution to ester formation by yeasts. Hakkokogaku 63: 161 –173.

196. Younis, O. S. and Stewart, G. G. 1998. Sugar uptake and subsequent ester and higher alcohol production by Saccharomyces cerevisiae. J. Inst. Brew. 104: 255 – 264.

197. Younis, O. S. and Stewart, G. G. 1999. Effect of malt wort, very – high – gravity malt wort, and very – high – gravity adjunct wort on volatile production in Saccharomyces cerevisiae. J. Am. Soc. Brew. Chem. 57: 39 –45.

198. 管敦仪. 啤酒工业手册［M］. 北京：中国轻工业出版社，1999.

199. 杨东升，罗先群，王新广等. CO_2对啤酒发酵过程中酵母生长代谢及酯的形成影响［J］．中国酿造，2013，32（4）：70－73.

200. 郝俊光，尹花，乔万昌，闫鹏，陈华磊等．国外对啤酒风味活性酯类形成与调控的认识［J］．酿酒科技，2011，207（9）：76－80.

201. 陈孚江．乙酰辅酶 A 对酿酒酵母生理代谢的影响［D］．江南大学，2010.

202. 薛业敏．啤酒发酵中酯类的形成与控制［J］．中国酿造，2002，(3)：7－9.

203. 石金飞．啤酒酿造过程中酯类物质影响因素的初步研究［D］．江南大学，2008.

204. 寇凤莲．大容积发酵罐啤酒醇酯比的控制研究［D］．江南大学，2008.

205. 周猛，郭睿．降低啤酒中乙醛提高酯含量的研究［J］．啤酒科技，2008，(5)：23－25，27.

206. 郑翔鹏，罗伟，庄伟强等．啤酒发酵过程中醇酯比的变化研究［J］．啤酒科技，2005，(11)：30－32.

207. 要永杰．浅论啤酒的醇酯比［J］．啤酒科技，2007，(12)：19－20.

208. 刘春凤，王林祥，郑联平等．高浓酿造稀释率与啤酒口感协调柔和性［J］．食品工业科技，2008，(9)：77－80.

209. 武斌，黄盟盟，薄文飞等．高浓发酵后稀释啤酒质量的改善［J］．中国酿造，2009，(7)：132－134.

210. 任海波．超高浓酿造技术的研究及其在啤酒生产中的应用［D］．新疆农业大学，2007.